单片机应用技术

主　编　万志平　徐闽燕
编　者　刘友澈　叶建美　沈泉涌

ZHEJIANG UNIVERSITY PRESS
浙江大学出版社

图书在版编目（CIP）数据

单片机应用技术 / 万志平,徐闽燕主编. —杭州：
浙江大学出版社，2015.6(2025.7 重印)
ISBN 978-7-308-14607-4

Ⅰ.①单… Ⅱ.①万… ②徐… Ⅲ.①单片微型计算
机—高等职业教育—教材 Ⅳ.①TP368.1

中国版本图书馆 CIP 数据核字（2015）第 077951 号

单片机应用技术

万志平　徐闽燕　主编

责任编辑	吴昌雷	
封面设计	林　智	
出版发行	浙江大学出版社	
	（杭州市天目山路 148 号　邮政编码 310007）	
	（网址：http://www.zjupress.com）	
排　　版	杭州青翊图文设计有限公司	
印　　刷	杭州钱江彩色印务有限公司	
开　　本	787mm×1092mm　1/16	
印　　张	17.75	
字　　数	415 千	
版 印 次	2015 年 6 月第 1 版　2025 年 7 月第 7 次印刷	
书　　号	ISBN 978-7-308-14607-4	
定　　价	49.00 元	

前　言

　　单片机应用技术是一门应用性很强的技术。本书在内容编排上采用大项目小任务的体例形式,更注重单片机的应用性和实践性介绍,可作为高等院校单片机课程的教材,也可作为单片机技术开发人员的参考资料。

　　全书共十个项目。项目一涵盖单片机选型、项目开发流程、KEIL 编程软件使用、Proteus 仿真软件使用、C51 程序设计、单片机小系统制作等内容,将单片机的基础知识和单片机应用系统的开发过程有机结合,参考学时为 34 个,学完后读者对单片机电子产品的开发会有一个初步的、整体的了解。项目二重点学习单片机定时/计数器、中断的应用及数码管的使用,参考学时为 24 个。项目三进一步加深了定时/计数器、中断的应用难度。项目四侧重学习单片机串口的应用方法,参考学时为 10 个。项目五、项目六分别学习单片机如何与 A/D 转换器、D/A 转换器连接使用。项目七至项目十都是趣味性较强的综合项目,使读者具有开发、设计单片机应用系统的能力。教师根据专业方向、学时限制,可自行选取、增删项目内容。学生结合自身的掌握程度,可自行选择任务要求。

　　学习单片机是一个锻炼、提高学习者的过程,在此也与大家沟通一下学习中的感受:

　　(1)万事开头难,学习开始时会有一定难度,不要老给自己找借口,遇到困难要一件件攻克。首先通过一个简单项目入门,培养一下自己的感觉,知道写程序是怎么一回事。单片机是注重理论和实践的,光看书不动手,是学不会的。

　　(2)知识用到再学,不用的暂时放一边。在学习过程中,不能把整本书全看完再开始实践,因为看了后面的会忘了前面的。最好结合实践,用到的时候去查,看。一个小项目一个小项目地开展,把整本书化整为零,一小点一小点地啃。

　　(3)程序不要光看不写,一定要自己写一次。最开始的时候,啥都不懂,可以抄别人的程序,看看每一句是干什么用的,达到什么目的,运行后有什么后果,看明白了之后,就要自己写一次。你会发现,原来看明白别人的程序很容易,但到自己写的时候却一句也写不出来,这就是差距。当自己能写出来时,说明你真的懂了。建议初学者以学习 C 语言为主,具备编程能力后再逐渐理解汇编语言。

　　(4)必须掌握调试程序的方法。不少人写程序,写完后一运行,不是自己想要的结果,就没办法了。应该自己学会发现问题和学会如何解决问题。如使用软件仿真设置断点,查看变量等,找到出现偏差的地方,找出原因进行改正。

　　(5)找到解决问题的思路比找到代码更重要。我们用单片机来控制周边器件,达到我们想要的目的,这是一个题目。而如何写出一个程序,来控制器件按你想要的结果去运作,这个就是解题的思路。要写程序,就得先找到解决问题的思路,这比你找到代码更为重要。多数时候,我们要整理思路,最好画出流程图。

(6)开动脑筋,运用多种方法,不断优化自己的程序。想想用各种不同方法来实现同一功能,想想代码能不能再精简一点。这些都是提高的过程。

(7)着重于培养解决问题的能力,学单片机的重点在于学习解决问题的思路,而不要局限于具体的芯片类型和语言。真正的能力应该是:遇到没有解决过的问题或器具,能利用自己已学的知识,迅速找到解决问题的方法。

由于编者水平所限,书中难免有疏漏和不足之处,恳请广大读者指正。

编　者

目 录

流水灯

【引言】

流水灯,就是若干个发光二极管排列成特别的形状,在单片机的控制下按一定的规律发光,让人感觉流动的效果。各种各样的装饰流水灯给人们的生活增添了色彩,五颜六色的广告流水灯把城市的夜晚点缀得格外迷人,一支支晃动的流水灯使演唱会现场充满了动感。那么,如何制作一个流水灯呢? 怎么实现别具一格的变换花样呢? 我们可以设计制作一个单片机小系统,依据自己的思路编写程序,随心所欲地控制发光二极管的发光方式。

任务一 了解单片机

开卷有益

一、什么是单片机

在我们的生活中,大部分电器都用到了单片机。在洗衣机、电冰箱、电饭煲里面都内嵌了一个微型计算机来控制它们的工作。这个微型计算机就是单片机。单片机的应用范围非常广泛,几乎各行各业都有渗透,除家用电器外,还有如机器设备、仪器仪表、医疗设备、汽车运输、工业过程控制、计算机网络与通信等行业。

关键字

单片机,即单芯片微型计算机(Single Chip Microcomputer),指在一块硅片上集成了CPU、数据存储器、程序存储器、I/O接口、定时/计数器和中断系统等部件的微型计算机系统。

单片机面向控制,具有集成度高、体积小、功耗低、性价比高、易于产品化等特点,又被称为微控制器(Micro Controller Unit,MCU)。

单片机的外观如图 1-1 所示。

图 1-1　单片机的外观

1.单片机的硬件结构

和通用的计算机(电脑)一样,单片机由硬件和软件两部分组成。两者相互依赖,缺一不可。单片机的内部结构如图 1-2 所示,主要有以下几个部分:

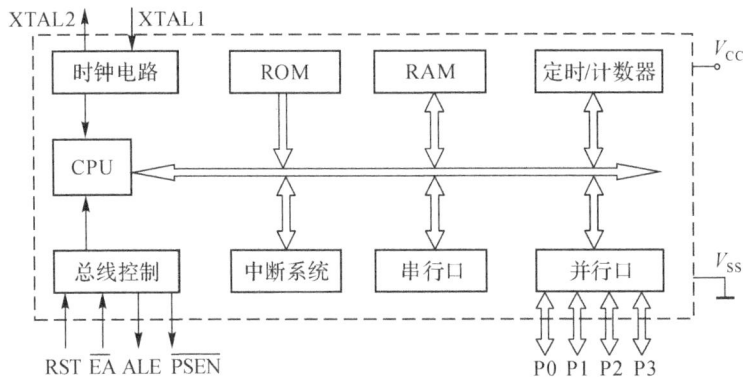

图 1-2　8051 单片机的基本结构图

(1)CPU(Central Processing Unit)。中央处理器,主要由控制器和运算器组成,是单片机的核心部件。根据 CPU 处理的数据的宽度,可分为 4 位、8 位、16 位、32 位、64 位单片机等。8051 是 8 位单片机,能处理 8 位二进制数据或代码。

(2)数据存储器。用来存放读/写数据、定义变量、运算的中间结果等。采用随机存储器(RAM),可随机写入或读出,断电后存储信息丢失。

(3)程序存储器。用于存放用户程序、原始数据或表格。采用只读存储器(ROM),信息写入后能长期保存,不会因断电而丢失。常见的有 EPROM、EEPROM、Flash ROM 等。

（4）并行 I/O 口。用于对外部数据的并行输入（Input）、输出（Output）操作。

（5）串行口。用于与其他设备间的串行数据传输。

（6）定时/计数器。用于精确定时、计时、延时、计数，检测速度、频率、脉宽，提供时钟脉冲信号等。

（7）中断系统。对单片机外部或内部随机发生的事件的实时处理而设置的系统。

（8）时钟电路。用于产生整个单片机运行的脉冲时序。

2.单片机的编程语言

程序是单片机的灵魂，离开程序的单片机就是一个无用的躯壳。单片机程序设计语言可分为三类：机器语言、汇编语言、高级语言。

▷ 关键字 ◁

机器语言，即机器码、机器指令，是计算机能直接识别的二进制代码。

机器指令是最原始、最底层的可执行代码，通常由操作码和操作数两部分组成。其中，操作码说明指令的功能，即要执行何种操作；操作数说明操作对象，即在指令操作过程中所需的操作数据。例如：把 01H 送入累加器 A 的机器指令为：01110100 00000001（74H 01H）。

汇编语言，即汇编指令、符号指令，是用助记符和操作数表达指令的计算机语言，是机器语言的符号表示。汇编指令由操作码助记符和操作数两部分组成。指令格式如下：

[标号:]操作码　[目的操作数][,源操作数][,第三操作数][;注释]

例如：MOV A,♯01H ;将数 01H 传送到累加器 A 中

每一系列单片机都有自己的汇编语言。将用汇编语言编写的源程序翻译成机器语言程序（目标程序）的语言加工程序称为汇编程序，翻译的过程叫作汇编。汇编语言与机器语言一一对应，代码生成效率很高。但汇编语言的可读性不强，复杂一点的程序很难读懂。

高级语言，采用接近人类自然语言习惯表达的程序设计语言。

高级语言的可读性和可移植性远远超过汇编语言。常用的高级语言有 BASIC、C 语言等。设计 51 单片机程序常用 C 语言，一般称作 C51。C 语言不依赖于特定的 CPU，其源程序具有很好的可移植性。只要某种 CPU 或 MCU 有相应的 C 编译器，就能使用 C 语言进行编程，再利用编译程序把 C 语言源程序翻译成机器指令目标程序。

本教材主要使用 C51 来实现单片机系统的开发。

▷ 要点总结 ▷

单片机实质上是一个芯片，能实现微型计算机的基本功能。单片机中集成的硬件主要有 CPU、存储器、I/O 接口等，常用的编程语言是 C 语言。

二、单片机的型号

就像汽车有奔驰、宝马、奥迪等很多不同的品牌一样，单片机也有很多品牌。Motorola、Microchip、TI 等各大公司都有很多不同系列的单片机，每个系列又有繁多的品种。对各系

列单片机的了解,是单片机应用选型的基础。

单片机的型号编码由三个部分组成,它们是前缀、型号和后缀。从型号编码中能反映出芯片的基本特性,一般前缀是芯片公司的简称,后缀用于说明芯片的工作频率、工作温度、封装形式等。

1. MCS-51 系列单片机的型号

1980 年,美国 Intel 公司推出 MCS-51(Micro Controller System)系列单片机,具有广泛的应用市场。MCS-51 系列单片机产品有 8051、8031、8751 等型号,如表 1-1 所示。

表 1-1　MCS-51 系列单片机型号

型号	程序存储器形式				程序存储器容量	RAM 数据存储器	I/O 线	串行接口异步	定时/计数器 16 位	中断源 2 级
	无	ROM	EPROM	EEPROM						
基本	8031	8051	8751	8951	4KB	128B	32	1 个	2 个	5 个
	80C31	80C51	87C51	89C51	4KB	128B	32	1 个	2 个	5 个
增强	8032	8052	8752	8952	8KB	256B	32	1 个	3 个	6 个
	80C32	80C52	87C52	89C52	8KB	256B	32	1 个	3 个	6 个

MCS-51 系列单片机的结构基本相同,其主要差别反映在存储器的配置上。8031 片内没有片内程序存储器;8051 是掩膜型的程序存储器(ROM),在制造芯片时已将程序固化进去;8751 是可擦除可编程只读存储器程序存储器(EPROM);8951 是程序存储器(EEP-ROM)。型号中有"C"表示采用 CHMOS(高密度 CMOS)工艺制造,无"C"的采用 HMOS(高精度 NMOS)工艺制造。型号中的"1"表示基本型,"2"表示增强型。

2. AT89 系列单片机的型号

在 20 世纪 80 年代中期,Intel 公司将 MCS-51 内核以出售或互换专利的方式授权给一些公司,如 Atmel、Philips、ADI 公司等。如今广泛使用的 ATMEL 公司的 AT89 系列单片机就是以 MCS-51 为内核的升级产品。如表 1-2 所示,型号中的"8"表示该芯片是 8051 内核的芯片,"9"表示内部含 Flash EEPROM 存储器,"C"表示该芯片为 CMOS 产品,"S"表示具有 ISP 功能,"51"、"52"表示内部程序存储空间的大小。

表 1-2　AT89 系列单片机型号

型号	Flash 程序存储器	RAM 数据存储器	I/O 线	串行接口	定时/计数器	中断源	EEPROM	看门狗	ISP
AT89C2051	2KB	128B	15	1 个异步	2 个 16 位	5 个 2 级	无	无	无
AT89C4051	4KB	128B	15	1 个异步	2 个 16 位	5 个 2 级	无	无	无
AT89S51	4KB	128B	32	1 个异步	2 个 16 位	5 个 2 级	无	有	有
AT89S52	8KB	256B	32	1 个异步	3 个 16 位	6 个 2 级	无	有	有
AT89S8253	12KB	256B	32	1 个异步	3 个 16 位	6 个 2 级	2KB	有	有

3. STC89C5X 系列单片机的型号

深圳宏晶公司的 STC 系列单片机在国内市场上的占有率与日俱增,其内部资源比起 ATMEL 公司的单片机也要丰富许多。如表 1-3 所示,型号中数字、字母的含义与 AT89 系列类似。表中数据主要针对 PLCC、LQFP 封装的 STC 单片机,与 PDIP 封装的有所不同。

表 1-3　STC89C5X 系列单片机型号

型号	Flash 程序存储器	RAM 数据存储器	I/O 线	串行接口	定时/计数器	中断源	EEPROM	看门狗	ISP
STC89C51	4KB	512B	36	1 个异步	3 个 16 位	8 个 4 级	2KB	有	有
STC89C52	8KB	512B	36	1 个异步	3 个 16 位	8 个 4 级	2KB	有	有
STC89C54	32KB	1280B	36	1 个异步	3 个 16 位	8 个 4 级	8KB	有	有
STC89C58	32KB	1280B	36	1 个异步	3 个 16 位	8 个 4 级	8KB	有	有
STC89C516	63KB	1280B	36	1 个异步	3 个 16 位	8 个 4 级	无	有	有

要点总结

单片机选型要根据系统任务和性能要求,一般应考虑以下内容:

(1)单片机的资源,如并行 I/O 口、串行口、定时/计数器、中断源的数目,片内程序存储器、数据存储器的容量等。通常是不需要外扩资源就能满足系统需求的单片机优先。

(2)价格、封装形式、体积、货源、性价比等。

(3)开发周期短,开发经验丰富,开发软件、器件齐备等。

三、STC89C52 单片机

1. 功能特点

STC89C52 单片机是宏晶科技公司推出的一个低功耗、高性能 CMOS 8 位单片机,具有 8K 在系统可编程 Flash 存储器。它使用经典的 MCS-51 内核,可以当作一般的 51 单片机使用。同时又做了很多的改进,使得芯片具有传统 51 单片机不具备的功能,为众多嵌入式控制应用系统提供高灵活、超有效的解决方案。

STC89C52 的主要功能特性如下:

(1)与 MCS-51 指令系统兼容。

(2)工作电压:3.3~5.5V。

(3)工作频率范围:0~40MHz。

(4)8KB 可反复擦写(>10000 次)的 Flash ROM。

(5)在系统可编程(ISP),在应用可编程(IAP)。

(6)512B 的内部 RAM。

(7)32 个通用 I/O 口线(PDIP 封装),36 个通用 I/O 口线(PLCC、LQFP 封装)。

(8)1 个通用异步串行口(UART)。

(9)3 个 16 位可编程定时/计数器。

(10)6 个中断源,其中 2 个外部中断,允许 2 级中断嵌套(PDIP 封装)。8 个中断源,其中 4 个外部中断,允许 4 级中断嵌套(PLCC、LQFP 封装)。

(11)具有 EEPROM 功能。

(12)具有看门狗功能。

(13)双数据寄存器指针,使数据搬移速度更快。

(14)空闲、掉电工作模式,中断唤醒掉电模式。

(15)降低 EMI:通过关断 ALE,降低板上的电磁干扰。

(16)双倍速功能:以 6 时钟/机器周期工作,运行速度是标准 51 机的两倍。6 时钟/机器周期和 12 时钟/机器周期可以任意选择。

(17)工作温度范围:-40~+85℃(工业级)、0~75℃(商业级)。

2.引脚功能

拿到一枚单片机,就可以看到它的外观与形状,即器件的封装。以 STC89C52 单片机为例,它有 PDIP(双列直插式)、PLCC(带引线的塑料芯片载体)、LQFP(薄平方形表面贴)三种封装形式,如图 1-3 所示。PDIP 封装的 STC89C52 单片机与 80C52 单片机的管脚一样,有 40 个引脚。PLCC、LQFP 封装的 STC89C52 单片机有 44 个引脚,多了 P4 口 4 个引脚。PLCC 器件的管脚向内侧卷起,LQFP 封装的管脚自然伸展且间距比较密。

PDIP40 封装形式的单片机可以很方便地使用面包板来搭建应用电路,最适合学校实验室使用。芯片的左上角有一个半圆坑,旁边有一个三角或圆形符号。该标志开始为第 1 引脚,沿逆时针方向数下去,即第 1 至第 40 引脚。

(1)电源引脚

V_{cc}:40 脚,芯片电源端。正电源接 4.0~5.0V 电压,正常工作电压为+5V。

V_{ss}:20 脚,接地端。

(2)时钟振荡电路引脚

XTAL1:19 脚,单片机系统时钟的反相放大器输入端。

XTAL2:18 脚,单片机系统时钟的反相放大器输出端。

一般只要在 XTAL1 和 XTAL2 之间接一只石英晶振,系统时钟就可以工作了。此外可以在两引脚与接地引脚之间加入 15~30pF 的小电容,使系统更稳定,避免杂波干扰而死机。

(3)控制信号引脚

RST:9 脚,复位信号输入端。当要对芯片重置时,只要将此引脚电位提升到高电位,并持续两个机器周期以上的时间,便能完成系统重置的各项工作,使得内部特殊功能寄存器的内容均被设成初始状态,并且从地址 0000H 处开始读入程序代码而执行程序。

ALE/$\overline{PROG}$:30 脚。ALE 是英文"Address Latch Enable"的缩写,表示地址锁存允许信号。当访问外部存储器时,ALE 的输出脉冲用于锁存地址的低 8 位。平时,ALE 端以不变的频率周期输出正脉冲信号,频率为振荡频率的 1/6。在 EPROM 编程期间,此引脚用于输入编程脉冲($\overline{PROG}$)。

$\overline{PSEN}$:29 脚,外部程序存储器的选通信号。$\overline{PSEN}$为"Program Store Enable"的缩写,

PDIP - 40

T2/P1.0	1		40	V_{CC}
2EX/P1.1	2		39	P0.0/AD0
P1.2	3		38	P0.1/AD1
P1.3	4		37	P0.2/AD2
P1.4	5		36	P0.3/AD3
P1.5	6		35	P0.4/AD4
P1.6	7		34	P0.5/AD5
P1.7	8		33	P0.6/AD6
RST	9		32	P0.7/AD7
RXD/P3.0	10		31	$\overline{EA}$
TXD/P3.1	11		30	ALE/$\overline{PROG}$
$\overline{INT0}$/P3.2	12		29	$\overline{PSEN}$
$\overline{INT1}$/P3.3	13		28	P2.7/A15
T0/P3.4	14		27	P2.6/A14
T1/P3.5	15		26	P2.5/A13
$\overline{WR}$/P3.6	16		25	P2.4/A12
$\overline{RD}$/P3.7	17		24	P2.3/A11
XTAL2	18		23	P2.2/A10
XTAL1	19		22	P2.1/A9
V_{SS}	20		21	P2.0/A8

PLCC - 44

顶部引脚: P1.4 P1.3 P1.2 P1.1/T2EX P1.0/T2 P4.2/$\overline{INT3}$ V_{DD} P0.0/AD0 P0.1/AD1 P0.2/AD2 P0.3/AD3 (6 5 4 3 2 1 44 43 42 41 40)

左侧		右侧	
P1.5	7	39	P0.4/AD4
P1.6	8	38	P0.5/AD5
P1.7	9	37	P0.6/AD6
RST	10	36	P0.7/AD7
RXD/P3.0	11	35	$\overline{EA}$
P4.3/$\overline{INT2}$	12	34	P4.1
TXD/P3.1	13	33	ALE/$\overline{PROG}$
$\overline{INT0}$/P3.2	14	32	$\overline{PSEN}$
$\overline{INT1}$/P3.3	15	31	P2.7/A15
T0/P3.4	16	30	P2.6/A14
T1/P3.5	17	29	P2.5/A13

底部引脚: $\overline{WR}$/P3.6 $\overline{RD}$/P3.7 XTAL2 XTAL1 VSS P4.0 A8/P2.0 A9/P2.1 A10/P2.2 A11/P2.3 A12/P2.4 (18 19 20 21 22 23 24 25 26 27 28)

LQFP - 44

顶部引脚: P1.4 P1.3 P1.2 P1.1/T2EX P1.0/T2 P4.2/$\overline{INT3}$ V_{DD} P0.0/AD0 P0.1/AD1 P0.2/AD2 P0.3/AD3 (44 43 42 41 40 39 38 37 36 35 34)

左侧		右侧	
P1.5	1	33	P0.4/AD4
P1.6	2	32	P0.5/AD5
P1.7	3	31	P0.6/AD6
RST	4	30	P0.7/AD7
RXD/P3.0	5	29	$\overline{EA}$
P4.3/$\overline{INT2}$	6	28	P4.1
TXD/P3.1	7	27	ALE/$\overline{PROG}$
$\overline{INT0}$/P3.2	8	26	$\overline{PSEN}$
$\overline{INT1}$/P3.3	9	25	P2.7/A15
T0/P3.4	10	24	P2.6/A14
T1/P3.5	11	23	P2.5/A13

底部引脚: $\overline{WR}$/P3.6 $\overline{RD}$/P3.7 XTAL2 XTAL1 V_{SS} P4.0 A8/P2.0 A9/P2.1 A10/P2.2 A11/P2.3 A12/P2.4 (12 13 14 15 16 17 19 20 21 22)

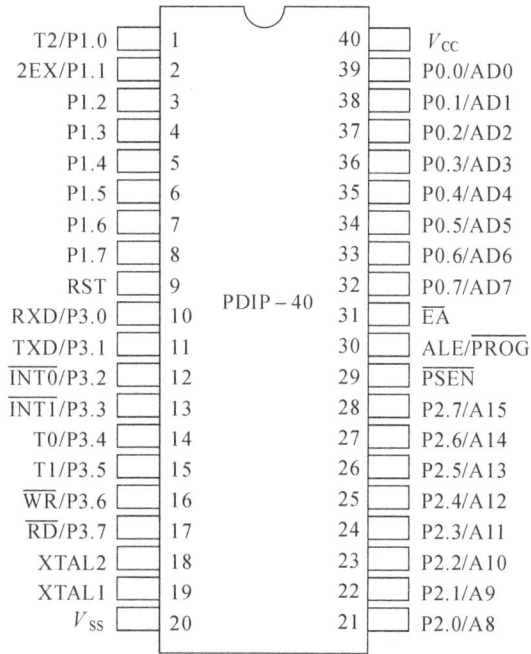

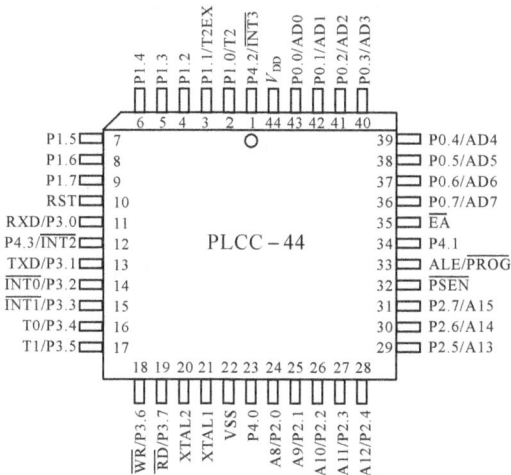

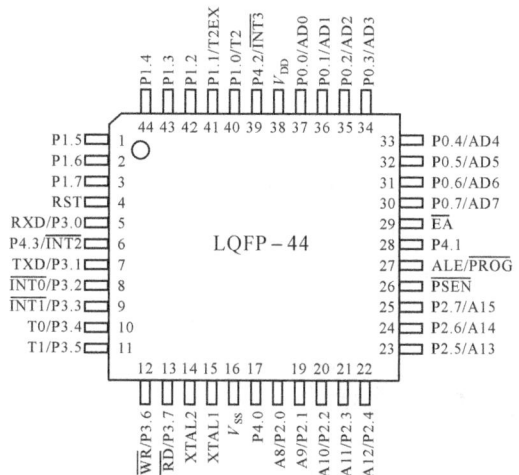

图 1-3　STC89C52 单片机封装管脚图

其意为程序储存允许。读取外部程序代码工作模式时,送出 $\overline{\text{PSEN}}$ 信号以便取得程序代码,通常将这个引脚接到 EPROM 的 $\overline{\text{OE}}$ 引脚。

$\overline{\text{EA}}$:31 脚,访问外部程序存储器控制信号。$\overline{\text{EA}}$ 为"Extemal Access"的缩写,表示存取外部程序代码的意思,低电位工作。当此引脚接低电位后,系统会读取外部的程序代码(存于外部 EPROM 中)来执行程序。如果使用的单片机内部的程序空间,此引脚要接成高电位。

(4)四个 8 位并行 I/O 口 P0～P3

P0 口(P0.0～P0.7):39～32 脚,可作普通 I/O 口,或用作低 8 位地址和 8 位数据复用线。

P1 口(P1.0～P1.7):1～8 脚,可作普通 I/O 口。P1.0,P1.1 具有第二功能:P1.0 作为定时/计时器 2 的外部脉冲输入引脚,P1.1 有 T2EX 功能,可以做外部中断输入的触发引脚。

P2 口(P2.0～P2.7):21～28 脚。可作普通 I/O 口,或用作高 8 位地址线。

P3 口(P3.0～P3.7):10～17 脚。可作普通 I/O 口,或按每位定义的第二功能使用(见表 1-4)。

表 1-4　P3 口第二功能表

引脚号	名称	第二功能
P3.0	RXD	串行通信输入
P3.1	TXD	串行通信输出
P3.2	$\overline{\text{INT0}}$	外部中断 0 输入
P3.3	$\overline{\text{INT1}}$	外部中断 1 输入
P3.4	T0	定时/计数器 T0 的外部输入
P3.5	T1	定时/计数器 T1 的外部输入
P3.6	$\overline{\text{WR}}$	外部随机存储器的写入信号
P3.7	$\overline{\text{RD}}$	外部随机存储器的读取信号

P0 口是一个 8 位宽的漏极开路双向输入输出端口,内部有一提升电路,在用作 I/O 时需外接上拉电阻,可以推动 8 个 LS 的 TTL 负载。P1,P2,P3 口都是内部提供上拉电阻的 8 位双向 I/O 端口。具有内部提升电路,其输出缓冲器可以推动 4 个 LS 的 TTL 负载。

P0、P1、P2、P3 口作普通 I/O 时,都属于准双向口。需要将端口的输出设为高电位,再由此端口来输入数据。

在单片机扩充外接只读存储器或随机存储器时,P0 口就以多工方式提供地址总线的低字节(A0～A7)及数据总线(D0～D7)。P2 口用来提供地址总线的高字节 A8～A15。

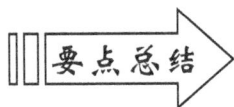

要点总结

STC89C52 使用经典的 MCS-51 内核,具有 8K 在系统可编程 Flash 存储器。PDIP 封装的有 40 个引脚,包括 2 个电源引脚,2 个时钟引脚,4 个控制引脚,32 个 I/O 引脚。

四、单片机项目的开发

单片机本身不能完成特定的任务,只有与某些器件和设备有机结合在一起并配以特定的程序,才能构成一个真正的单片机应用系统,完成特定的任务。一个单片机应用系统从提出任务到实现任务的全过程可以分为以下几个步骤:

1. 需求分析

需求分析是分析系统功能、确定参数要求的过程。无论在现在学习单片机应用系统设计,还是将来设计一些解决实际问题的项目,明确单片机应用系统最终要达到的功能要求非常重要。通过分析客户或市场的需求情况,拟定项目的技术评估报告,制定项目开发的计划书。

2. 总体设计

从需求出发对系统进行总体性的规划,绘制系统框图,确定重要元件的型号,划分软硬件功能。选择合适的单片机型号可以减少应用系统设计的复杂度、体积和成本。

3. 硬件设计

硬件设计的完整步骤是:元器件选型→地址和接口规划→电路图设计→电路板设计→电路板制作→元器件焊接→电路板测试。帮助设计电路原理图、印刷电路板(PCB)图的软件有很多,比如 Protel、Proteus、AutoCAD 等等。设计时应有前瞻性,应考虑到系统的扩展问题等。

4. 软件设计

软件设计一般与硬件设计同步进行,具体步骤是:思考算法→流程图设计→编写程序→编译调试→软件仿真运行。常用的软件有 KEIL 等,可以编译调试汇编语言、C 语言程序。

5. 软硬件联合调试

系统调试包括硬件和软件两方面,目的是排除系统故障。在完成硬件电路和程序代码后,采用软硬件联合仿真软件(如 Proteus)进行仿真调试,或利用单片机仿真器进行调试。

6. 程序烧录

也叫程序固化、程序下载,指的是将程序写入到单片机的程序存储器中。程序烧录需要用编程器,也叫写入器。如果没有编程器,可以选用具有在系统编程(ISP,In System Program)功能的单片机,如 AT89S51、STC89C52 等,通过相应的 ISP 软件就可以反复下载程序。当系统的软硬件都完全满足要求后,向单片机烧录程序,进行实际的硬件调试。这样可以保护单片机芯片,节省使用成本。

7. 脱机运行

即系统离开单片机开发系统的独立运行。如果系统运行正常,一个单片机应用系统开发就完成了。如果运行出现问题,还要进一步检查、修改硬件、软件,重新设计、调试。

8. 现场测试

实际使用场合和开发环境往往有所差异,如供电电压、空气湿度、环境温度、静电干扰等,因此需将系统置于具体使用环境中进行测试,以消除由于环境差异带来的系统不稳定等问题。

9.资料整理

资料整理是面向未来的工作,不论是为项目升级,还是为其他项目作技术参考,都有重大意义。资料整理应该与项目同步进行,并且做到分门别类,文件夹的建立可参考表1-5。

表1-5 单片机开发项目资料整理文件夹及其说明

文件夹名	子文件夹	说明
需求分析	客户需求、功能需求、评估报告	客户或市场的需求,项目的技术评估报告
计划书		项目计划书
工程日志	开发日志、工程笔记、设计报告	记录工作事件、设计过程、文件更新情况
PCB文件	电路原理图、PCB图、制板文件	电路设计、PCB制作的相关文件
软件资料	应用程序、仿真调试	程序设计、软件调试的相关文件
生产文件	BOM表、质量文件、测试文档	产品生产的相关文件
用户文档	使用说明书、数据手册、FAQ	交给用户参考的项目相关资料
验收报告	验收标准文件、验收报告	项目验收的标准和结果
升级更新	BUG记录、反馈意见、版本说明	项目未来的升级更新的相关资料
工具说明	软件工具、仪器设备	记录项目开发所使用的工具
数据备份		以上资料更新前的数据备份
参考资料		本项目所参考的相关资料
其他		其他未分类资料

要点总结

单片机本身不能实现所有功能,也没有开发能力,必须结合其他元器件,配合程序,并借助开发软件、开发工具才能开发出单片机应用系统。

【学习任务】

【任务描述】
了解一款单片机的基本情况,制定一个单片机应用系统的开发计划。

【任务目标】
(1)第一阶段任务目标:介绍一款单片机的基本情况。
(2)第二阶段任务目标:制定一个单片机项目的开发计划。
(3)总体目标:掌握单片机的选型方法;掌握单片机应用系统的开发流程。

【知识准备】
(1)单片机的型号。
(2)STC89C52单片机。

（3）单片机项目的开发。

【器材准备】

计算机一台，能上网，安装 Office 软件。

【任务实施 1】介绍一款单片机

一、任务分析

通过网络查询或图书查阅，了解一款单片机的基本特性。

二、任务实施步骤

（1）查找一款单片机的芯片资料。

（2）说明这一款单片机的型号和主要功能。

（3）以角色扮演的形式介绍一款单片机。

三、实施方案设计

不同型号的单片机性能指标肯定不同。选定一款单片机后，查阅其功能特点，与所学的 STC89C52 进行对比学习。介绍单片机可以采用问答的形式，如扮演单片机推销员、客户等。

【任务实施 2】制订一个项目开发计划

一、任务分析

根据单片机项目开发的步骤，尝试制订一个开发计划。

二、任务实施步骤

（1）查阅与项目计划书相关的资料。

（2）制订一个单片机项目开发计划。

（3）以角色扮演的形式汇报项目开发计划。

三、实施方案设计

单片机项目开发计划一般从技术方案、研发团队、任务分配、时间安排、资金安排等几个方面进行阐述。对于单片机初学者，"技术方案"一项不必过多地关注具体的硬件、软件的设计方案，只需确定单片机选型、开发流程、开发工具即可。

任务二 熟悉编程与仿真软件

开卷有益

一、C51 基本程序结构

C 程序是由函数构成的。可以包含一个 main 函数和若干个其他函数。C 程序通过函数调用去执行指定的工作。函数体的内容由一对{}括起来,{}必须成对出现,{表示函数起始,}表示函数结束。

C 程序书写格式自由,没有行号,一行内可以写几条语句,一条语句可以分写在多行上。每个语句的结尾处都需用分号结束。C 程序对书写的缩进没有要求,但建议合理使用缩进、空行,这样可以方便程序阅读。

关键字

main( )函数,称之为主函数。一个 C 程序必须有且只能有一个 main( )函数。一个 C 程序总是从 main( )函数开始执行的,不论 main( )函数在整个程序中的位置如何。

最常见的定义方式如下。这种方式在编译时可能会出现警告,但不会影响程序运行。

```
void main( void )    /* 无返回值形式,void 可省略 */
{    ...
}
```

在最新的 C99 标准中,只有以下两种定义方式是正确的:

```
int main( void )     /* 无参数形式 */
{    ...
return 0;
}
int main( int argc,  char * argv[] )    /* 带参数形式 */
{    ...
return 0;
}
```

int 指明了 main( )函数的返回类型,函数名后面的圆括号一般包含传递给函数的信息。void 表示没有给函数传递参数。main( )函数的返回值类型是 int 型的,而程序最后的 return 0;正与之遥相呼应,0 就是 main( )函数的返回值,表示程序正常退出。

return 语句通常写在程序的最后,不管返回什么值,只要到达这一步,说明程序已经运行完毕。return 的作用不仅在于返回一个值,还在于结束函数。

> C 语言区分大小写,只有小写 main()函数是主函数,Main()、MAIN()
> 等都不是主函数。

文件包含,是指一个文件将另一个文件的内容全部包含进来。有两种定义方式:

＃include ＜文件名称＞
＃include "文件名称"

＜ ＞表示的头文件在编译器的安装目录下,一般为编译器自带的头文件;""表示的头文件在当前工程的目录下,编译器将首先查找当前目录,如果没找到,则在菜单选项所规定的目录中查找。例如,文件 reg51.h 在路径"C:\Keil\C51\INC"中,是编译器自带的头文件,需包含时写:＃include ＜reg51.h＞,也可写:＃include "reg51.h"。

注释,对程序进行说明,可以是中文、英文或其他奇怪的字符。它不会被编译器编译。

注释有两种书写方式:

(1)//,单行注释符,只对本行有效,回车换行即表示注释结束。"//"通常放在语句后,用于说明相应语句的意义;或放在语句前,以屏蔽单行的语句。

如:＃include ＜reg51.h＞ //将头文件 reg51.h 载入程序

(2)/＊ ＊/,从"/＊"开始,到"＊/"结束,中间的所有内容都被认为是注释。可作单行注释,也可作多行注释,可对程序的任何一部分做注释,也可用来屏蔽暂时不需要的程序。一般用它在程序文本的开始处加上一段说明文字,如:

```
/＊＊＊＊＊＊＊＊＊＊＊＊＊＊＊＊＊＊＊＊＊＊＊＊＊＊＊＊＊＊＊
程序名:              编写人:
编写时间:            修改记录:
说明:
＊＊＊＊＊＊＊＊＊＊＊＊＊＊＊＊＊＊＊＊＊＊＊＊＊＊＊＊＊＊＊/
```

要点总结

(1)每一个 C 语言程序有且只有一个主函数,函数后面一定有一对大括号。
(2)分号是 C 语句的必要组成部分,每个语句和定义的最后必须有一个分号。

二、特殊功能寄存器

关键字

特殊功能寄存器,简称 SFR(Special Function Register),是对单片机片内各功能部件进行管理、控制、监视的寄存器。不同型号的单片机,SFR 的名称、地址和用法也不同。51 系列单片机有 21 个 SFR。STC 单片机的特殊功能寄存器如表 1-6 所示。

表 1-6　STC 单片机特殊功能寄存器的名称、符号、地址对照

SFR 名称	符号	位地址/位定义名/位编号								字节地址
		bit 7	bit 6	bit 5	bit 4	bit 3	bit 2	bit 1	bit 0	
B 寄存器	B	F7H	F6H	F5H	F4H	F3H	F2H	F1H	F0H	F0H
*** I/O 端口 4	P4	—	—	—	—	EBH	EAH	E9H	E8H	E8H
		—	—	—	—	P4.3	P4.2	P4.1	P4.0	
** ISP 控制寄存器	ISP_CONTR	ISPEN	SWBS	SWRST	—	—	WT2	WT1	WT0	E7H
** ISP 命令触发寄存器	ISP_TRIG									E6H
** ISP 操作命令寄存器	ISP_CMD	—	—	—	—	—	MS2	MS1	MS0	E5H
** ISP 地址寄存器低位	ISP_ADDRL									E4H
** ISP 地址寄存器高位	ISP_ADDRH									E3H
** ISP 操作数据寄存器	ISP_DATA									E2H
** 看门狗定时器	WDT_CONTR	—	—	EN_WDT	CLR_WDT	IDLE_WDT	PS2	PS1	PS0	E1H
累加器 A	ACC	E7H	E6H	E5H	E4H	E3H	E2H	E1H	E0H	E0H
		ACC.7	ACC.6	ACC.5	ACC.4	ACC.3	ACC.2	ACC.1	ACC.0	
程序状态字寄存器	PSW	D7H	D6H	D5H	D4H	D3H	D2H	D1H	D0H	D0H
		CY	AC	F0	RS1	RS0	OV	—	P	
		PSW.7	PSW.6	PSW.5	PSW.4	PSW.3	PSW.2	PSW.1	PSW.0	
* T2 高字节	TH2									CDH
* T2 低字节	TL2									CCH
* T2 重装高	RCAP2H									CBH
* T2 重装低	RCAP2L									CAH
** T2 方式控制	T2MOD	—	—	—	—	—	—	T2OE	DCEN	C9H
* T2 控制寄存器	T2CON	CFH	CEH	CDH	CCH	CBH	CAH	C9H	C8H	C8H
		TF2	EXF2	RCLK	TCLK	EXEN2	TR2	C/$\overline{\text{T2}}$	CP/$\overline{\text{RL2}}$	
*** 扩展中断控制	XICON	C7H	C6H	C5H	C4H	C3H	C2H	C1H	C0H	C0H
		PX3	EX3	IE3	IT3	PX2	EX2	IE2	IT2	

SFR 名称	符号	位地址/位定义名/位编号								字节地址
		bit 7	bit 6	bit 5	bit 4	bit 3	bit 2	bit 1	bit 0	
***串口屏蔽	SADEN									B9H
中断优先级控制寄存器	IP	BFH	BEH	BDH	BCH	BBH	BAH	B9H	B8H	B8H
		—	—	* PT2	PS	PT1	PX1	PT0	PX0	
***中断优先	IPH	PXH3	PXH3	TI2H	PSH	PT2H	PX1H	PT0H	PX0H	B7H
I/O 端口 3	P3	B7H	B6H	B5H	B4H	B3H	B2H	B1H	B0H	B0H
		P3.7	P3.6	P3.5	P3.4	P3.3	P3.2	P3.1	P3.0	
***从机地址	SADDR									A9H
中断允许控制寄存器	IE	AFH	AEH	ADH	ACH	ABH	AAH	A9H	A8H	A8H
		EA	—	* ET2	ES	ET1	EX1	ET0	EX0	
***辅助 1	AUXR1	—	—	—	—	GF2	—	—	DPS	A2H
I/O 端口 2	P2	A7H	A6H	A5H	A4H	A3H	A2H	A1H	A0H	A0H
		P2.7	P2.6	P2.5	P2.4	P2.3	P2.2	P2.1	P2.0	
串行缓冲器	SBUF									99H
串行控制寄存器	SCON	9FH	9EH	9DH	9CH	9BH	9AH	99H	98H	98H
		SM0	SM1	SM2	REN	TB8	RB8	TI	RI	
I/O 端口 1 * T2 控制位	P1	97H	96H	95H	94H	93H	92H	91H	90H	90H
		P1.7	P1.6	P1.5	P1.4	P1.3	P1.2	P1.1	P1.0	
		—	—	—	—	—	—	T2EX	T2	
***辅助寄存	AUXR	—	—	—	—	—	—	EXTRAM	ALEOFF	8EH
T1 高字节	TH1									8DH
T0 高字节	TH0									8CH
T1 低字节	TL1									8BH
T0 低字节	TL0									8AH
定时器方式	TMOD	GATE	C/$\overline{T}$	M1	M0	GATE	C/$\overline{T}$	M1	M0	89H
定时器控制寄存器	TCON	8FH	8EH	8DH	8CH	8BH	8AH	89H	88H	88H
		TF1	TR1	TF0	TR0	IE1	IT1	IE0	IT0	
电源控制	PCON	SMOD	—	—	POF	GF1	GF0	PD	IDL	87H

续表

SFR 名称	符号	位地址/位定义名/位编号								字节地址
		bit 7	bit 6	bit 5	bit 4	bit 3	bit 2	bit 1	bit 0	
数据指针高	DPH									83H
数据指针低	DPL									82H
堆栈指针	SP									81H
I/O 端口 0	P0	87H	86H	85H	84H	83H	82H	81H	80H	80H
		P0.7	P0.6	P0.5	P0.4	P0.3	P0.2	P0.1	P0.0	

注:加一个 * 的是标准 52 系列在标准 51 系列基础上增加的 SFR 或特殊位功能,加两个 * 的是 PDIP40 封装的 STC89C52 单片机增加的 SFR,加三个 * 的是 PLCC、LQFP 封装的 STC89C52 增加的特殊功能寄存器。

在任何一个单片机 C 语言程序开始之前都需要定义程序中涉及的 SFR 地址。

特殊功能寄存器的定义格式为:**sfr 变量名=地址值;**

如定义 P1 端口为 out:sfr out=0x90;

对 SFR 中有位地址可以位寻址的位可以按位定义,格式为:**sbit 位变量名=位地址值;**

如定义 P2.0 引脚为 LED:sbit key=0x90;

若已经定义了特殊功能寄存器,定义特殊位时可采用:sbit 位变量名=sfr 名称^序号;

如已将 P1 端口定义为 P1,要定义 P1.0 引脚为 LED:sbit LED=P1^0;

为了精简程序、提高效率,我们一般通过包含 reg51.h,reg52.h 等头文件的形式完成特殊功能寄存器的定义。这些用单片机的型号或系列名作为文件名的头文件里,其实就是每款单片机的 SFR 地址和位定义的语句集合。如 reg52.h、reg52.h 文件分别定义了 51 单片机、52 单片机内部相关资源名称,方便使用。打开文件,可以看到如下语句:

```
/*   BYTE Register   */
sfr P0 = 0x80;
sfr P1 = 0x90;
sfr P2 = 0xA0;
sfr P3 = 0xB0;
```

它们对 P0、P1、P2、P3 四个端口都进行了定义,文件用户只要撰写文件包含指令就可直接使用这四组并行 I/O 口,如设置 P1 口的八个引脚均为低电平,可写"P1=0;"。但是如果单独使用一个引脚,如 P1.0,则仍需进行定义。

有些头文件对每个 I/O 引脚都做了定义,比如 at89x51.h,at89x52.h。打开"C:\Keil\C51\INC\Atmel"文件夹,可以看到 at89x52.h 文件。下面是其部分内容:

```
/*————————————————————————————
P1 Bit Registers
———————————————————————————— */
sbit P1_0=0x90;
sbit P1_1=0x91;
```

```
sbit P1_2＝0x92；
sbit P1_3＝0x93；
sbit P1_4＝0x94；
sbit P1_5＝0x95；
sbit P1_6＝0x96；
sbit P1_7＝0x97；
```

　　用户只需在程序开始撰写♯include ＜at89x52. h＞或♯include "at89x52. h"，即可直接使用每个I/O引脚，如设置P1. 0引脚为低电平，可写"P1_0＝0；"。

⟫要点总结⟫

　　特殊功能寄存器是用于控制单片机片内各功能部件的寄存器。在C51中，有一些特殊的数据类型：sfr、sbit等，用于访问特殊功能寄存器及其可寻址位。

三、LED基础知识

⟨关键字⟩

　　LED(Light Emitting Diode)，发光二极管，是一种固态的半导体器件，它可以直接把电转化为光。LED的外形如图1-4所示。根据半导体材料的不同，发出的光颜色也不同，常见的颜色有红、黄、绿等。根据LED的发光特性，又可以分为普通单色LED、光亮度LED、变色LED等等。

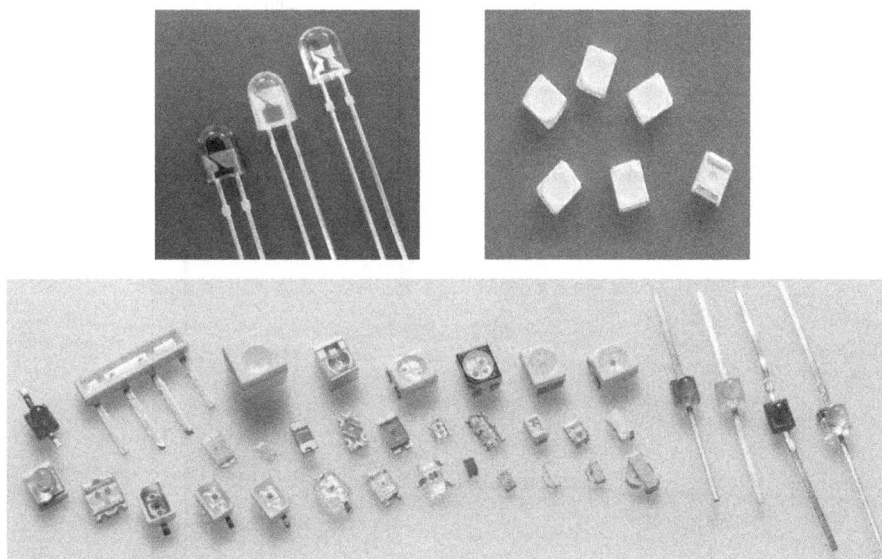

图1-4　LED外观

将 LED 安装在电路板上时需要注意识别引脚的正负。通常支架式 LED 可根据其引脚长短,正极引脚较长,负极引脚较短;或根据 LED 内部电极大小,通过透明的管体观察,正极一端较小,负极一端较大;或用数字外用表的 LED 档来进行测试,当 LED 发光时,接红笔的引脚为正,接黑笔的引脚为负。

根据二极管的单向导电性,当 LED 的正负两端加上正向电压时就能发光。LED 发光的颜色不同,它们正常发光的工作电压值也不同。通常情况下,LED 的开启电压是 2V,反向击穿电压约 5V,工作电压在 3V 左右。LED 的正向导通电流为 10～20mA;当电流在 3～10mA 时,其亮度与电流基本成正比;当电流超过 30mA 时,会导致 LED 烧坏。

要点总结

发光二极管是最常用的显示器件,在正向电流流过时发光。

四、KEIL 软件的使用

KEIL 软件是目前最流行的开发单片机的软件,它提供了包括 C 编译器、宏汇编、连接器、库管理和仿真调试器等在内的完整开发方案,通过一个集成开发环境(uVision)将这些部分组合在一起。KEIL C51 软件是一种集成化的文件管理编译环境,可以用来编译 C 源代码和汇编源程序、连接和重定位目标文件和库文件、创建 HEX 文件、调试目标程序等。

1. KEIL 软件安装

KEIL 软件的安装过程比较简单,只要按照提示默认进行即可。如果操作系统安装在 C 盘,最好按默认目录安装,如果修改目录可能会影响软件的注册。

2. 工程文件管理

在 KEIL 集成开发环境下使用工程的方法来管理文件,而不是单一文件的模式,所有的文件包括源程序(如 C 程序、汇编程序)、头文件等都可以放在工程项目文件里统一管理。对于刚刚使用 KEIL 的用户,一般可以按照下面的步骤来创建一个自己的应用程序。

(1)进入 KEIL 集成开发环境

KEIL 软件安装完成后,直接双击计算机桌面上的 Keil μVision 的图标,就可以进入

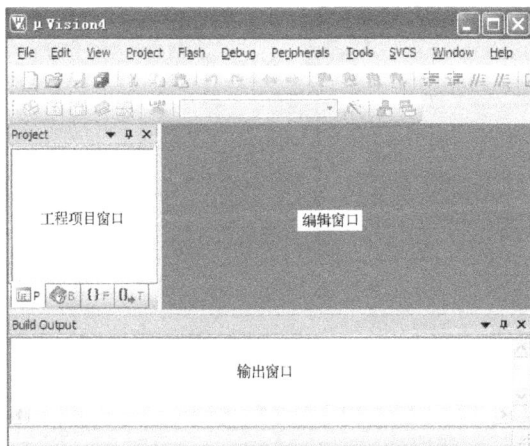

图 1-5 Keil uVision 集成开发环境编辑操作界面

KEIL 集成开发环境。也可以在桌面上选择"开始"→"程序"→"Keil μVision"单击图标,进入 μVision 集成开发环境编辑操作界面。界面主要包括工程项目、编辑和输出三个窗口。

(2)新建一个工程项目文件

需要新建项目时,单击 Project 菜单,在弹出的下拉菜单中选中"New μVision Project"选项,如图 1-6 所示。

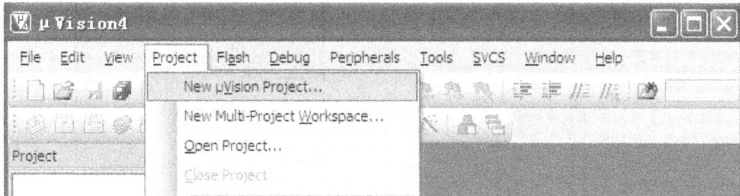

图 1-6　Project 菜单

此时会弹出一个对话窗口,如图 1-7 所示。在"文件名"中输入一个工程名称,如"LED",默认的扩展名即为 KEIL 项目文件扩展名". uvproj"。接着根据需要选择工程文件要存放的路径,如"项目一任务二"。建议为每个工程单独建立一个目录,并且将工程中需要的所有文件都放在这个目录下。单击"保存"按钮,项目文件便成功建立。

需要打开已有的项目时,可以单击 Project 菜单,通过"Open Project"选项找寻并单击项目文件来实现,也可以直接在保存目录下双击项目文件的图标来打开此项目。

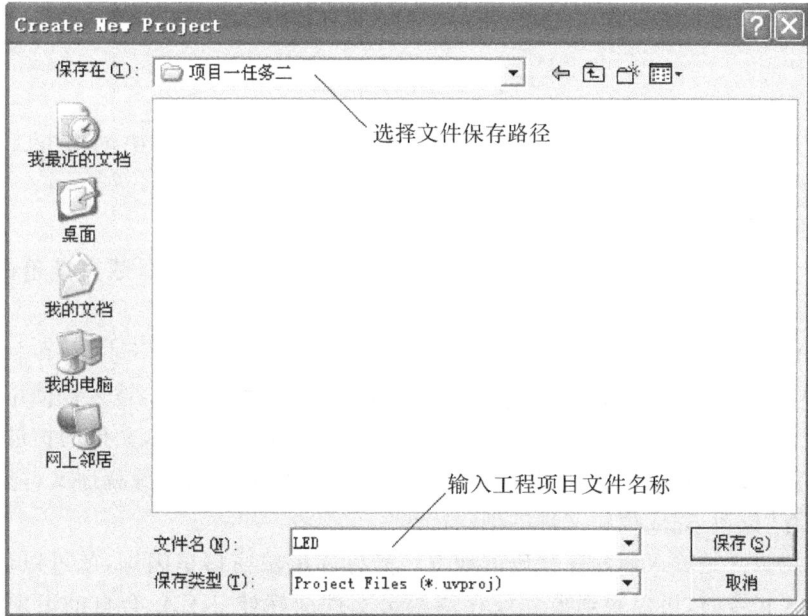

图 1-7　新建工程项目对话框

(3)选择目标器件

项目建立完毕后会立即弹出一个对话框,要求选择单片机的型号。因为不同型号的芯片内部资源有所不同,KEIL 会根据选择进行 SFR 的预定义,在软硬件仿真中提供易于操作的外设浮动窗口等。KEIL 支持的所有 CPU 器件的型号根据生产厂家形成器件组,用户可根据需要先选择厂家再选择具体的型号。

由于不同厂家的许多型号性能相近,因此,如果找不到用户要求的芯片型号,可以选择其他公司的相近型号。如果 KEIL 中没有 STC89C52 芯片,可以用 Atmel 公司的 AT89C52 替代。操作时,首先选择 Atmel 器件组,然后单击左边的"＋"号展开该组,下拉工具条,找到并选择 AT89C52 之后,单击"OK",如图 1-8 所示。

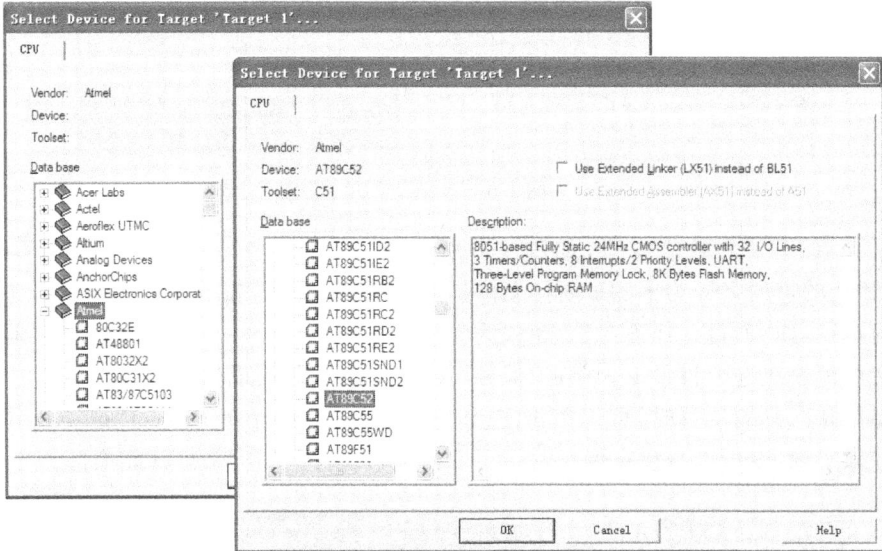

图 1-8　器件选择对话框

如果在选择了目标器件后,想更改器件,可选择 Project 菜单中的 Select Device for Target 'Tartet 1',进入器件选择界面。

(4)创建源程序文件并输入程序代码

在菜单栏中,单击"File"菜单,再在下拉菜单中单击"New"选项,或直接单击工具栏上的"新建文件"快捷图标来建立一个新的编辑窗口。

新建文件时,建议首先保存空白文件,单击菜单上的"File",在下拉菜单中选中"Save As"选项,弹出如图 1-9 所示的对话框。在"文件名"栏右侧编辑框中,输入欲使用的文件名,如"led.c"。保存时必须输入正确的扩展名:如果用 C 语言编写程序,文件的扩展名为".c";如果用汇编语言编写程序,文件的扩展名为".asm"。根据需要选择源程序文件要存放的路径,单击"保存"按钮,完成程序文件的创建。

右侧的编辑区是输入源程序代码的地方。光标在编辑窗口里闪烁,就可以输入应用程序了。在输入指令时,可以看到事先保存待编辑文件的好处:KEIL 会自动识别关键字,并以不同的颜色提示用户加以注意,这样会使用户少犯错误,有利于提高编程效率。程序输入完毕后别忘了再次保存。程序文件的建立也可以用 Windows 环境的附件中的记事本或写字板等纯文本编辑软件完成。

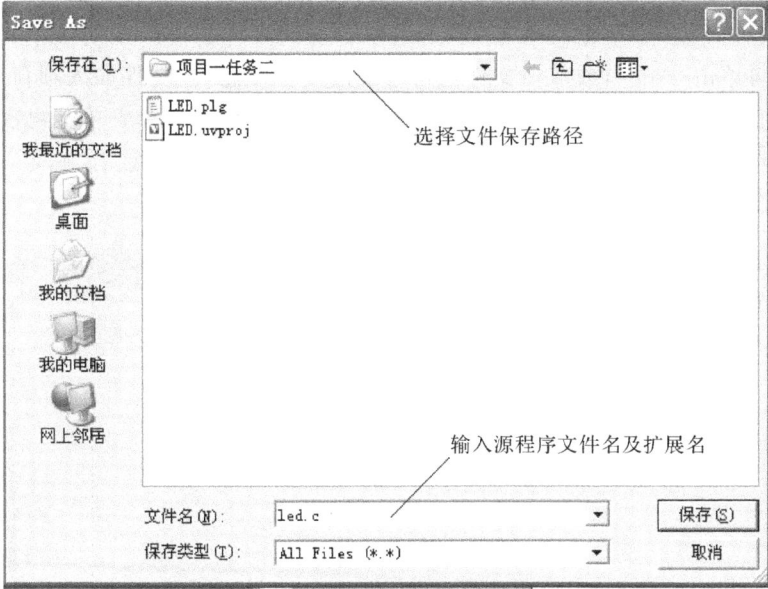

图 1-9　保存源程序文件对话框

（5）把源程序文件添加到项目中

没有进行"添加"的程序文件与工程项目是相互独立的，没有任何联系。在没有添加文件的情况下，在工程项目窗口的项目管理栏中单击"Target 1"项前面的"＋"号展开，可以看到下一层的"Source Group 1"，里面什么文件也没有。这时的工程是一个空的工程。

要将文件添加到工程中，可以在"Source Group 1"上单击右键，在弹出的快捷菜单中单击"Add File to Group Source Group 1"项，如图 1-10 所示。

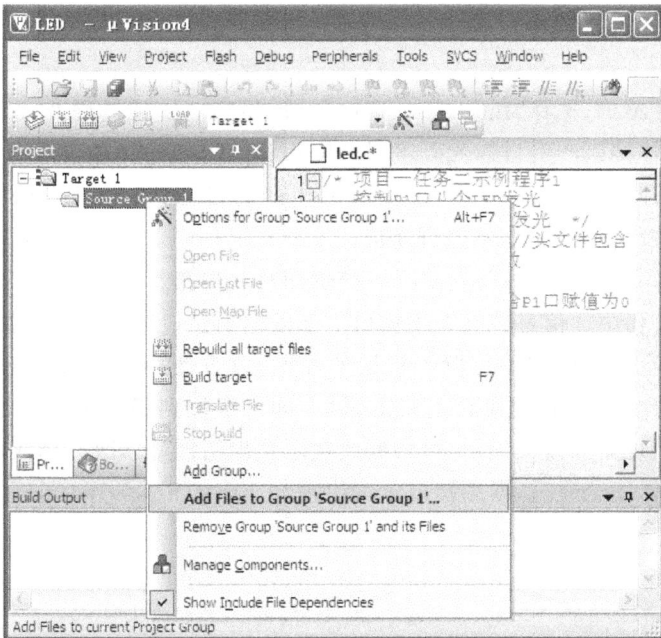

图 1-10　添加文件至工程菜单

在弹出的如图1-11的添加文件对话框中,通过"查找范围"列表栏找到文件所在的文件夹,再单击"文件类型"中下拉列表框,从中选取合适的文件类型。在列表中找到需要的文件,选中文件再单击"Add",或双击文件也可添加成功。注意:在文件加入项目后,该对话框并不消失,等待继续加入其他文件,但初学时常会误认为操作没有成功而再次双击同一文件,这时会出现一个的对话框,提示你所选文件已在列表中,此时应点击"确定",返回前一对话框,然后点击"Close"即可返回主界面。

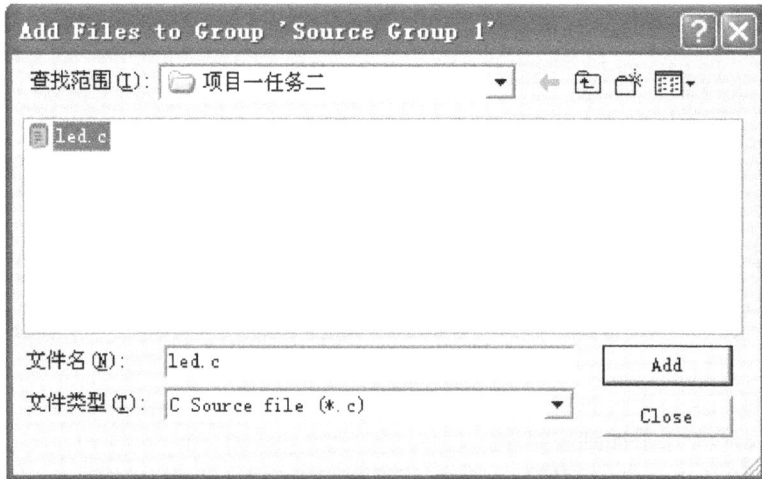

图 1-11   添加文件至工程对话框

观察添加文件后项目管理栏的变化,可以发现:在添加了源程序文件后,在"Source Group 1"文件夹前面出现了一个"+"号,单击"+"号展开就看到了刚才添加的源程序文件,双击文件名,即打开该源程序。

3. 程序的编译

(1)编译连接

单击"Project"菜单,选择"Built target"选项,如果当前文件已修改,软件会先对该文件进行编译,然后再连接以产生目标代码;选择"Rebuild All target files"将会对当前工程中的所有文件重新进行编译然后再连接,确保最终生产的目标代码是最新的;而选择"Translate"项则仅对该文件进行编译,不进行连接。

通常我们选择"Built target",或使用快捷键 F7,或单击工具条上的 Built 按钮,进行编译连接。编译过程中的信息将会在主窗口下部的输出窗口显示出来。如果程序有语法错误,系统会提示所有错误所在的位置和错误的原因,以方便用户查找与修改,并有"Target not created"的提示。在错误提示行上双击鼠标,即可定位到编辑窗口中的错误所在行,并在错误指令左面出现蓝色箭头提示,可根据此提示找出错误并修改。修改后再次进行编译,反复进行,直至编译完全通过,即系统提示为出现"0 Error(s) ,0 Warning(s)"。

> 如果编译失败，请仔细检查自己的程序代码。常见的错误有以下几种。
>
> (1)没有区分大小写，如把 P1 写成了 p1。
>
> (2)漏写了语句结束符——分号"；"。
>
> (3)左大括号"{"与右大括号"}"的数目不一致。建议编程时成对输入括号。
>
> (4)输入"；"等符号时使用了中文输入法。除注释外，所有的字母和符号都必须是半角英文输入，编译器不识别全角汉字和符号。

(2)生成 HEX 文件

如果需要生成 HEX 文件，必须对工程进行设置。可以直接单击"Target Options"按钮，或单击"Project"菜单，选中"Options for Target"选项，或将鼠标指针指向"Target 1"并单击右键，再从弹出的右键菜单中单击"Options for Target"选项进入工程设置对话框。设置对话框中的"Output"输出选项卡，其中"Create HEX file"(产生 HEX 文件)选项用于生成可执行代码文件(可用编程器写入单片机芯片的扩展名为 hex 的文件)。默认情况下该项未被选中，即不生成 HEX 文件，如果需要生成就必须选中该项。

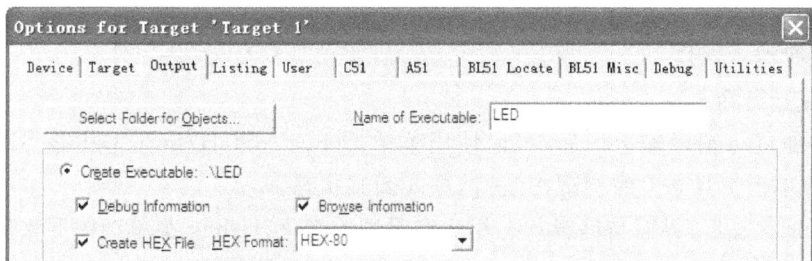

图 1-12　生成.hex 文件的操作界面

在"Output"输出选项卡中选中了"Create HEX file"之后进行编译，编译成功后会有"creating hex file form"的提示语句，表明成功生成了 HEX 文件，如图 1-13 所示。

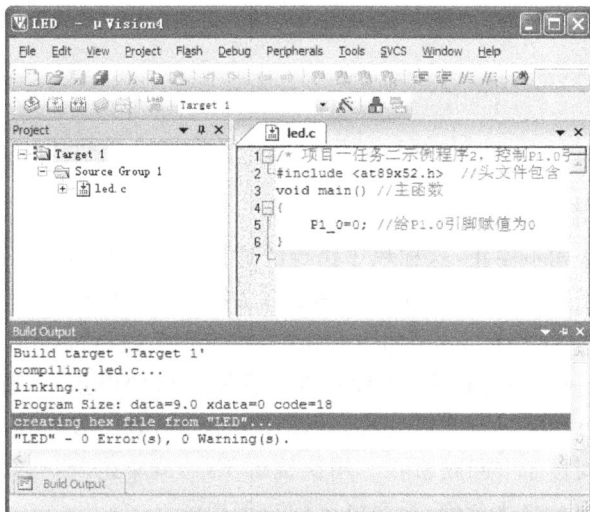

图 1-13　编译通过生成 HEX 文件界面

编译生成的所有文件自动存放在工程文件的保存目录下,文件名称基本都与工程文件名相同,比如 LED. Uvproj 的 HEX 文件名为 LED. hex,如图 1-14 所示。

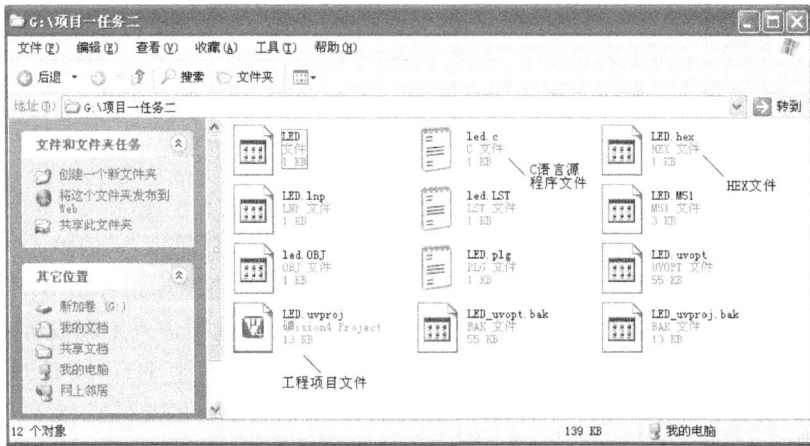

图 1-14　HEX 文件存放路径

4. 程序的调试运行

(1)调试运行命令

在成功地进行编译连接以后,可以使用菜单 Debug→Start/Stop Debug Session,或按 Ctrl+F5,或单击工具条上的调试按钮 ,进入调试状态。

进入调试状态后,界面与编辑状态相比有明显的变化,Debug 菜单项中原来不能用的命令现在已可以使用了,工具栏会多出一个用于运行和调试的工具条,如图 1-15 所示。Debug菜单上的大部分命令可以在此找到对应的快捷按钮,从左到右依次是 Reset(复位)、Run(运行)、Stop(暂停)、Step(单步)、Step Over(过程单步)、Step Out(执行完当前子程序)、Run to Cursor Line(运行到当前行)、Show Next Statement(下一状态)等命令。

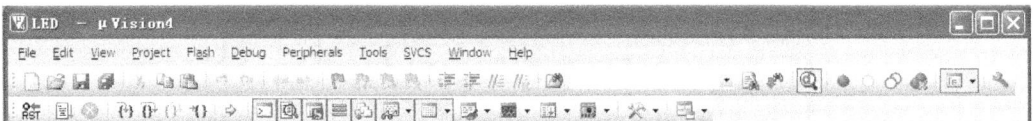

图 1-15　运行调试工具条

常用的调试方式有全速运行与单步跟踪两种。全速执行是指一行程序执行完以后紧接着执行下一行程序,中间不停止,这样程序执行的速度很快,并可以看到该段程序执行的总体效果,即最终结果正确还是错误,但如果程序有错,则难以确认错误出现在哪些程序行。用快捷键 F5,或单击工具栏的"Run"命令按钮 ,可实现全速运行程序。

单步跟踪是每次执行一行程序,执行完该行程序以后即停止,等待命令执行下一行程序,此时可以观察该行程序执行完以后得到的结果,是否与我们写该行程序所想要得到的结果相同,借此可以找到程序中问题所在。用快捷键 F11,或单击"Step"命令按钮 ,可以单步跟踪程序,即每执行一次此命令,程序将运行一条指令。

仅依靠单步跟踪来查错有困难或差错效率很低时可以辅之以其他的方法,比如采用过程单步,将函数作为一个语句来全速执行;在合适的地方设置断点,全速、单步交替进行。

为了快速检查程序运行到某几处的结果,可以在这些语句前设置断点。设置方法是直接用鼠标单击语句前面的位置,出现红色方块表明断点设置成功。程序中设置断点后,每次点击全速运行,程序就会执行到下一个断点处,并等待调试指令。若要取消断点,只需用鼠标单击断点标记。

(2)调试观察窗口

KEIL 软件在调试程序时提供了多个窗口,主要包括输出窗口(Output Windows)、观察窗口(Watch&Call Statck Windows)、存储器窗口(Memory Window)、反汇编窗口(Dissambly Window)和串行窗口(Serial Window)等。进入调试模式后,可以通过菜单 View 下的相应命令打开或关闭这些窗口,各窗口的大小可以使用鼠标调整。程序调试过程中可借助于各种窗口观察程序运行的状态,便于分析程序运行的正确性。

最常用的是反汇编窗口,可以单击 View→Dissambly Window 打开。该窗口可以显示反汇编后的代码、源程序和相应反汇编代码的混合代码,可以在该窗口进行在线汇编、利用该窗口跟踪已找行的代码、在该窗口按汇编代码的方式单步执行。

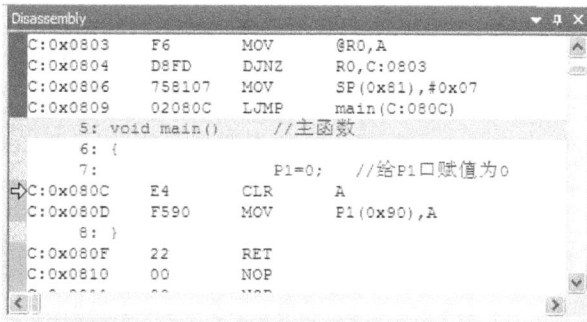

图 1-16　反汇编窗口

选择主菜单 View 下的 Project Window 选项,可打开或关闭工程项目窗口。工程项目窗口中的寄存器页(Regs)给出了当前的工作寄存器组(r0~r7)和系统寄存器的值。系统寄存器组有如 a、b、sp、dptr、pc、psw 等特殊功能寄存器,也有一些是实际中虽然存在但不能对其操作,或实际不存在的寄存器,如 PC、States 等。

选择主菜单 View 下的 Memory Window 选项,可打开或关闭存储器观察窗口。存储器观察窗口分 4 页,分别是 Memory♯1～ Memory♯4。每一页都可以显示程序存储器、内部数据存储器和外部数据存储器的值。通过在 Address 后的编辑框内输入"字母:数字"即可显示相应内存值,其中字母可以是 C、D、I、X,分别代表代码存储空间、直接寻址的片内存储空间、间接寻址的片内存储空间、扩展的外部 RAM 空间,数字代表想要查看的地址。如在存储器窗口的地址栏处输入"C:0"后回车,则可以观看片内程序存储器从地址 0 开始的单元内容,即查看程序的二进制代码。

(3)外围接口对话框

为了能够比较直观地了解单片机中定时器、中断、并行端口、串行端口等常用外设的使用情况,KEIL 提供了一些外围接口对话框,通过 Peripherals 菜单选择。该菜单的下拉菜单内容与你建立项目时所选的 CPU 有关,如 AT89C52 有 Interrupt(中断)、I/O Ports(并行

I/O 口)、Serial(串行口)、Timer(定时/计数器)这四个外围设备菜单。打开这些对话框,列出了外围设备的当前使用情况,各标志位的情况等,可以在这些对话框中直观地观察和更改各外围设备的运行情况。

在调试状态下,选择主菜单 Peripherals 下的 I/O-Port 子菜单下的 Port0、Port1、Port2、Port3 等中的一个(并行口多少根据芯片型号而定),可以观察并行口的值和各位的状态。图 1-17 所示是 P1 口的值和状态,其中位状态中的"√"表示该位为 1,空白表示该位为 0。

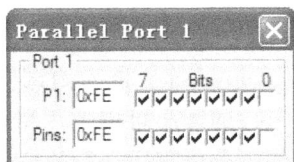

图 1-17　并行口 P1 观察窗口

(4)硬件仿真

系统的默认设置是软件仿真,即在 uVision 环境中仅用软件方式完成对用户程序的调试。若有硬件目标板或相应硬件虚拟仿真环境的支持,可以进行硬件仿真。仿真前需要利用工程设置对话框中的 Debug 页面设置用户程序的调试方式。对于软件仿真,选择的是左侧的"Use Simulator",如图 1-18 所示。对于硬件仿真器仿真设置,请单击靠右侧的"Use:"项后,在其右侧的列表栏中选择与实际使用的仿真器相同的型号,再点击 Settings 做进一步设置。如在"Use:"选择型号 STAR,在右侧列表中选择型号 STAR51PH＋。

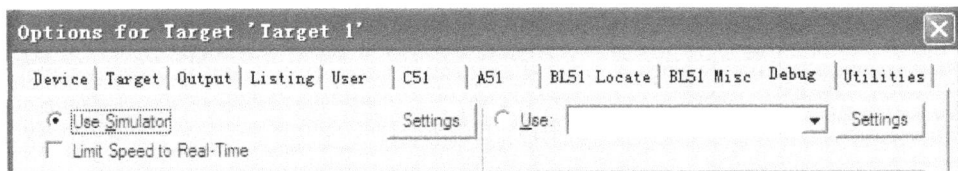

图 1-18　软件仿真设置界面

在进行软件设置前要做好硬件连接。将单片机仿真器的仿真头引脚插在目标板的单片机卡座上并卡紧,注意仿真头上的弧形标识对准卡座的上方,方向不能插反。用 USB 线连接仿真器与计算机的 USB 口,实现仿真器上电、与计算机通信。

> 只有安装了 STAR 仿真器的驱动,在 KEIL 软件的硬件仿真选项中才会出现 STAR51PH＋仿真器选项。

要点总结

一般的 KEIL 操作流程为:启动软件→新建工程→设置芯片型号→新建文件→文件另存为.c 格式→添加文件→输入源程序→设置生成.hex 文件→编译→调试→设置观测点→运行→停止运行→返回编辑模式→保存并退出。

五、Proteus 软件的使用

在 Proteus 中,从原理图设计、单片机编程、系统仿真到 PCB 设计一气呵成,真正实现了从概念到产品的完整设计。软件是由英国 Labcenter Electronics 公司开发的 EDA 工具软件。它集电路设计、制板及仿真等多种功能于一身,不仅能够对电工、电子技术学科涉及的电路进行设计与分析,还能够对微处理器进行设计和仿真,并且功能齐全,界面多彩,是近年来备受电子设计爱好者青睐的一款新型电子线路设计与仿真软件。

1. Proteus 软件安装

安装 Proteus 软件时,首先运行"Setup71.exe"。安装过程中一般都使用默认选项。提示选择"Licence Key"时选择本地"Use a locally insalled Licence Key",并指向"crack"→MAXIM_LICENCE.lxk。安装完成后将 crac→BIN 中的文件复制到安装目录的..\BIN 下替换原有的文件。

2. 电路原理图绘制

(1)进入原理图设计界面

在桌面上选择"开始"→"程序"→"Proteus 7 Professional",单击蓝色图标 "ISIS 7 Professional"即可进入原理图设计界面,如图 1-19 所示。在随后弹出的对话框中选择"No"。

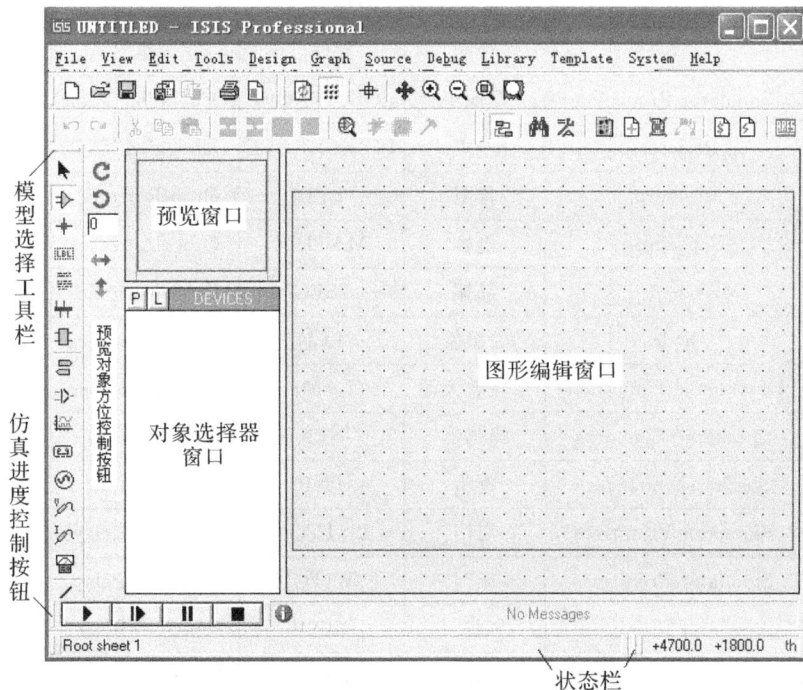

图 1-19　ISIS 7 Professional 的编辑界面

(2)创建原理图设计文件

选择"File"→"New Design",选择合适的模板(通常选择 DEFAULT 模板),单击"OK"

按钮,或单击标准工具栏上的 □ 按钮,即可完成新设计文件的创建。文件建立后单击 💾 保存,或选择"File"→"Save Design"菜单项在"保存在"下拉列表框中选择目标存放路径,并在"文件名"框中输入设计的文档名称,如 LED。保存文件的默认类型为"Design File",即文档自动加扩展名".DSN",单击"保存"按钮,文件 LED.DSN 即保存成功。在设计过程中要养成及时存盘的习惯,以免突发事件导致事倍功半,影响学习情绪。

如果要打开已有文件,可选择"File"→"Open Design"菜单项,在"查找范围"下拉列表框中选择目标查找路径,单击列表框中的设计文件,然后单击"打开"按钮,或者直接双击.DEN设计文件图标。

（3）拾取元器件

元件拾取就是把元件从元件拾取对话框中拾取到图形编辑界面的对象选择器中。单击模型选择工具栏中的 Component(元件)按钮 ⇒,单击对象选择按钮 P,弹出"Pick Devices"(元件拾取)对话框。元件拾取对话框共分四部分,左侧从上到下分别为直接查找时的名称输入、分类查找时的大类列表、子类列表和生产厂家列表。中间为查到的元件列表。右侧自上而下分别为元件图形和元件封装。元件通常以其英文名称或器件代号在库中存放。元件拾取有两种办法,在"Keywords"文本框中输入一个或多个关键字,或使用元器件类列表和元器件子类列表,滤掉不希望出现的元器件,同时定位希望出现的元器件。

单片机应用系统中常用的元件在 Proteus 软件中的名称如表 1-7 所示。

表 1-7　Proteus 软件中的常用元件名表

元件名	类	说明	元件名	类	说明
BATTERY	Simulator Primitives	电池组	LOGICPROBE	Debugging Tools	逻辑探针
RES	Resistors	电阻	LOGICSTATE	Debugging Tools	逻辑状态
RESPACK	Resistors	排阻	LED	Optoelectronics	发光二极管
CAP	Capacitors	电容	MATRIX	Optoelectronics	点阵显示器
CRY	Miscellaneous	晶振	7SEG	Optoelectronics	七段数码管
DIODE	Diodes	二极管	LCD	Optoelectronics	液晶显示器
OPAMP	Operational Amplifiers	运算放大器	LAMP	Optoelectronics	灯泡
BUZZER	Speakers&Sounders	蜂鸣器	NPN	Transistors	NPN 三极管
SPEAKER	Speakers&Sounders	喇叭	PNP	Transistors	PNP 三极管
AND	Simulator Primitives	与门	BUTTON	Switchs&Relays	按键
OR	Simulator Primitives	或门	SWITCH	Switchs&Relays	1 位开关
NAND	Simulator Primitives	与非门	DIPSW	Switchs&Relays	拨码开关
NOR	Simulator Primitives	或非门	MOTOR	Electromechanical	电机
NOT	Simulator Primitives	非门	ULN2004A	Analog ICs	电机驱动器

通常我们采用直接查找的方式拾取元件。把元件名的全称或部分输入到元件拾取对话框中的"Keywords"栏,系统在对象库中进行搜索查找,并将搜索结果显示在"Results"中。

用鼠标拖动右边的滚动条,出现灰色标示的元件即为找到的匹配元件。在"Results"栏中的列表项中,双击元件名即可添加至对象选择器窗口。

比如拾取 80C52 单片机,在"Keywords"文本框中输入 80C52,按回车得到选择列表,双击元件,或单击元件再点击右下角的"OK",即可将元件添加到左侧的元件列表栏中。

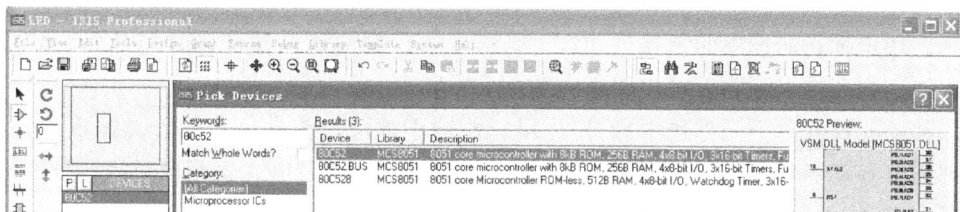

图 1-20　直接查找拾取 80C52 的界面

如果不知道所需元件的名称,可用按类别查找的方式拾取元件。在取一个元件时,首先要清楚它属于哪一大类,然后还要知道它归属哪一子类,这样就缩小了查找范围,然后在子类所列出的元件中逐个查找,根据显示的元件符号、参数来判断是否找到了所需要的元件。双击找到的元件名,该元件便拾取到编辑界面中了。

比如拾取充电电容,在元件拾取对话框中的"Category"(类)中选中"Capacitors"电容类,在下方的"Sub-category"(子类)中选中"Animated"(可动画演示),查询结果元件列表中只有一个元件"CAPACITOR",即我们要找的充电电容。

在选择元器件时,除名称外,还要关注其特性。比如发光二极管,为了在仿真时能看到点亮效果,要选择标注为"Animated"的 LED,如图 1-21 所示,选择 LED-RED(红色 LED)。

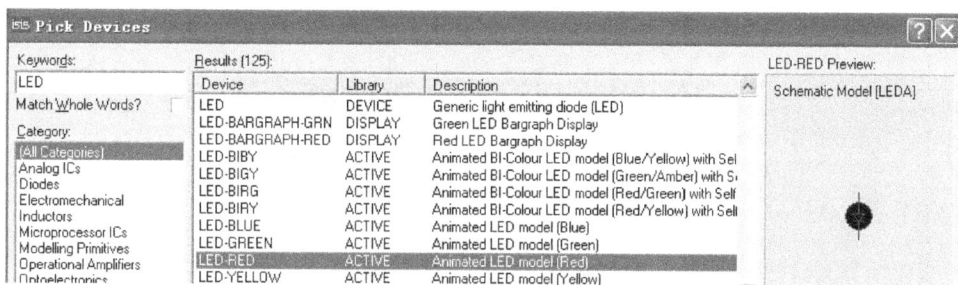

图 1-21　直接查找拾取 LED 的界面

(4)放置元器件

在当前设计文档的对象选择器中添加元器件后,就要在原理图中放置元器件,放置时要根据需要调整元器件的位置和朝向。

①放置元件。在 Proteus ISIS 的预览窗口可预览所选中的元器件。如果用户需要的元器件在对象选择器中未列出,则必须从元器件库中提取。从工具箱中选择元器件图标。在对象选择器窗口中,用鼠标单击选中某个元件,将鼠标指针移动到图形编辑窗口该对象的欲放位置、单击鼠标左键,该元件即被放置到编辑区中。

②选中元件。用鼠标指向元器件并点击右键可以选中该元器件。该操作选中元器件并使其高亮显示,然后可以进行编辑。选中元器件时该元器件上的所有连线同时被选中。要

选中一组元器件,可以通过依次在每个元器件右击选中每个元器件的方式。也可以通过右键拖出一个选择框的方式,但只有完全位于选择框内的元器件才可以被选中。在空白处点击鼠标右键可以取消所有元器件的选择。

③删除元件。在编辑区的元件上单击鼠标左键选中元件(为红色),在选中的元件上再次单击鼠标右键,选择"Delete Object"可删除该元件,而在元件以外的区域内单击右键则取消选择。用鼠标指向选中的元器件,右击两下,也可以删除该元器件,同时删除该元器件的所有连线。则元件误删除后可用图标↩找回。

④移动元件。单个元件选中后,按住鼠标左键不放可以拖动该元件。具体操作是将鼠标移到需要移动的对象上,单击鼠标右键,该对象的颜色变至红色,表明该对象已被选中,按下鼠标左键,拖动鼠标,将对象移至新位置后,松开鼠标,完成移动操作。

⑤调整元器件的方向。许多类型的对象可以调整朝向为 0°、90°、270°、360°或通过 x轴、y轴镜像。调整对象朝向的步骤是:首先点击右键选中对象,然后根据你的要求用鼠标左键点击旋转工具的四个按钮。

(5)修改元件参数

元器件一般具有图形或文本属性,这些属性可以通过一个对话框进行编辑。放置好元器件后,双击相应的元器件,即可打开该元器件的编辑对话框。或者单击某元器件,该元器件将高亮显示,再次单击该元器件,弹出"Edit Component"(元件属性设置)。

以修改电阻阻值为例,在元件拾取对话框中的"Category"(类)中选中"Resistors"电阻类,随意选择一个电阻。把电阻放置完毕后,双击电阻图标,弹出属性设置对话框,如图1-22所示。其中,"Component Referer"指元器件在原理图中的参考号;"Resistance"是电阻值,默认为0R1。若要把 R1 的阻值改为 300Ω,只需在"Resistance"一栏写入 300,再单击"OK"按钮。

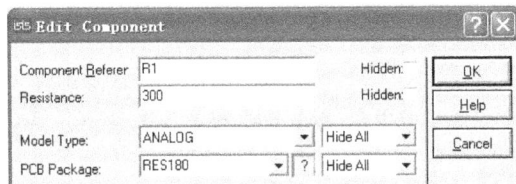

图 1-22　电阻元件属性设置对话框

(6)放置电源和地

单击模型选择工具栏中的 Terminals Mode 按钮🖥,选择"POWER"、"GROUND",并在原理图编辑窗口中单击,这样＋5V 电源、地就被放置在图形编辑窗口中了。

(7)电路连线

元器件之间的连线采用按格点捕捉和自动连线的形式,所以首先确定编辑窗口上方的自动连线图标🔁为按下状态。

在两个元器件间进行连线的步骤如下:鼠标的箭头靠近一个元器件的连接点,这个时候会跟着鼠标的箭头出现一个"□"号,鼠标单击元器件的连接点,移动鼠标。如果你想让 ISIS自动定出走线路径,只需单击另一个连接点,即完成一根连线;如果你想自己决定走线路径,只需在想要拐点处单击即可。在此过程的任何一个阶段,你都可以按 ESC 或者右击来放弃画线。如果要删除一根连线,右键双击连线即可。

可以利用标签实现元件连线,标注了相同标签名的导线相互接通。具体的标注方法是:单击绘图工具栏中的导线标签按钮▦,使之处于选中状态。用鼠标单击元件的一端,引出一截导线后再次点单击,接着沿导线移动鼠标,会出现一个"×"号,单击鼠标,弹出编辑导线标签窗口。在"string"栏中,输入标签名称(如 P1.0),单击"OK"按钮,结束对该导线的标签标定。

(8)编辑窗口视野控制

在绘图模式(非仿真状态)下,把鼠标指针放置到原理图编辑区内,上下滚动鼠标滚轮会发现图形编辑窗口中的图形会自动放大、缩小。放大图形后,用鼠标单击预览窗口,可以选择图形编辑窗口看到的图形部分。通过单击工具栏的放大按钮🔍和缩小按钮🔍同样可以放大和缩小编辑窗口内的图形,用🔍显示整个图形,用🔍则以鼠标所选窗口为中心显示图形。

3.Proteus 仿真调试

(1)加载目标代码

在对单片机进行仿真调试时,必须先加载目标代码。操作方法是:双击单片机,打开其属性编辑框,在"Program File"栏中,单击文件夹打开按钮,选择要加载的编译过的程序代码(.hex 文件),如图 1-23 所示,最后单击"OK"按钮。

在"Clock Frequency"项可以设置单片机的振荡频率,默认值为12MHz。因为仿真运行时的振荡频率是以单片机属性中设置的频率值为准,所以在设计仿真电路时,可以略去单片机的振荡电路。另外,复位电路也可略去。对于 MCS-51 系列单片机而言,在不进行电路电气检测时,EA 引脚也可悬空。

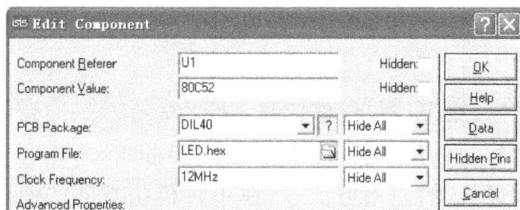

图 1-23 加载目标代码文件和时钟设置

(2)交互仿真

单击仿真进度控制按钮中"Play"按钮 ▶ ,全速启动仿真。系统运行起来的感觉就像真的电路板一样。在仿真过程中,单击"Pause"按钮 ⏸ ,系统会暂停下来,再单击该按钮,系统会接着运行;暂停时单击"Step"按钮 ⏭ ,系统会单步执行;单击"Stop"按钮 ⏹ ,仿真结束。

在仿真状态下,各元件引脚中,红色代表高电平,蓝色代表低电平,灰色代表不确定电平(浮空状态)。

(3)仿真工具

①激励源。在 Proteus ISIS 环境中单击工具箱中的"Generator Mode"按钮图标 ⊙ ,出现所有激励源的名称列表。如选择直流电压源,用鼠标单击"DC",则在预览窗口出现直流信号发生器的符号。在编辑窗口双击,则直流信号发生器被放置到原理图编辑界面中。可

使用镜像、翻转工具调整直流信号发生器在原理图中的位置。

②探针。探针分为两类：电压探针（Voltage probes） 和电流探针（Current probes） 。电压探针在模拟电路中记录真实的电压值，在数字电路中记录逻辑电平及其强度。电流探针仅可在模拟电路中使用，并可显示电流方向。一定要保证电流探针上带有圆圈的箭头所指的方向和电路中的电流方向一致。

③虚拟仪器。Proteus ISIS 为用户提供了多种虚拟仪器，单击工具箱中的按钮 ，列出所有的虚拟仪器名称。最常用的是虚拟示波器（OSCILLOSCOPE）。它有四个接线端能同时观看四路信号的波形，A、B、C、D 应分别接四路输入信号，信号的另一端应接地。把信号加到示波器的某一通道后，按仿真运行按钮开始仿真，会出现示波器运行界面，在图形显示区中可以看到有四条不同颜色的水平扫描线。在关闭示波器窗口后，若想再次打开可在Debug 菜单项中选择单击"Digital Oscilloscope"。

要点总结

一般的 Proteus 操作流程为：启动软件→新建文件→拾取元件→放置元件→放置电源→连接电路→设置元件参数→加载目标代码→放置仿真工具→仿真运行→观测结果→停止运行→保存并退出。

【学习任务】

【任务描述】
用 KEIL 软件、Proteus 软件仿真 LED 发光。

【任务目标】
(1)第一阶段任务目标：用 KEIL 软件仿真 LED 发光。

(2)第二阶段任务目标：用 Proteus 软件仿真 LED 发光。

(3)总体目标：掌握 KEIL 的使用方法；掌握单片机仿真器的使用方法；掌握 Proteus 软件的使用方法。

【知识准备】
(1)C51 基本程序结构。

(2)LED 基础知识。

(3)KEIL 软件的使用。

(4)Proteus 软件的使用。

【器材准备】
计算机一台，并安装 KEIL、Proteus 软件。单片机仿真器，单片机实验箱或开发板。

【任务实施1】用 KEIL 软件仿真 LED 发光

一、任务分析

通过工程建立→文件建立→文件添加→程序输入→程序编译→参数设置→程序调试→程序运行等过程,采用软件仿真、硬件仿真的形式控制 LED 发光,全面学习 KEIL C51 软件的使用方法。

二、任务实施步骤

(1)利用 KEIL 软件创建工程项目。
(2)新建 C 语言源程序文件,并导入到项目中。
(3)编写 LED 发光控制程序,直至编译通过。
(4)软件仿真调试、运行,观察反汇编等调试观察窗口、并行外围端口。
(5)结合单片机仿真器、实验箱或开发板进行硬件仿真调试、运行。

三、硬件电路设计

不论是单片机实验箱还是单片机开发板都会提供 I/O 端口控制 LED 的电路,我们只需查清具体电路,再做适当的连接就行。例如,在 DP-51PROC 单片机综合仿真实验仪中,A2 区为 MCU 总线接口,D1 区有 8 个 LED,只需把两者的对应接口用导线连接即可。

四、程序设计

控制一个端口八个发光二极管发光,最自然的想法就是把发光状态用数据表示,按实际的发光情况直接给 I/O 端口赋值。

比如:让八个 LED 全亮,●●●●●●●●。用二进制数表示发光状态为 00000000B,给 P1 口赋值为 0,语句为:P1＝0;

又如:让前四个 LED 亮,后四个 LED 灭,●●●●○○○○。用二进制数表示发光状态为 00001111B,用十六进制数表示为 0fH,给 P1 口赋值的语句为:P1＝0x0f;

```
/* 项目一任务二任务实施 1 示例程序,控制 P1 口八个 LED 发光,引脚输出低电平时发光 */
#include <reg51.h>   //包含头文件 reg51.h,定义了 MCS-51 单片机的特殊功能寄存器
void main( )   //主函数
{    P1 = 0;   //给 P1 口赋值为 0,即 P1.7~P1.0 均为低电平 0
}
```

【任务实施2】用 Proteus 软件仿真 LED 发光

一、任务分析

通过文件建立→元件添加→原理图绘制→目标程序加载→仿真运行等过程,结合使用

KEIL 软件控制 LED 发光,掌握 Proteus 软件的基本使用方法。

二、任务实施步骤

(1)在 Proteus 中绘制单片机控制 1 个 LED 电路图。

(2)利用 KEIL 软件编写 LED 发光控制程序。

(3)编译程序,生成 HEX 文件。

(4)在 Proteus 中单击 80C52,加载 HEX 文件。

(5)仿真调试并运行。

三、硬件电路设计

单片机在复位后所有 I/O 引脚为高电平,为了保证 LED 在复位时不被点亮,因此 LED 的负极与 I/O 口的 P1.0 相连,正极通过限流电阻与电源相连接。限流电阻的选取原则是: $R=(V_{cc}-V_D)/I_D$,若取电压电压 V_{cc} 为 5V, LED 的正向压降 V_D 为 2V,LED 的导通电流 I_D 为 10mA,则 $R=300\Omega$。

电路原理图如图 1-24 所示。

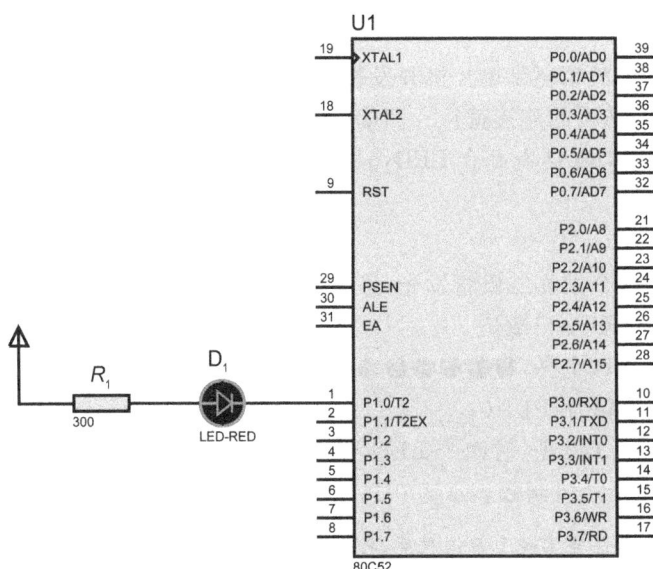

图 1-24 P1.0 控制 LED 电路原理

四、程序设计

```
/* 项目一任务二任务实施 2 示例程序,控制 P1.0 引脚的 LED 发光,输出低电平时发光 */
# include <at89x52.h>   //包含头文件 at89x52.h,at89x52.h 中将 P1.0 定义为 P1_0
void main()    //主函数
{    P1_0 = 0;    //给 P1.0 引脚赋值为 0
}
```

任务三　C51 程序设计

开卷有益

一、C51 程序基础

关键字

常量，在程序运行中其值不会改变的量。常量类型如表 1-8 所示。

表 1-8　常量类型表

常量类型		表示形式	举例
直接常量	整型常量	十进制数	10、−280、0、123L
		八进制数：以 0 开头	010、037、079
		十六进制数：以 0x(或 0X)开头	0x10、0xaf、0X6E
	浮点型常量	小数：±数字. 数字	0.1、5.8、42.0、1. 、.69
		指数：±小数 e(或 E)±整数	5.4e6、−9E2、.2E3、1e−3
	字符型常量	用单引号括起来	'A'、'b'、'! '、'8'、'\0'、'\n'
	字符串常量	用双引号括起来	"Hello"、"How are you"、"a"
符号常量		宏定义：#define 标识符 常量表达式	#define PI 3.14

变量，在程序运行中其值可以改变的量。变量在使用前必须进行定义。

一个变量由变量名、变量值、变量地址三部分组成。C 语言中规定变量名只能由字母、数字和下划线组成，且第一个字符必须是字母或下划线。

⚠注意　给变量命名时不能以数字开头，不能使用 C 语言的关键字和特定字。要避免使用容易混淆的字符，如 1 和 l。要严格区分大小写，如 A 和 a 是两个不同的独立的变量。

变量定义的基本格式为：**数据类型说明符 变量名；**

变量定义时必须通过数据类型说明符指明变量的数据类型，指明变量在存储器中占用的字节数。基本数据类型说明符参见表 1-9。

如：定义一个无符号字符型变量 a：unsigned char a；

有多个变量的数据类型相同时，可以一起定义，变量名之间用逗号隔开。

如：定义两个整型变量 b1、b2：int b1,b2；

由于 51 系列单片机是 8 位 CPU，所以在编程中最常用的数据类型是 unsigned char。

表 1-9　C51 变量的基本数据类型

数据类型	标志符	说明	长度	值域范围
位类型	bit	不指定地址	1 位	0、1
	sbit	指定位地址	1 位	0、1
特殊功能寄存器型	sfr	单字节	1 字节	0～255
	sfr16	双字节	2 字节	0～65536
字符型	signed char	有符号	1 字节	−128～+127
	unsigned char	无符号	1 字节	0～255
整型	signed int	有符号	2 字节	−32768～+32768
	unsigned int	无符号	2 字节	0～65536
长整型	singed long	有符号	4 字节	−2147483648～+2147483647
	unsigned long	无符号	4 字节	0～4294967295
浮点型	float	单精度	4 字节	±1.175494E−38～±3.402823E+38

要注意数据的"超值"问题，即定义的数值超出了数据类型的边界。有时变量定义的初始值没有问题，但在后面使用变量时出现了超值。比如：一个无符号字符型数只能存储 8 个二进制位，可以表达的最大值是 255，即 11111111B，若给它赋值 256，不会是 100000000B，而是 00000000B，即 0。在编译时，一般不会对超值报错，但在程序运行时会出现很大的问题，所以大家在改变变量值时要留意变量的数据类型、值域范围。

运算符，针对一个以上操作数来进行运算操作的符号。

C 语言提供了丰富的运算符，能构成多种表达式，处理不同的问题，使 C 语言的运算功能非常强大。常见的运算符如表 1-10 所示。表中运算符基本按优先级由高到低的顺序排列。

不要把"=="（等于）写成"="（赋值）。"="在生活中是"等于"的意思，但是在 C 语言中是用"=="表示的。C 语言把"="留给了最最常用的"赋值"功能。

表 1-10　常见运算符表

运算符类型		符号	格式	举例	说明
单目运算符	自加 1	++	++表达式	++a	等同于 a＝a＋1，前缀表示法
			表达式++	a++	等同于 a＝a＋1，后缀表示法
	自减 1	——	——表达式	——a	等同于 a＝a−1，前缀表示法
			表达式——	a——	等同于 a＝a−1，后缀表示法
	逻辑非	!	! 表达式	! a	将 a 的值取反，真变假，假变真
	位取反	～	～整数变量	～a	将整数 a 的每一位取反
	取地址	&	& 指针变量	&a	用来取普通变量 a 的地址
	取内容	*	* 变量	* a	取指针变量 a 所指地址内的值
算术运算符	乘	*	表达式 * 表达式	a * b	变量 a 的值乘以变量 b 的值
	除	/	表达式/表达式	a/b	a 除 b。两整数相除结果为整数
	取余	%	整数%整数	a%b	整数 a 除以整数 b，取余数
	加	＋	表达式＋表达式	a＋b	变量 a 的值加上变量 b 的值
	减	—	表达式−表达式	a−b	变量 a 的值减去变量 b 的值
移位	位左移	<<	整数<<整数	a<<b	将 a 按位左移 b 个位，低位补 0
	位右移	>>	整数>>整数	a>>b	将 a 按位右移 b 个位，高位补 0
关系运算符	小于	<	表达式 1<表达式 2	a<b	若 a<b，结果为 1，否则为 0
	小于等于	<=	表达式 1<=表达式 2	a<=b	若 a≤b，结果为 1，否则为 0
	大于	>	表达式 1>表达式 2	a>b	若 a>b，结果为 1，否则为 0
	大于等于	>=	表达式 1>=表达式 2	a>=b	若 a≥b，结果为 1，否则为 0
	等于	==	表达式==表达式 2	a==b	若 a=b，结果为 1，否则为 0
	不等于	!=	表达式 1!=表达式 2	a!=b	若 a≠b，结果为 1，否则为 0
位逻辑	位与	&	整数 & 整数	a&b	a、b 按位做与运算（全 1 出 1）
	位异或	^	整数^整数	a^b	a、b 按位做异或运算（不同出 1）
	位或	|	整数|整数	a|b	a、b 按位做或运算（有 1 出 1）
逻辑	逻辑与	&&	表达式 1&& 表达式 2	a&&b	a、b 均为真（非 0）结果为真（1）
	逻辑或	||	表达式 1||表达式 2	a||b	a、b 均为假（0），结果为假（0）
三目	条件运算	?:	表达式 1?表达式 2:表达式 3	a>b?c:d	若 a>b（表达式 1）为真，结果为 c（式 2），否则为 d（式 3）

续表

运算符类型		符号	格式	举例	说明
赋值	普通赋值	＝	变量＝表达式	a＝b	给 a 变量赋值,赋值后 a 等于 b
	复合赋值	＋＝	变量＋＝表达式	a＋＝b	等同于 a＝a＋b
		注:可以进行复合赋值的算术运算符有＋－＊／％			
		＆＝	变量 ＆＝表达式	a＆＝b	等同于 a＝a＆b
		注:可以进行复合赋值的位逻辑运算符 ＆ ˆ │			
		＞＞＝	变量＞＞＝表达式	a＞＞＝b	等同于 a＝a＞＞b
		＜＜＝	变量＜＜＝表达式	a＜＜＝b	等同于 a＝a＜＜b

要点总结

单片机程序中处理的数据有常量和变量两种形式。C 语言具有丰富的数据类型和运算符,便于实现各种运算,处理不同的问题。

二、C51 的流程与控制

关键字

流程图,是用图的形式将一个过程的步骤表示出来。包含具有确定含义的符号、简单的说明性文字和各种连线。流程图直观、清晰,更有利于人们设计与理解算法。

表 1-11　流程图符号

符号	含义	示例
⬭	开始/结束	⬭ 开始
▭	处理	控制P1口8个LED全亮
◇	判断/分支	◇ 开关闭合?
↓ ↑ → ←	流程线	↓
◆	连接符	┿

顺序结构,是一组逐条执行的可执行语句。按照书写顺序,自上而下的执行。

常用的语句是表达式语句,即由一个表达式和一个分号构成。如:P1＝0x00;

若只有一个分号";",称为空语句,用于消耗时间,延时等待。

若用"{ }"把一些语句括起来就构成了复合语句。

分支结构,也叫选择结构,是一种先对给定条件进行判断,并根据判断的结果执行相应命令的结构,可分为单分支、双分支和多分支三种。

在 C 语言中,实现分支结构的语句有 if 语句和 switch 语句两大类,具体格式如表 1-12 所示。

⚠注意　　(1)在表 1-12 的格式中,"语句 1"、"语句 2"等既可以是单个语句,也可以是多个语句。单个语句时,花括号可以省略。多个语句时,必须使用复合语句,花括号不能省略。

　　(2)在 switch 语句中,变量、常量的值必须是整型或字符型。每个常量的值应不相等。

　　(3)在 switch 语句中,"break;"语句可以省略,但省略后不会跳出 switch 结构,而是执行下一条语句。"default;"语句也可以省略,表示没有其他情况。

表 1-12　分支语句

语句	类型	格式	流程图	示例程序

if	单分支	if(条件表达式)
		{
		　语句 1;
		}
				if(key==0)
				{
				　P1=0;
				}

if-else	双分支	if(条件表达式)
		{ 语句 1; }
		else
		{ 语句 2; }
				if(key==0)
				{ P1=0; }
				else
				{ P1=0xff; }

else if	串行多分支	if(条件表达式 1)
		{语句 1;}
		else if(条件表达式 2)
		{语句 2;}
		…
		else
		{语句 n;}
				if(key1==0)
				{ P1=0;}
				else if(key2==0)
				{ P1=0xff;}
				else
				{ P1=0xf0;}

续表

语句	类型	格式	流程图	示例程序
switch case	并行多分支	switch(变量) { case 常量 1： 　{语句 1；break；} 　case 常量 2： 　{语句 2；break；} 　… 　case 常量 n： 　{语句 n；break；} 　default： 　{语句 n+1；break；} }	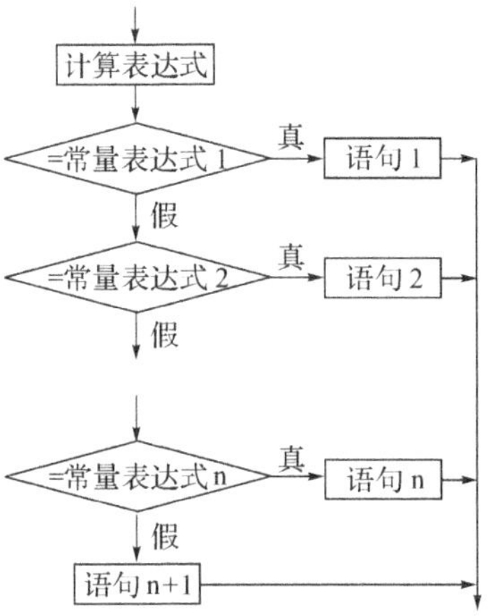	switch(KEY) { case 0： 　{ P1＝0；break；} 　case 0x01： 　{ P1＝0x0f；break；} 　case 0x02： 　{ P1＝0xf0；break；} 　case 0x04： 　{P1＝0x55；break；} 　default： 　{ P1＝0xff；break；} }

循环结构，是指多次重复执行同一组命令的结构。

在 C 语言中，实现循环结构的语句有 while、do while 和 for 语句三种，具体格式如表 1-13 所示。

表 1-13　循环语句

语句	类型	格式	流程图	示例程序

while	当型	while(条件表达式)
		{
		　循环体语句；
		}
			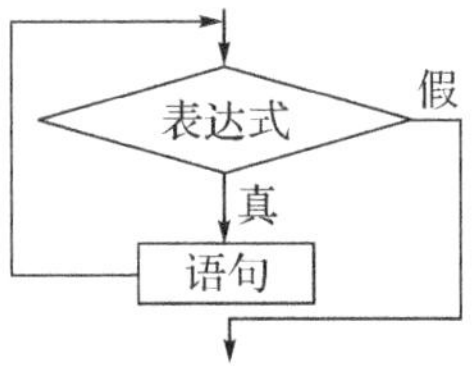	while(i＜256)
				{ P1＝i；
				　i++；
				}

do-while	直到型	do
		{
		　循环体语句；
		}
		while(条件表达式)；
			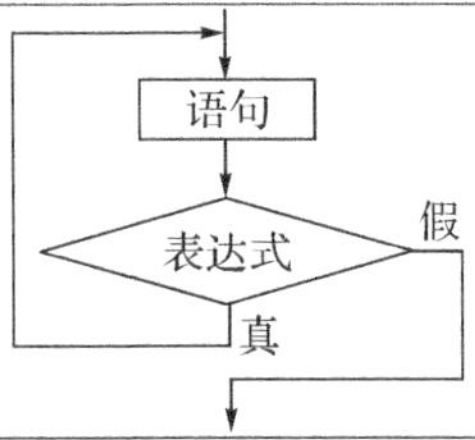	do
				{ P1＝i；
				　i++；
				}
				while(i＜256)；

for	当型	for(表达式 1；表达式 2；表达式 3)
		{
		　循环体语句；
		}
			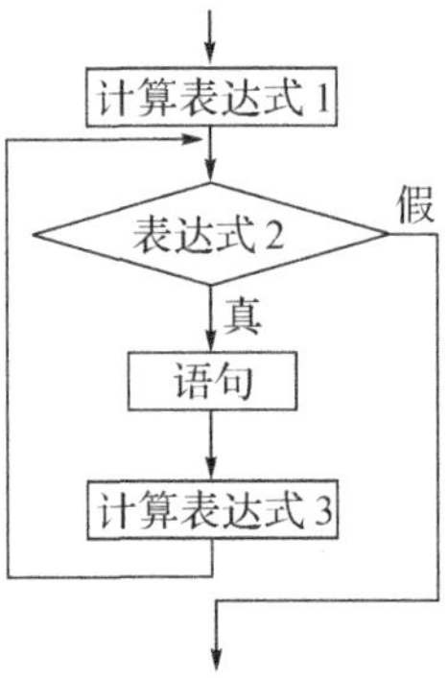	for(i＝0；i＜256；i++)
				{
				　P1＝i；
				}

一般情况下,在循环体中应该有让循环最终能结束的语句,否则将造成死循环。但有时我们会特意将循环条件设置成永远为真,形成无限循环,让程序永不停止地执行循环体。

如:while(1)

　　{　　循环体

　　}

在一个循环体内包含另一个循环,称作循环嵌套。内层循环是外层循环的一个语句。

如:for(i＝0;i＜10;i＋＋)

　　　for(j＝0;j＜20;j＋＋);

这是一个双层循环,外层是"for(i＝0;i＜10;i＋＋)",内层是"for(j＝0;j＜20;j＋＋);"。外层循环执行一次,即 i 加 1,内层循环要执行 20 次。当外层循环执行完 10 次时,内层的循环体";",即空循环,执行的次数是 $10 \times 20 = 200$。

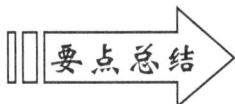

要点总结

C 语言是一种结构化的编程语言,有三种基本结构:顺序结构、分支结构、循环结构。每个程序都可以由这三种结构有机组合而成。

三、函数的定义和调用

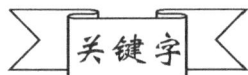

关键字

函数,是一个自我包含的完成一定相关功能的执行代码段。函数调用方便,可以避免程序开发的重复劳动。函数的定义和调用格式如表 1-14 所示。

表 1-14　函数的定义和调用格式

类型	定义格式	示例程序	调用格式	示例语句

完整(有参数有返回值)	函数类型 函数名(形参类型 形参名)
	{
	　　函数体语句;
	　　return 返回值;
	}
		int max(int a, int b)
		{　int c;
		　　c=(a>b)? a : b;
		　　return c;
		}
			将"函数名(实参)"放在表达式中或作为其他函数的实参	m＝max(3,5);

最简(无参数、无返回值)	void 函数名( )
	{
	　　函数体语句;
	}
		void delay01s()
		{ unsigned char i,j;
		　for(i=200;i>0;i——)
		　　for(j=250;j>0;j——);
		}
			函数名( );	delay01s( );

续表

类型	定义格式	示例程序	调用格式	示例语句

常用(有参数、无返回值)	void 函数名(形参类型 形参名)
	{
	　　函数体语句;
	}
		void delay0ns (char n)
		{ unsigned char i,j;
		　for(n;n>0;n——)
		　　for(i=200;i>0;i——)
		　　　for(j=250;j>0;j——);
		}
			函数名( );	delay0ns (5);

少用(无参数、有返回值)	函数类型 函数名( )
	{
	　　函数体语句;
	　　return 返回值;
	}
		unsigned char geti( )
		{　unsigned char x;
		　P1=0xff;
		　x=P1;
		　return x;
		}
			将"函数名( )"放在表达式中或作为其他函数的实参	out=geti( );

一个函数的定义由说明部分和函数体两部分组成。第一句为说明部分,说明函数名、函数类型、形式参数等。

在定义函数时,一般在函数前写明函数的基本信息,方便调用。函数注释格式如下:

```
/ * * * * * * * * * * * * * * * * * * * * * * * * * * * * * * * * * * * * *
函数名称:　　　　　函数功能:
入口参数:　　　　　出口参数:
备注:
 * * * * * * * * * * * * * * * * * * * * * * * * * * * * * * * * * * * * */
```

调用一个函数的过程分为三步:第一步,参数传递,即把实际参数赋值给形式参数;第二步,函数体执行;第三步,返回,即返回到函数调用表达式的位置。

函数遵循先定义后调用的原则。如果被调用函数定义出现在主调函数之后,要写函数声明,使编译系统知道被调用函数的名字、函数返回值的类型、形参的类型和个数。函数声明的格式是:**函数类型　被调用函数名(形参表);**。

如:

int max(int a, int b) ;

函数类型,即函数返回值的类型,即被调用函数返回给调用函数的值的类型。

函数名,既是该函数的代表,也是一个变量。通过函数名把函数的处理结果数据带回给主调函数。

形式参数,简称形参,主调函数要传递给被调用函数的参数形式。在定义函数时,写在函数名后面括号中。形参只能是变量,在函数未被调用时不占用实际内存空间;发生调用时,被分配内存单元,得到具体的值;调用结束后,所占的内存单元被释放。

实际参数,主调函数要传递给被调用函数的参数。调用函数时,写在函数名后面括号中,可以是常量、变量或表达式。函数调用时实参向形参单向传递信息。编写程序时要求实参与形参个数相等,类型一致,按顺序一一对应。

返回值,通过函数调用使主调函数能得到一个确定的值,可以是常量、变量或表达式。通过函数中的 return 语句获得,将被调用函数中的一个确定值带回主调函数中去。带返回值的函数即使包含多个 return 语句,也只能返回一个值。在定义函数时对函数值说明的类型一般应该和 return 语句中的表达式类型一致。如果 return 语句中的表达式与函数的返回值类型不匹配时,以函数定义时的返回类型为准。

自定义函数,用户根据自己需要而编写的有关代码。用户可以自行为自定义函数取名,以便调用函数时使用。

库函数,由 C 语言本身提供的函数。

KEIL 提供了一百多个库函数供用户直接使用。调用库函数前必须用"♯include"将具有该函数说明想要的头文件包含进来。如要调用移位函数,就把头文件 intrins.h 包含进来,语句是:♯include <intrins.h>。

在使用库函数前要先了解函数的功能,形式参数的个数、类型,返回值的类型等。移位函数的功能参见表 1-15。

表 1-15　移位函数的功能及原型

函数名	名称	原型	功能
crol	字符循环左移	unsigned char _crol_ (unsigned char val,unsigned char n);	以位形式将字符型变量 val 左移 n 位,返回移位后的 val 值
cror	字符循环右移	unsigned char _cror_ (unsigned char val,unsigned char n);	以位形式将字符型变量 val 右移 n 位,返回移位后的 val 值
irol	整型循环左移	unsigned int _crol_(unsigned int val,unsigned char n);	以位形式将整型变量 val 左移 n 位,返回移位后的 val 值
iror	整型循环右移	unsigned int _cror_(unsigned int val,unsigned char n);	以位形式将整型变量 val 右移 n 位,返回移位后的 val 值
lrol	长整型循环左移	unsigned long _lrol_ (unsigned long val, unsigned char n);	以位形式将长整型变量 val 左移 n 位,返回移位后的 val 值
lror	长整型循环右移	unsigned long _lror_ (unsigned long val, unsigned char n);	以位形式将长整型变量 val 右移 n 位,返回移位后的 val 值

要点总结

C 程序是由函数构成的。一个实用程序中通常都有大量的函数。main( )函数通过直接书写语句和调用其他函数来实现有关功能。其他函数可以是库函数,也可以是用户自定义函数。

四、一维数组的定义与引用

关键字

数组，是一种复杂数据类型，是具有相同的名字、相同的数据类型、在存储器中连续存放的一组变量。组成数组的各个变量称为数组元素。

1. 一维数组的定义

一维数组的定义格式为：**数据类型说明符　数组名［数组长度］；**

如：unsigned char Table［8］；　//数组名为 Table，包含 8 个无符号字符型元素

数组的数据类型定义的是每个数组元素的取值类型。对于一个数组来说，所有数组元素的数据类型应该都是相同的。数组名要符合用户定义字的书写规则，且能与其他变量、函数的名字相同。方括号中表示的是数组元素的个数，不能是变量，只能是常量或常量表达式。

允许在同一个类型说明中，定义多个数组和多个变量，如：int　score1［10］，score2［20］，i；

2. 数组元素的引用

数组元素的表示方法是：**数组名［下标］**

如：Table［0］、Table［1］、Table［2］、Table［3］、Table［4］、Table［5］、Table［6］、Table［7］

下标表示该元素在数组中的顺序号，从 0 开始，最大为数组长度减 1。

引用数组时，下标可以用变量表示，如：Table［i］，i 是 0～7 的整数。

3. 数组元素的初始化

在定义数组的同时可以对数组元素赋初值，格式为：

数据类型说明符　数组名［数组长度］＝{元素 0 初值，元素 1 初值，元素 2 初值，…}；

如：char Tab［3］={0x01, 0x06,0x05};// Tab［0］=0x01,Tab［1］=0x06,Tab［2］=0x05

在定义数组时允许只对数组部分元素赋初值，后面被缺省的均赋值为 0。

如：int a［5］={1,2}；　//a［0］=1,a［1］=2,在 a［2］、a［3］a［4］的值均为 0

初始化数组时，允许省略数组的长度。此时，数组长度为初值的个数。

如：int data［］={2,4,6,8,10}；　//数组长度为 5

要点总结

为了处理方便，把具有相同类型的若干变量有序地组织起来，定义为数组。在单片机中最常用的是一维数组。

【学习任务】

【任务描述】

用单片机控制 LED 闪烁、循环点亮、花样变化。

【任务目标】

(1)第一阶段任务目标:单片机控制 8 个 LED 闪烁。

(2)第二阶段任务目标:单片机控制 8 个 LED 循环点亮。

(3)第三阶段任务目标:单片机控制 16 个 LED 实现花样变化。

(4)总体目标:掌握单片机 C 语言的编程方法。

【知识准备】

(1)熟悉编程和仿真软件。

(2)C51 程序基础。

(3)C51 的流程与控制。

(4)函数的定义和调用。

(5)一维数组的定义与引用。

【器材准备】

计算机一台,并安装 Proteus、KEIL 软件。

【任务实施1】编程控制 8 个 LED 闪烁

一、任务分析

通过用单片机控制多个 LED 闪烁来练习使用循环语句、无参数的延时函数。

二、任务实施步骤

(1)在 Proteus 中绘制单片机控制 8 个 LED 的电路图。

(2)利用 KEIL 软件编写 LED 闪烁控制程序。

(3)编译、调试、运行。

三、硬件电路设计

单片机 P0 口 8 个引脚控制 8 个 LED。电路原理图如图 1-25 所示。

引脚输出低电平时,对应 LED 发光;输出高电平时,对应 LED 熄灭。用 8 个开关作数据输入,开关一侧与 P1 口 8 个引脚相连,另一侧统一接地。当开关拨到"OFF",对应输入值为 1;当开关拨到"ON",对应输入值为 0。

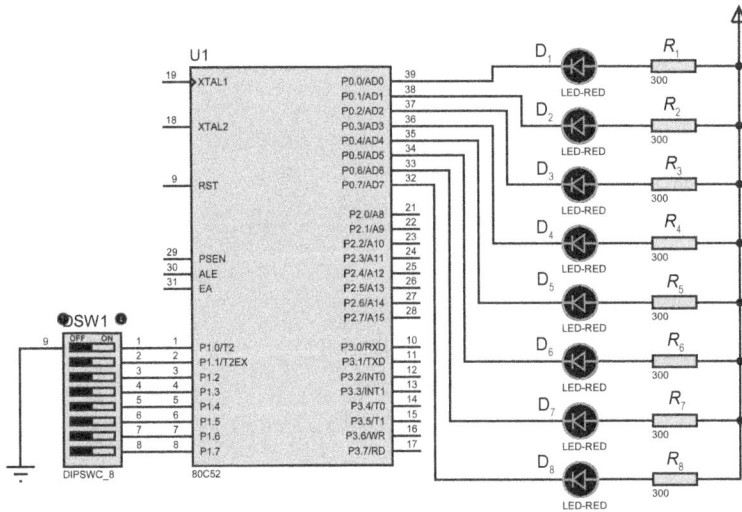

图 1-25 P0 口控制 8 个 LED 的电路原理图   图 1-26 LED 闪烁流程图

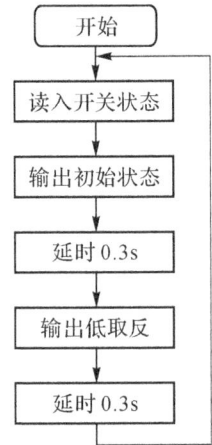

四、程序设计

如果 P0 口引脚的输出电平在高低电平之间不停转换,且每次转换后延时一段时间,LED 就会闪烁。为了控制不同的 LED 同时闪烁,可以从 P1 口读取 8 个引脚的值作为 P0 口的初始电平。LED 闪烁的主程序流程图如图 1-26 所示。

```
/* 项目一任务三任务实施 1 示例程序,控制 P0 口多个 LED 闪烁,引脚输出低电平时发光 */
#include <reg51.h>  //包含头文件 reg51.h,定义了 MCS-51 单片机的特殊功能寄存器
void delay03s() //定义延时函数,无形式参数,无返回值,大约时间为 0.3s
{   unsigned char i,j,k;  //定义无符号字符型变量,范围是 0～255
    for(k=3;k>0;k--)  //执行 1 次"k=3",3 次"k>0"、"k--"及其循环体
    for(i=200;i>0;i--)  //共执行 3 次"i=200",3×200 次"i>0"、"i--"及其循环体
    for(j=250;j>0;j--);  //共执行 3×200 次"j=250",3×200×250 次"j>0"、"j--"
} //估算延时时间(设机器周期为 1 us):(1+(1+(2×250)+2)×200+2)×3×1us = 301809us
void main()  //主函数
{   unsigned char LED;  //定义无符号字符型变量,范围是 0～255
    while(1)  //无限循环
    {   P1 = 0xff;  //向 P1 口 8 个引脚输出高电平,为其输入作准备
        LED = P1;    //P1 口读入开关状态
        P0 = LED;  //P0 口输出初始状态
        delay03s();//调用延时函数
        P0 = ~LED;  //P0 口输出取反
        delay03s();//调用延时函数
    }
}
```

【任务实施 2】编程控制 8 个 LED 循环点亮

一、任务分析

通过用单片机控制 LED 循环点亮来练习使用分支语句、循环语句、有参数的延时函数。

二、任务实施步骤

(1)在 Proteus 中绘制单片机控制 8 个 LED 的电路图。
(2)利用 KEIL 软件编写 LED 循环点亮控制程序。
(3)编译、调试、运行。

三、硬件电路设计

单片机 P2 口 8 个引脚控制 8 个 LED。电路原理图如图 1-27 所示。

引脚输出高电平时,对应 LED 发光;输出低电平时,对应 LED 熄灭。用两个开关控制循环点亮方式,K1、K2 一侧分别与 P1.0、P1.2 相连,另一侧接地。当开关断开时,对应输入值为 1;当开关闭合时,对应输入值为 0。

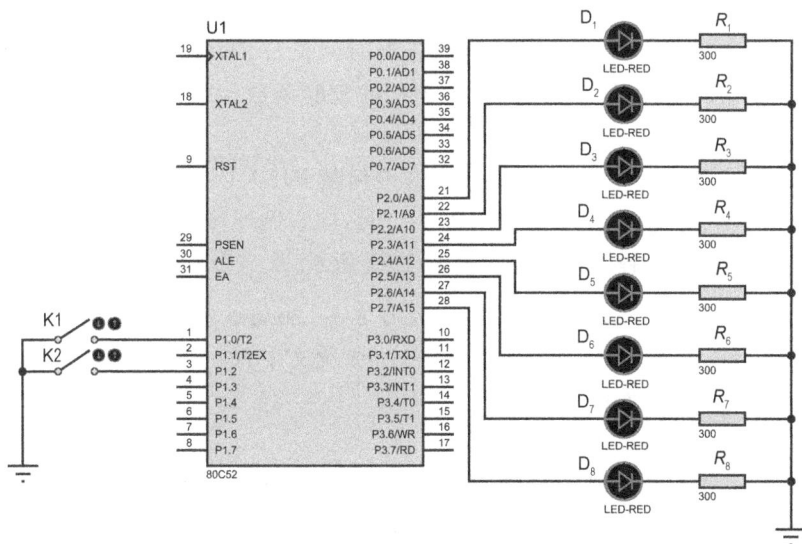

图 1-27　P2 口控制 8 个 LED 的电路原理图

四、程序设计

利用左移运算"＜＜"和右移运算"＞＞"控制 P2 口的输出电平的变化,且每次移位后延时一段时间,LED 就会循环左移和右移。因为左移运算的结果是高位丢失,低位补 0,所以可将 P2 口的初值设置为 0x01,即 00000001B;右移运算的结果是低位丢失,高位补 0,所以可将 P2 口的初值设置为 0x80,即 10000000B。LED 循环左移函数的流程图如图 1-28 所示。

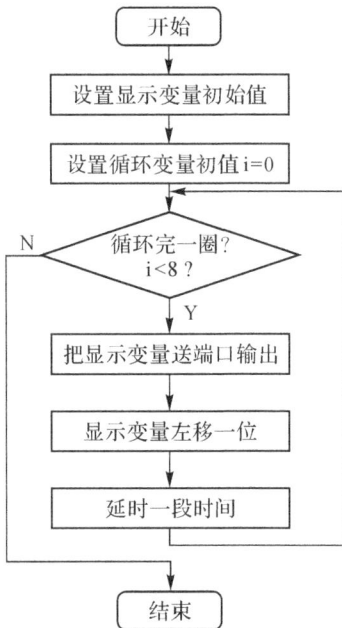

图 1-28　LED循环左移函数流程图　　　　图 1-29　主程序流程图

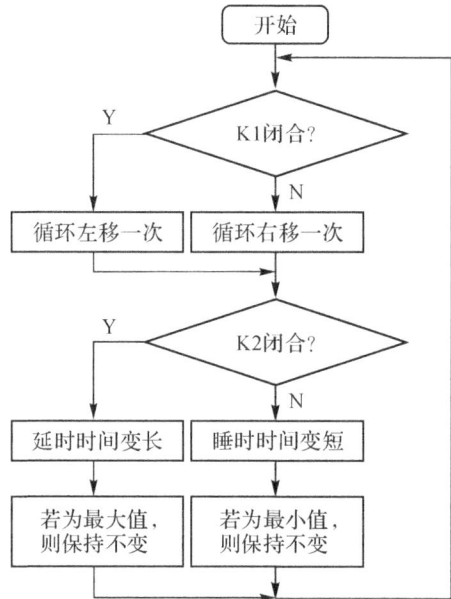

　　LED 的循环点亮时间由延时函数决定,延时时间长,LED 变化速度就慢,延时时间短, LED 变化速度就快。因此可以通过调用有形参的延时函数,并有规律地改变参数值,实现 循环点亮速度的改变。

　　为了实现不同循环方式,可以用 if else 语句判断 P1.0、P1.2 的输入电平情况,形成不 同的分支。如 P1.0 为 0 时,向左循环移动;为 1 时,向右循环移动。当 P1.2 为 0 时,减速循 环;为 1 时,加速循环。主程序的流程图如图 1-29 所示。

```
/* 项目一任务三任务实施 2 示例程序,控制 P2 口 8 个 LED 循环点亮,输出高电平时发光 */
    #include <reg51.h>   //包含头文件 reg51.h,定义了 MCS-51 单片机的特殊功能寄存器
    sbit K1 = P1^0;   //定义 P1.0 位
    sbit K2 = P1^2;   //定义 P1.2 位
    char N = 5;     //定义外部变量(全局变量)
    void delay0ns(char n)    //定义延时函数,有形式参数,无返回值,大约时间为 n×0.1s
    {    unsigned char i,j;   //定义无符号字符型变量,范围是 0~255
        for(n;n>0;n--)   //执行 n 次"n>0"、"n--"及其循环体
          for(i=200;i>0;i--)   //共执行 n 次"i=200",n×200 次"i>0"、"i--"及其循环体
            for(j=250;j>0;j--);   //共执行 n×200 次"j=250",n×200×250 次"j>0"、"j--"
    }//估算延时时间(设机器周期为 1 μs):(1+(1+(2×250)+2)×200+2)×n×1us = 100603×n μs
    zuoyi()     //定义 LED 循环左移的函数,无形式参数,无返回值
    {    unsigned char LED,i;   //定义无符号字符型变量,范围是 0~255
        LED = 0x01;     //给变量 LED 赋值 0x01
        for(i=0;i<8;i++)     //循环 8 次
```

```
    {   P2 = LED;           //P2 口输出
        LED<< = 1;          //LED 每位向左移 1 位
        delay0ns(N);        //调用延时函数
    }
}
youyi( )        //定义 LED 循环右移的函数,无形式参数,无返回值
{   unsigned char LED,i;    //定义无符号字符型变量,范围是 0~255
    LED = 0x80;             //给变量 LED 赋值 0x80
    for(i = 0;i<8;i ++ )    //循环 8 次
    {   P2 = LED;           //P2 口输出
        LED>> = 1;          //LED 每位向右移 1 位
        delay0ns(N);        //调用延时函数
    }
}
void main( )    //主函数
{   while(1)    //无限循环
    {   if(K1 == 0)         //判断 K1 是否闭合
            zuoyi();        //调用左移函数
        else       //K1 断开
            youyi();        //调用右移函数
        if(K2 == 0)         //判断 K2 是否闭合
        {   N ++ ;   //增加延时
            if(N>10) N = 10;   //防止延时时间过长
        }
        else       //K2 断开
        {   N -- ;      //减小延时
            if(N<1) N = 1;  //防止延时时间过短
        }
    }
}
```

【任务实施 3】编程控制 16 个 LED 花样显示

一、任务分析

通过用单片机控制 LED 花样显示来练习使用数组、移位函数、分支语句等。

二、任务实施步骤

(1)在 Proteus 中绘制单片机控制 16 个 LED 的电路图。

（2）利用 KEIL 软件编写 LED 花样显示控制程序。

（3）编译、调试、运行。

三、硬件电路设计

单片机 P2、P3 口各 8 个引脚控制 16 个 LED。引脚输出高电平时，对应 LED 发光；输出低电平时，对应 LED 熄灭。用 P1 口 8 个开关控制 8 种花样。电路原理图如图 1-30 所示。

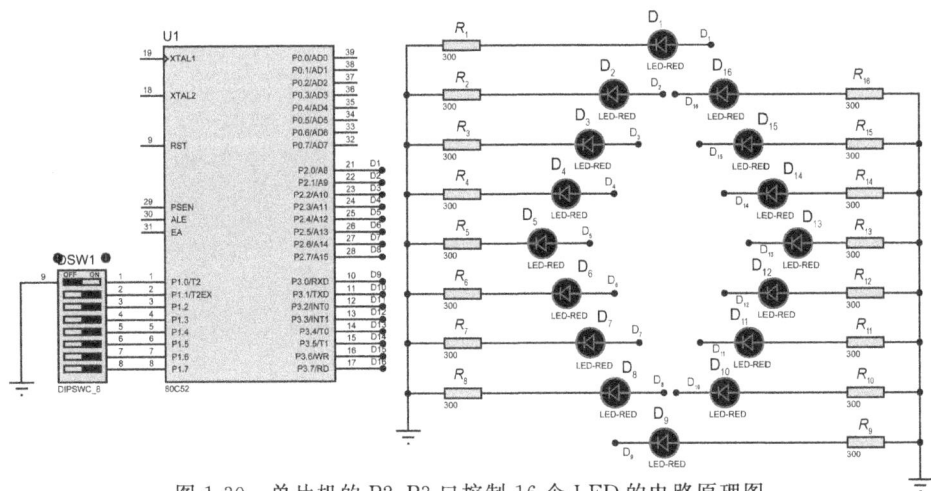

图 1-30   单片机的 P2、P3 口控制 16 个 LED 的电路原理图

四、程序设计

LED 花样显示流程图如图 1-31 所示。主程序流程图如图 1-32 所示。

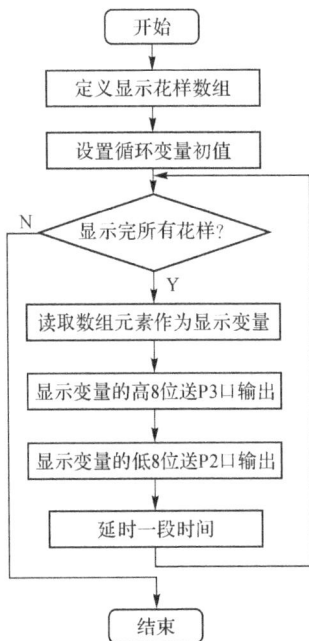

图 1-31   LED 花样显示流程图   图 1-32   主程序流程图

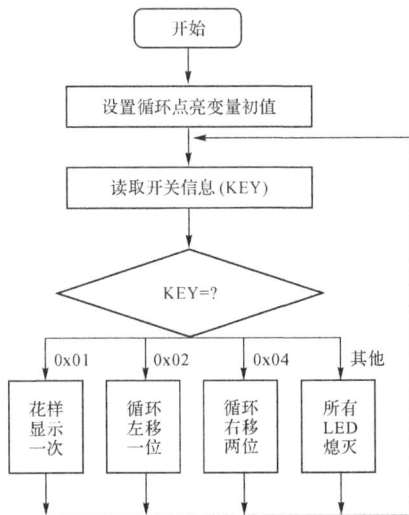

利用整型循环左移函数"_irol_"和整型循环右移函数"_iror_",实现 16 个 LED 的循环左移和右移。利用定义和调用整型数组,实现无规律花样变化。为了选择不同的花样,可以用 switch case 语句判断 P1 口输入电平的情况,形成不同的分支。

```
/* 项目一任务三示例程序 3,控制 P2、P3 口 16 个 LED 循环点亮,输出高电平时发光 */
# include <reg51.h>   //包含头文件 reg51.h,定义了 MCS-51 单片机的特殊功能寄存器
# include <intrins.h> //包含文件 intrins.h,定义了 _irol_()等移位函数
void delay05s()     //定义延时函数,无形式参数,无返回值,大约时间为 0.5s
{    unsigned char i,j,k;    //定义无符号字符型变量,范围是 0~255
     for(i = 5;i>0;i--)   //执行 1 次"i = 5",5 次"i>0"、"i--"及其循环体
       for(j = 200;j>0;j--)
     //共执行 5 次"j = 200",5×200 次"j>0"、"j--"及其循环体
          for(k = 250;k>0;k--);
     //共执行 5×200 次"k = 250",5×200×250 次"k>0"、"k--"
}//估算延时时间(设机器周期为 1μs):(1 + (1 + (2×250) + 2)×200 + 2)×5×1μs = 503015μs
void Hua() //定义花样函数,无形式参数,无返回值
{ unsigned char i;   //定义无符号字符型变量,范围是 0~255
  unsigned int LED;   //定义无符号整型变量,范围是 0~65536
  unsigned int huayang[6] = {0x0000,0x0101,0x8383,0xc7c7,0xefef,0xffff};
  // huayang 数组有 6 个无符号整型元素(范围是 0~0xffff),对应 6 个花样显示状态
  for(i = 0;i<6;i++)   //循环 6 次
  {   LED = huayang[i];   //引用 huayang 数组
      P3 = LED/256;     //P3 口输出 LED 变量的高 8 位
      P2 = LED%256;     //P2 口输出 LED 变量的低 8 位
      delay05s();   //调用延时函数
  }
}
void main()   //主函数
{   unsigned char KEY;   //定义无符号字符型变量,范围是 0~255
    unsigned int led = 0x0101;   //定义循环点亮的初始状态,无符号整型(0~0xffff)
    while(1)   // 无限循环
    {   P1 = 0xff;     //向 P1 口 8 个引脚输出高电平,为其输入作准备
        KEY = P1;   //P1 口读入开关状态
        switch(KEY)    //根据开关状态选择输出花样
        {   case 0x01:  //如果 KEY = 0x01,则执行下面的语句
                   Hua(); //调用花样函数
                   break; //执行完毕后,跳出 switch 结构
            case 0x02:  //如果 KEY = 0x02,则执行下面的语句
                   led = _irol_(led,1);  // 将 led 按位形式向左移 1 位
                   P3 = led/256;    //P3 口输出 led 变量的高 8 位
                   P2 = led%256;     //P2 口输出 led 变量的低 8 位
```

```
            delay05s();  //调用延时函数
            break;  //执行完毕后,跳出 switch 结构
    case 0x04:  //如果 KEY = 0x04,则执行下面的语句
            led = _iror_(led,2);  // 将 led 按位形式向右移 2 位
            P3 = led/256; P2 = led%256;
            delay05s();
            break;
    default:  //以上情况都不满足时,执行下面的语句
            P3 = 0;P2 = 0;//熄灭所有 LED
        }
    }
}
```

任务四　制作一个单片机小系统

开卷有益

一、单片机小系统电路

关键字

单片机最小系统,是指用最少的元件组成的,能够让单片机正常工作的硬件电路。对 51 系列单片机来说,最小系统一般应该包括单片机、电源电路、复位电路、时钟电路等。

1.单片机

必须选用有内部程序的单片机,同时外部程序存储器访问控制端 $\overline{EA}$ 要接高电平。

2.电源电路

电源是能量的来源。要让单片机工作就必须给它的电源端 V_{cc}、V_{ss} 接通电源。

3.复位电路

复位电路用于将单片机内部各电路的状态恢复到初始值。复位引脚 RST 的高电平持续两个机器周期以上就能使单片机复位。为了保证系统能够可靠地复位,RST 端的高电平信号必须维持足够长的时间(20～100ms)。

复位后,单片机进入初始化状态。程序计数器 PC=0000H,单片机从 0000H 单元开始执行程序。SFR 恢复初值:P0～P3 的端口被设置成 FFH,堆栈指针 SP 设置成 07H,串行口的 SBUF 无确定值,其他各专用寄存器的有效位均被设置成 0。但片内 RAM 不受复位

影响,上电后 RAM 中的内容随机。

实际应用中,复位操作有上电复位和开关复位两种方式。复位电路可由一个弹性开关、一个电阻、一个电解电容组成,如图 1-33 所示。由于电容电压不能突变,系统一上电,RST脚就会出现高电平,高电平持续的时间由电路的 RC 值决定。

> 在使用电解电容时要注意极性,长引脚为正极,短引脚为负极,通常电容器壳体负极引脚一侧有"—"的标志。

4.时钟电路

时钟电路是让单片机活起来的心脏,没有时钟脉冲就相当于没有脉搏跳动,单片机各个部件都无法工作。在时钟信号端 XTAL1 和 XTAL2 引脚上外接定时元件,内部振荡电路就产生自激振荡。这种产生时钟信号的方式叫作内部振荡方式,所得的时钟信号比较稳定,是单片机产生时序的常用方式。

在 XTAL1 和 XTAL2 引脚上外接的定时元件通常采用石英晶体和电容组成的并联谐振回路,如图 1-33 所示。晶体可以在 1.2MHz 到 12MHz 之间选择,电容值在 5pF 到 30pF之间选择,电容的大小可起频率微调作用。

时钟电路为单片机工作提供基本时钟,时钟信号用来为单片机芯片内部各种微操作提供时间基准。这些微操作在时间上有严格的次序,称作时序。常用的时序单位从小到大依次为振荡周期、时钟周期、机器周期、指令周期。

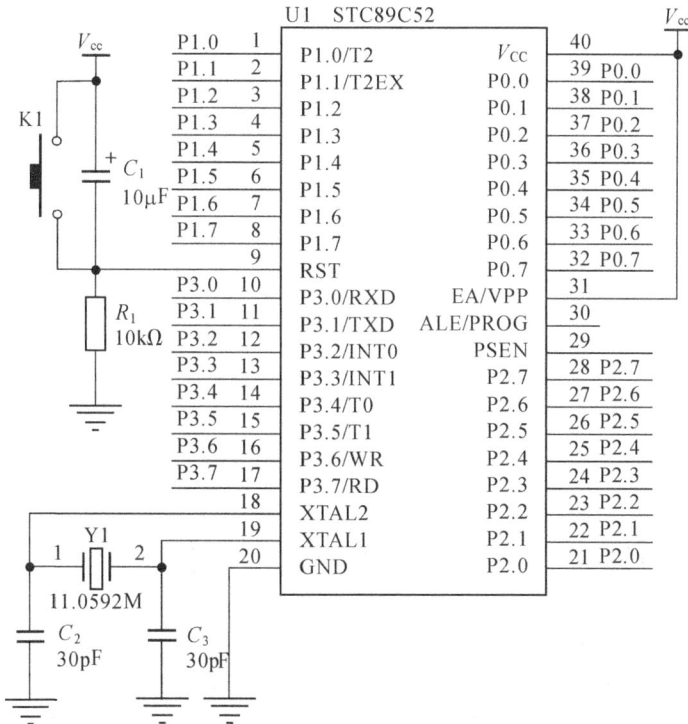

图 1-33　STC89C52 单片机小系统电路图

振荡周期,振荡脉冲的周期,定义为节拍,用"P"表示。利用晶振组成振荡器向单片机提供时钟信号时,振荡器的频率与晶振频率相等,也就是说振荡周期是晶振频率的倒数,即为晶振周期。

$$振荡周期 = \frac{1}{晶振频率}$$

时钟周期,是振荡周期的两倍,定义为状态,用"S"表示。一个状态包含两个节拍,前半周期为 P1,后半周期为 P2。

机器周期,实现特定功能所需的时间,是执行一种基本操作的时间单位。1 个机器周期为 12 个振荡周期,即 6 个状态(分别用 S1~S6 表示)、12 个节拍(分别用 S1P1、S1P2、S2P1、S2P2、S3P1、S3P2、S4P1、S4P2、S5P1、S5P2、S6P1、S6P2 表示)。

$$机器周期 = \frac{12}{晶振频率}$$

晶振频率为 12MHz 时,机器周期为 1μs。晶振频率为 6MHz 时,机器周期为 2μs。

指令周期,执行一条指令所需要的时间。执行不同的指令所需要的时间不同,用消耗的机器周期来区别。51 单片机的指令可分为单周期指令、双周期指令和四周期指令三种。

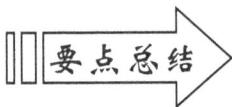

要点总结

单片机运行的硬件条件有以下四点:
(1)有振荡电路为单片机提供振荡信号;
(2)有上电复位或手动复位电路;
(3)要对 $\overline{EA}$ 引脚进行处理,选择外部或内部程序存储器;
(4)要为单片机提供一个稳定的、满足单片机电压条件的工作电源。

二、单片机程序的烧录

在实际制作单片机系统时,需要把程序代码烧录(下载)到单片机芯片中。不同的单片机烧录程序的方法也不一样。

STC 公司的 C 系列单片机支持串行下载,具体方法如下:

首先,连接硬件电路板,放置 STC 单片机,注意方向不要插反。将下载串口线与计算机的串口相连。接着,使用 STC-ISP 单片机下载软件进行下载,软件界面如图 1-34 所示。

步骤 1,在"MCU Type"下拉框中选择与实际使用的单片机相对应的型号。

步骤 2,单击"OpenFile/打开文件",选择将要被烧录的.hex 文件。

步骤 3,在"COM"下拉框中选择与计算机所用串口相应的串口号(通常为 COM1),最高波特率、最低波特率一般无须修改。

步骤 4,一般可以使用默认状态。

步骤 5,先单击"Download/下载",当出现"正在尝试与 MCU/单片机握手连接"或"请给 MCU 上电"等提示语句后给 MCU 上电复位。程序下载成功后,会出现"下载 OK"、"已加密"等提示语句。

STC-ISP 软件具有显示 HEX 文件大小的功能。如果程序大小超过所选的单片机型号

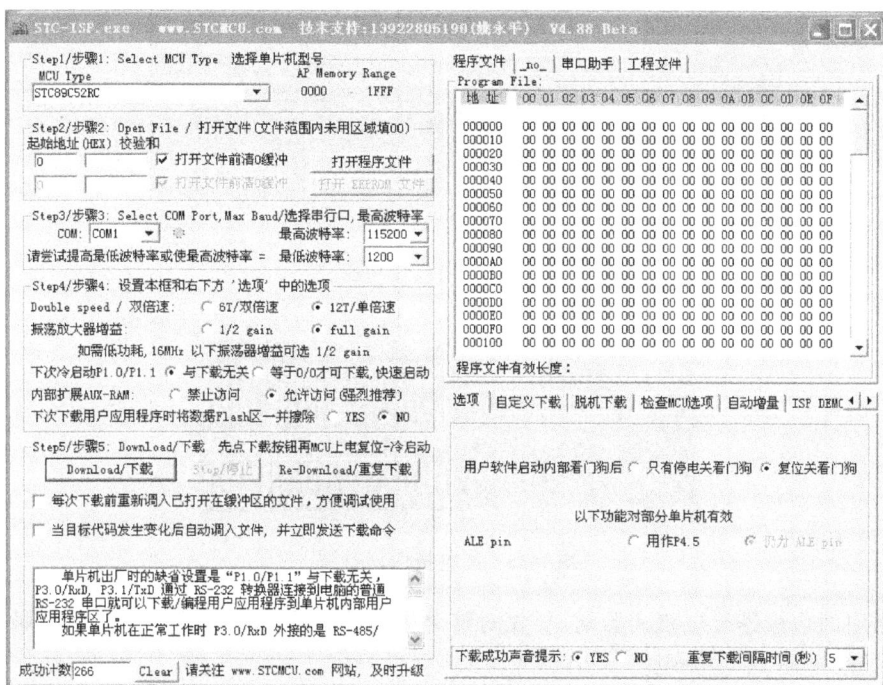

图 1-34   STC-ISP 参数设置界面

的容量,软件会弹出提示窗口,问你是否删除多出的部分。一般情况下,删除多出部分会让程序无法正常运行。

> 导致下载失败的常见原因有:不是 STC 单片机,单片机插反、损坏或型号设置错,下载用的串口线接口接触不良,在点击"下载"前没有断开硬件电路的电源等等。

要点总结

利用串口和 STC-ISP 软件可以很方便地给 STC 单片机下载程序。

三、电路板的制作

关键字

面包板,是用来接插电路的实验板,是元器件实现电气连接的载体。

从表面看,面包板正面布满横纵几排插孔,如图 1-35 所示。每一个插孔都不是独立的,而是按一定的规则连接在一起的。在面包板内部每一个金属片插入一个塑料槽,在一个槽的插孔相通,相当于同一点;不同槽的插孔不通,金属簧片之间在电气上彼此绝缘,如图1-36所示。把电子元器件的引脚插入不同的排孔上,使其与孔内弹性接触簧片接触,排孔之间通过面包板专用接插线或者带插针的导线跳接起来,就可以形成电气上的连接。

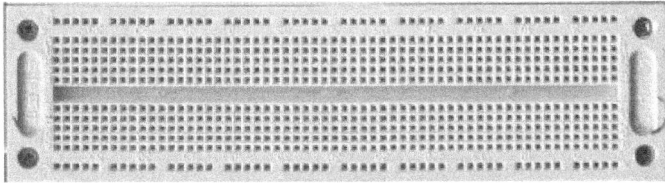

图 1-35   面包板外观

图 1-36   面包板内部结构

在利用面包板进行电路实验前,要先对整个板上的元器件的布局进行合理规划,使走线距离短、接线方便、整洁美观。

在面包板中间有一条中心分隔槽,把面包板分成上、下两部分。上半部分每列 5 个插孔之间是导通的,下半部分每列 5 个插孔之间是导通的,而上、下部分插孔之间不导通。电路中如果有集成芯片,要把它跨在中心分隔槽上,不能让两排的引脚短接。比如,双列直插式单片机的上排引脚要插到上半部分插孔中,下排引脚插到下半部分插孔中。虽然插孔间的距离与双列直插式集成电路管脚的标准间距 2.54mm 相同,但由于集成块引脚与插孔位置总有些偏差,必须预先调整好位置,小心插入金属插孔中,不然会引起接触不良,而且会使金属片位置偏移,插导线时容易插偏。

在面包板上、下边缘有两排用于接电源的插孔。每一排的插孔都是相互导通的。有的面包板电源排会分左、右两部分,每个部分之间的插孔导通,而于另一部分绝缘。

面包板上的插孔可以夹住元器件的金属引脚。只要轻轻地把元器件的管脚插入插孔中即可。芯片和元件上的不同引脚之间,要使用插接导线连接紧。若能不用导线就不用导线,能用一根导线接通的地方尽量只用一根导线,用多根导线转接费事又容易出错。不同的信号最好使用不同颜色的接线进行连接,以避免连错和连混,比如:电源线使用红色连接线,地线使用黑色连接线,数据线使用白色连接线,控制线使用黄色或蓝色连接线。

万能板,也叫万用板、洞洞板。使用时,元器件插在万能板的一面,元器件管脚穿过万能板的过孔,在万能板另一面使用电烙铁焊接管脚于万能板上的焊盘,然后焊接导线并通过导线实现元器件之间的电气连接。万能板的外观如图 1-37 所示。

用万能板制作单片机小系统时,应先根据电路原理图设计元器件的分布,即安排一下板上各元件的位置。根据元件的高度按由低到高顺序安装,注意元器件引脚不宜过高。安装单片机的位置要先安装与单片机引脚对应的直插式插座,以便芯片的插入与拔出。所有元件安装完成以后,先不要插上单片机,在通电之前应先检测 V_{cc} 和 V_{ss} 之间是否有短路的情况。接通 5V 电源后检测第 40 号引脚对地是否为 5V 电压,第 9 号引脚对地是否为 0V 电

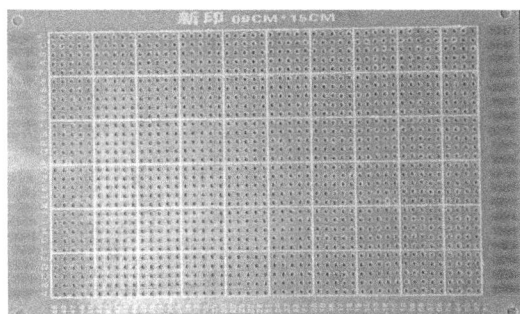

图 1-37　万能板外观

压,再检查 LED 能否正常发光。一切正常后,断开电源,将已烧录程序的单片机插入集成电路插座,注意不能插反。

印刷电路板,即 PCB 板,是针对电路唯一设计出来的实现元器件焊接及电气连接的电路板,是功能电路的最终表现形式,是电路设计的终极目标。

印刷电路板的外观如图 1-38 所示。这个板现在还是裸板,没有把元器件焊接在上面,只是在反面已经通过铜箔预先铺设好了该有的电气连接。它的正面印有于电路原理图对应的每一个元器件的符号和序号,在焊接时方便把对应的电子元器件插进过孔并焊接在焊盘上。

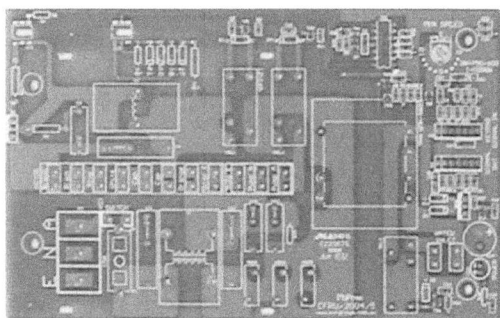

图 1-38　印刷电路板外观

要点总结

面包板可以插接电子元件,适用于暂时连接电路验证电路设计的正确性或需要对电路参数进行修改的场合。万能板、印刷电路板可以焊接元器件,适用于电路设计正确时制作成品。

【学习任务】

【任务描述】

下载流水灯程序给单片机,选用合适的元器件,用面包板搭建,或用万能板焊接一个单片机小系统。

【任务目标】

（1）第一阶段任务目标：用串口给 STC 单片机烧录程序。

（2）第二阶段任务目标：搭建或焊接单片机小系统。

（3）总体目标：掌握单片机程序的烧录方法；掌握单片机最小系统的设计、制作方法。

【知识准备】

（1）流水灯程序设计。

（2）单片机小系统电路。

（3）单片机程序的烧录。

（4）电路板的制作。

【器材准备】

计算机一台，安装 Proteus、KEIL、STC-ISP 单片机程序下载软件，面包板、万能板及相关元件，单片机实验箱或开发板（串口下载电路）。

【任务实施 1】用串口给 STC 单片机烧录程序

一、任务分析

把自己设计的流水灯程序通过串口烧录到 STC 单片机中。

二、任务实施步骤

（1）利用 KEIL 软件编写流水灯程序，编译生成 HEX 文件。

（2）连接串口下载电路，放置 STC 单片机。

（3）利用 STC-ISP 软件把程序下载到单片机。

三、硬件电路设计

不论是单片机实验箱还是单片机开发板都会提供串口电路，我们只需查清具体电路，再做适当的连接就行。例如，在 DP-51PROC 单片机综合仿真实验仪中，A1 区为 ISP 电路，只需把 A1 区的串口与电脑的串口用串口线连接即可。

四、程序设计

自行设计流水灯程序，彰显个人特色，杜绝千篇一律。

【任务实施 2】搭建或焊接单片机小系统

一、任务分析

利用面包板或万能板自己制作一个单片机小系统。

二、任务实施步骤

（1）设计单片机小系统电路。

（2）列出元器件清单，领取元器件。

（3）在面包板上搭建电路，或在万能板上焊接电路。

（4）安插装有流水灯程序的单片机，进行单片机系统调试。

三、硬件电路设计

在单片机最小系统的基础上设计流水灯控制电路。单片机最小系统的电路可以参考图1-33。根据电路列出元器件清单，如表1-16所示。在面包板上搭建小系统电路，如图1-39所示。或在万能板上焊接元件，完成单片机小系统电路板的制作，如图1-40所示。

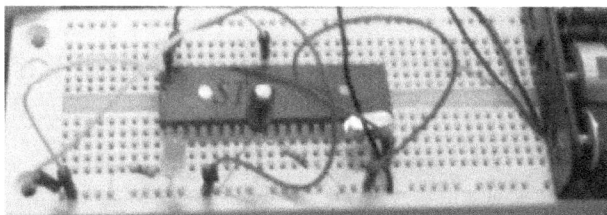

图 1-39　用面包板搭建的单片机小系统电路　　　　图 1-40　用万能板焊接的单片机小系统电路

表 1-16　单片机最小系统元器件清单

序号	名称	规格型号	单位	数量	单价(元)	备注
1	单片机	STC89C52	个	1	6.8	或用 STC89C51
2	电池盒	3节5号	个	1	2	由学生自备电池
3	晶振	12MHz	个	1	0.8	
4	陶瓷片电容	30pF	个	2	0.01	
5	电解电容	$10\mu F$	个	1	0.01	
6	电阻	$10k\Omega$	个	1	0.01	
7	微动开关	6mm×6mm×5mm	个	1	0.3	
8	面包板	2.54mm 间距	个	1	7	或采用万能板
9	面包板用导线		根	若干	0.1	或用普通导线自制

【项目总结】

项目一包含四个任务，首先让读者对单片机及其开发过程有一个大致的了解，再练习使用单片机开发软件，尝试用 C51 编写流水灯控制程序，最后制作出单片机小系统电路。对项目一的学习评价可参考表1-17。

专业能力的评价建议采用学生自查、教师评价的方式。在每个任务实施前向学生说明具体要求及评价标准，任务实施后先由学生自行检查是否合格，再由教师评定成绩提出改进意见。

表 1-17　项目一评价成绩表

学号	姓名	专业能力 60%						职业核心能力及职业素养 40%								项目总评
		介绍单片机(10)	制定项目计划(10)	使用编程软件(20)	使用仿真软件(20)	编写C51源程序(20)	制作小系统(20)	自我学习(20)	信息处理(10)	数字应用(10)	与人合作(15)	与人交流(15)	解决问题(10)	创新革新(10)	6S执行力(10)	
001																
002																

　　学习专业能力的同时不忘培养职业能力和职业素养。职业核心能力及职业素养评价标准可参考表 1-18。对职业核心能力及职业素养的评价建议由学生自评、同学评价、班级评比、教师评分等多种方式相结合。

表 1-18　职业核心能力及职业素养评价标准

评价内容	测评内容	评价依据	评价方式
自我学习	制定学习目标和计划	整个学期或某个阶段的课程学习计划	学生自评、教师评分
	实施学习计划	学习表现、学习记录、学习成果	
	反馈与评估学习效果	学习总结、自我评价、问卷调查	
信息处理	获取信息	教材阅读、图书借阅、网络查询	学生自评、教师评分
	整理信息	标记、抄录、摘记重要信息，汇总材料	
	传递信息	交谈、答题、汇报、演讲，总结材料	
数字应用	数字的采集与解读	解读表格、电路图、流程图等	学生自评、教师评分（重点评价在专业能力中没有评分的"数字应用"）
	数字的计算	计算公式，计算过程，计算结果	
	解读(运算)结果	设计程序流程图，说明结果产生的原因	
与人合作	建立合作关系	积极寻找合作伙伴，建立合作团队	同学(组长、组员)评分，教师检查
	明确合作目标	理解活动目标、内容，制定小组活动计划	
	执行合作计划	组员分工，完成小组活动的效率、质量	
	检查合作效果	小组在各项团体比赛中的名次、成绩	班级评比、教师评分
与人交流	交谈讨论	主持讨论，参与讨论，讨论记录	同学评分
	当众发言	提问、答题、汇报、演讲、点评	教师评分、班级评比
	阅读	阅读材料	学生自评
	书面表达	心得体会，同学评价	学生自评、教师评分
解决问题	发现问题，提出对策	提出问题、质疑，说明解决方案	学生自评、教师评分（重点评价在专业能力中没有评分的"解决问题"）
	实施方案、解决问题	展开行动，解决问题	
	验证方案、改进计划	检验方法，自查结果，改进措施	
创新革新	创新意识	提出不同的意见	学生自评、教师评分（重点评价在专业能力中没有评分的"创新革新"）
	创新思维	采用多种方法完成任务	
	创新能力	新思路、新方法，优化电路、程序设计	

评价内容	测评内容	评价依据	评价方式
6S 执行力	整理（Seiri）	整理实验台面，清除无用物品	以扣分为主。由每组的考勤员实时检查，重点记录违纪违规情况，上报扣分情况。教师随机抽查
	整顿（Seiton）	有序摆放元器件	
	清扫（Seiso）	认真完成值日工作	
	清洁（Seiketsu）	保持环境清洁、整齐	
	素养（Shitsuke）	遵守规章制度，维持课堂秩序	
	安全（Safety）	安全用电，节约用电	

对每一项职业能力的评价设计若干个评价点，制定详细的评分标准，如表1-19所示。考虑到不是所有学生都能够各项职业能力全面均衡发展，应该鼓励学生在有限的学习时间里重点培养某几项能力，可以设定每一项职业能力的最高分是配分的1.5倍左右。职业核心能力的最终得分若超过满分值，可经折算后适当填补其他类别的失分。由于每个项目的职业核心能力及职业素养评价内容基本相同，也可以采用平时累计积分，学期结束时统计总分的方式。

表 1-19　职业核心能力及职业素养评价点设计

类别	满分值	评价内容	初始分	最高分	评价点	评分标准
职业核心能力	90	自我学习	0	15	学习计划	自行制定500字以上的有效的单片机课程学习计划+5分
					学习记录	网络学习平台的登录次数、在线时长达到一定要求+5分
					学习总结	自行撰写500字以上的客观全面的单片机学习总结+5分
					学习成果	利用课后时间自行设计开发单片机应用系统项目+5分/项
					自我评价	认真、客观、及时地填写学生自评表、问卷调查表+5分
		信息处理	0	15	教材阅读	有阅读标记、重要信息摘记、自己总结的文字+5分
					图书借阅	去图书馆、电子协会借阅相关图书资料+5分
					资料查阅	下载查阅网络资料、电子教材、网络视频等+5分
		数字应用	0	5	数字计算	清楚地表明计算思路、公式、过程、结果+3分/次
					画流程图	自行设计流程图，全面展示程序设计思想+5分/次
		与人合作	0	20	建立团队	起步。没有实现组队的同学"与人合作"一项为0分
					角色任务	担任组长、演讲员等重要角色并出色地完成任务+5分
					小组成绩	所在小组在各项团体比赛中的成绩即为每个组员的成绩
					参与度	积极主动地参与各项小组活动，完成布置的任务+5分
					组员关系	与每位小组成员都沟通融洽，没有矛盾隔阂+5分
		与人交流	0	20	表达观点	正确回答教师提问+2/次，积极主动地上台发言+5分/次
					交流讨论	积极主动地组织、主持、参与小组学习讨论+5分
					文档制作	制作总结汇报PPT、excel表格、word文档等+5分/次
					评优评分	认真客观地进行排行榜评选、组长评分、组员评价+5分
		解决问题	0	10	专业问题	在学习过程中发现并提出问题，解决疑难问题+5分/次
					协助指导	对其他组的同学提供帮助，协助完成学习任务+5分
		创新革新	0	5	提高功能	自行设计开发，实现更多的单片机应用系统功能+5分/次
					优化设计	自行设计开发，使单片机应用系统的性能更好+5分/次

续表

类别	满分值	评价内容	初始分	最高分	评价点	评分标准
职业素养	10	6S执行力	10	10	值日工作	不完成扫地、拖地、擦黑板、倒垃圾等值日工作－3分/次
					仪态仪表	穿拖鞋、带早餐进教室等－2分/次
					工位整理	离开时没有关闭电脑、凳子等没有摆放整齐等－2分/次
					课堂秩序	发生玩游戏、看小说、聊天、睡觉、发呆等行为－3分/次
					组织纪律	发生迟到、早退等行为－3分/次。出现旷课－10分/节

单片机这门课是实践性极高的一门课，纸上谈兵是不行的，学习者必须动手实践。项目一虽然是单片机入门的一个基础项目，但学习者已经接触了单片机开发的相关软件、硬件设备，为后续项目的学习做了充分的准备。

【思考练习】

1.什么是单片机？单片机具有什么特点？

2.简述51系列单片机的典型产品及其型号。

3.单片机应用系统的开发流程一般是怎样的？常用的开发软件有哪些？

4.查看STC89C52单片机PDIP40封装形式的引脚图，分类说明各个引脚的功能。

5.80C51单片机有几组几位的并行I/O口？列举各端口的功能。

6.画出STC89C52单片机的时钟电路，并指出石英晶体和电容的取值范围。

7.若采用6MHz的晶振，一个振荡周期、时钟周期和机器周期分别是多少 μs？一条单字节双周期指令的指令周期为多少 μs？

8.STC89C52单片机常用的复位电路有哪两种？请画出复位电路，并标明元件参数。

9.说明80C51单片机复位后的状态。

10.绘制STC89C52单片机的最小系统电路。

11.说明实际生活中有哪些单片机控制LED的实例。

12.PDIP40封装形式的STC89C52单片机的I/O口最多可以直接控制多少个LED？如何采用扩展电路控制更多的LED？

13.KEIL C51编译器所支持的基本数据类型有哪些？其长度和表示数的范围各是多少？

14.单片机的头文件在程序中起什么作用？怎么包含头文件？

15.为什么并行I/O接口作输入口时，必须先把端口置"1"？

16.什么是上拉电阻？为什么P0口作输出口时必须外接上拉电阻？

17.设计转向灯控制器。要求用两个按键控制左转向灯、右转向灯，如：按下K1时，左转向灯闪烁；按下K2时，右转向灯闪烁；同时按下为错误命令时，两灯常亮。

18.设计多变流水灯。要求至少有三种花样，如：让8个LED先从左到右依次点亮，移动到最右端时再从右到左依次点亮，移动到最左端时8个LED同时闪烁三次。

19.设计键控流水灯。利用独立式按键切换流水灯的变化花样，如：没有键按下时，所有LED熄灭；只有K1按下时，8个LED拉幕式点亮（先中间再两边点亮）；只有K2按下时，8个LED闭幕式点亮（先两边再中间点亮）；K1、K2同时按下时，8个LED交替闪烁。

20.在任务三的三个任务实施中，如何改变发光二极管的闪烁/流动/变化频率？

数字钟

【引言】

数字钟是单片机的一个经典项目,可以从中学习定时/计数器的应用、中断的应用、多位数码管显示等诸多知识点。项目二先学习计数显示、按键变数、1s 定时三个基本任务,再制作一个数字钟。

任务一　计数显示

开卷有益

一、数码管基础知识

关键字

数码管,是由多个 LED 封装在一起组成"8"字形的器件。当 LED 导通时相应的点或笔划就能发光,通过控制不同组合 LED 导通就能显示出 0~9 这十个数字和一些字符。

数码管的种类很多,外观如图 2-1 所示。通用的数码管按尺寸分,有 0.3 寸、0.5 寸、0.8 寸、1.0 寸、1.2 寸等;按颜色分,有红色、绿色、黄色等;按构成的 LED 数量分,有 7 段、8 段、15 段、17 段(米字型)等;按内部发光二极管单元连接方式分,有共阳数码管和共阴数码管;按能显示的数据位数分,有一位、二位一体、三位一体、四位一体等;按显示驱动方式分,有静态显示和动态显示。

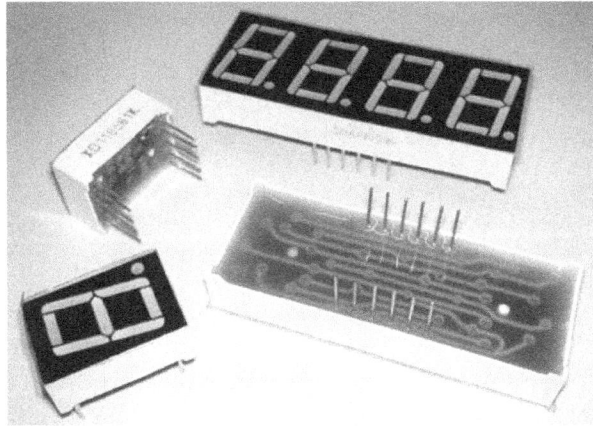

图 2-1　数码管外观

七段数码管，由 7 个条形发光二极管组成数码管。很多数码管会多一个小圆点发光二极管，用于显示小数点，可称为八段数码管，也可统称为七段数码管。

共阳数码管，是将所有发光二极管的阳极接到一起，作为公共控制端（com）的数码管。要让共阳数码管工作，com 端需接高电平。阴极作为段控制端，当某一字段发光二极管的阴极为低电平时，相应字段就点亮；当某一字段的阴极为高电平时，相应字段就不亮。

共阴数码管，是将所有发光二极管的阴极接到一起，作为公共控制端（com）的数码管。要让共阴数码管工作，com 端需接低电平。阳极作为段控制端，当某一字段发光二极管的阳极为高电平时，相应字段就点亮；当某一字段的阳极为低电平时，相应字段就不亮。

数码管的内部结构如图 2-2 所示。8 个 LED 分别用字母 a、b、c、d、e、f、g、dp 表示。

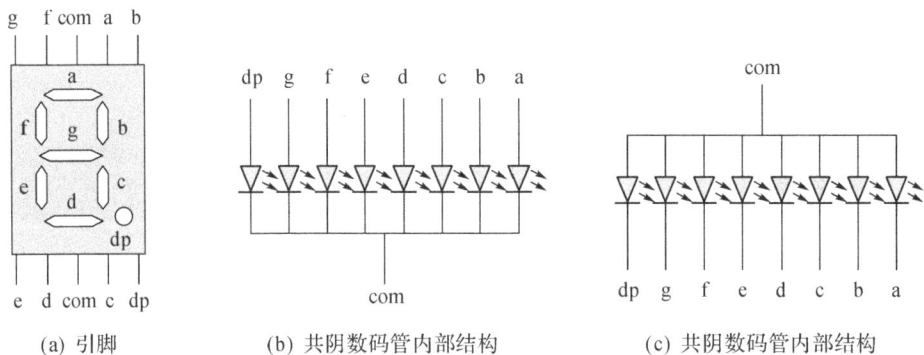

(a) 引脚　　　　(b) 共阴数码管内部结构　　　　(c) 共阴数码管内部结构

图 2-2　数码管的引脚及内部结构

段码，指用二进制代码来表示七段数码管的显示信息。

为了显示数字或字符，要为七段数码管提供显示段码。8 个 LED 共计 8 段，因此提供给数码管的显示段码为 1 个字节。各段码位与显示段的对应关系如表 2-1 所示。

表 2-1　数码管显示段与段码位

段码位	D7	D6	D5	D4	D3	D2	D1	D0
显示段	dp	g	f	e	d	c	b	a

　　要使数码管显示数字,直接将数字送至数码管的段控制端是不行的,需要给出相应的字型编码。如要显示数字"0",数码管的 a、b、c、d、e、f 这六个段应点亮,g、dp 这两个段应熄灭。若选用共阳数码管,需将公共端接高电平,给 8 位段控制端传送二进制编码 11000000B,即 0xc0;若选用共阴数码管,需将公共端接低电平,给 8 位段控制端传送二进制编码 00111111B,即 0x3f。共阳、共阴数码管的显示字型编码如表 2-2 所示。对于同一字符,共阴和共阳编码的关系为取反。

表 2-2　数码管字型编码表

字型	共阳数码管									共阴数码管								
	dp	g	f	e	d	c	b	a	编码	dp	g	f	e	d	c	b	a	编码
0	1	1	0	0	0	0	0	0	0xc0	0	0	1	1	1	1	1	1	0x3f
1	1	1	1	1	1	0	0	1	0xf9	0	0	0	0	0	1	1	0	0x06
2	1	0	1	0	0	1	0	0	0xa4	0	1	0	1	1	0	1	1	0x5b
3	1	0	1	1	0	0	0	0	0xb0	0	1	0	0	1	1	1	1	0x4f
4	1	0	0	1	1	0	0	1	0x99	0	1	1	0	0	1	1	0	0x66
5	1	0	0	1	0	0	1	0	0x92	0	1	1	0	1	1	0	1	0x6d
6	1	0	0	0	0	0	1	0	0x82	0	1	1	1	1	1	0	1	0x7d
7	1	1	1	1	1	0	0	0	0xf8	0	0	0	0	0	1	1	1	0x07
8	1	0	0	0	0	0	0	0	0x80	0	1	1	1	1	1	1	1	0x7f
9	1	0	0	1	0	0	0	0	0x90	0	1	1	0	1	1	1	1	0x6f
—	1	0	1	1	1	1	1	1	0xbf	0	1	0	0	0	0	0	0	0x40
.	0	1	1	1	1	1	1	1	0x7f	1	0	0	0	0	0	0	0	0x80
灭	1	1	1	1	1	1	1	1	0xff	0	0	0	0	0	0	0	0	0x00

　　一体数码管,多个数码管组合在一起,内部段已相互连接好。

　　不论多少位的数码管连在一起都会有一个共阳或共阴的问题。为了节约数码管模块的引脚数量,就将每一个发光二极管的阳极或阴极并联在一起形成一个公共的阳极或阴极。

　　多位数码管还有一个显示驱动方式的问题。①静态方式:把所有数码管的 com 端并联在一起,把每个数码管的各段控制端一个个分别引出来。②动态方式:将每个数码管的 com 端独立引出,将每个数码管的各段控制端(a、b、c、d、e、f、g、dp)同名的并联在一起。如图 2-3 所示的四位一体数码管有 4 个位选、8 个段选,共 12 个引脚。

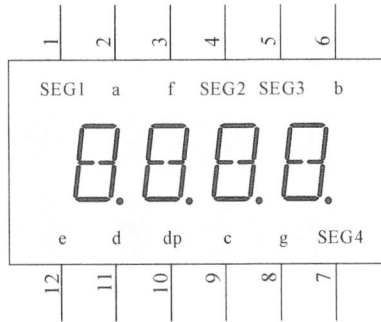

图 2-3　四位一体数码管的引脚图

要点总结

数码管是单片机人机对话的一种重要的输出设备,用来显示单片机系统的工作状态、运算结果等。数码管可分为多种类型,不论哪一种在使用时都要注意其公共端和字型编码。

二、数码管的显示方式

关键字

静态显示,是指数码管显示某个字符时,相应段的 LED 处于恒定的导通或截止状态,直到需要显示另一个字符。

静态显示时,每个数码管的 com 端恒定接地(共阴数码管)或＋5V 电源(共阳数码管),每个段控制端线由一根 I/O 端口线进行独立驱动。每个数码管需要占用单片机的一组端口(8 根 I/O 线)实现显示控制,如图 2-4 所示。

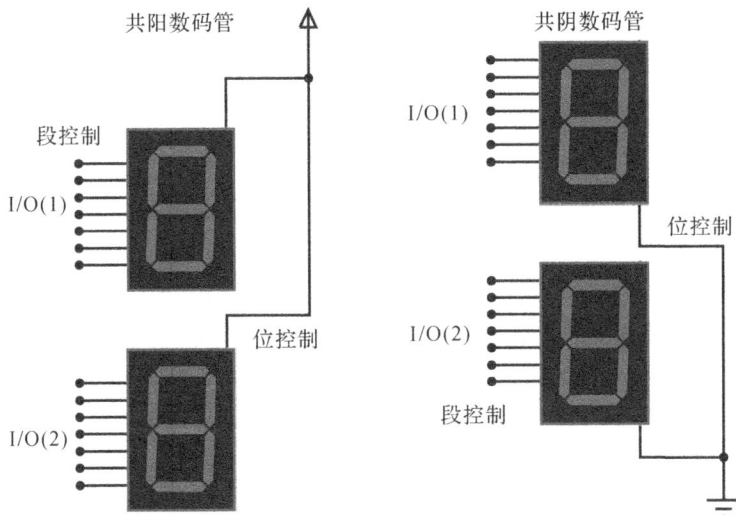

图 2-4　数码管静态显示电路原理图

　　静态显示方式的优点是编程简单、显示亮度高,缺点是占用 I/O 端口多。如驱动 5 个数码管静态显示则需要 5×8＝40 个 I/O 引脚来驱动,而一个普通 51 单片机可用的 I/O 引脚才 32 个。实际应用时必须增加译码驱动器进行驱动,增加了硬件电路的复杂性。因此,经常用于只需要少数几个数码管的场合。

　　动态显示,是一种按位轮流点亮数码管,不断刷新输出数据的显示方式。

　　数码管动态显示时需要两个端口,如图 2-5 所示。将所有数码管的同名的段控制段并联在一起,由一个 8 位 I/O 口控制,称作段控制端口或段选线;各个数码管的 com 端由另一个 I/O 口控制,称作位控制端口或位选线。通过位选线分时轮流控制各个数码管的 com 端,就使各个数码管轮流受控显示。在某一时段,只能有其中一位数码管的 com 端有效,并通过段选线送出相应的字型显示编码。此时,其他位的数码管因 com 端无效而都处于熄灭状态;下一刻按顺序选通另外一位数码管,并送出相应的字型显示编码,按此规律循环下去,即可使各位数码管分别间断地显示相应的字符。

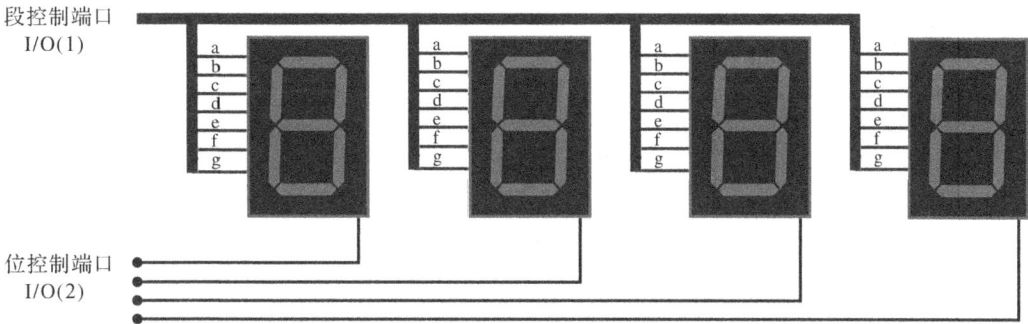

图 2-5　数码管动态显示电路原理图

　　在数码管轮流显示的过程中,只要扫描的速度足够快,由于人眼的视觉暂留特性和发光二极管的余辉效应,尽管实际上各位数码管并非同时点亮,但给人的印象就是一组稳定的显示数据,不会有闪烁感。

　　与静态显示相比,当显示位数较多时,动态显示方式能够节省大量的 I/O 端口资源,而且功耗更低,但其显示的亮度低于静态显示方式;由于 CPU 要不断地依次运行扫描显示程序,将占用 CPU 更多的时间。

　　视觉暂留,是人的一种生理现象,物体消失后其在视网膜上的影像还能持续一段时间(0.1~0.4s)。对于变化达到几十 Hz 的图像,视觉就跟不上响应速度。

　　段选线,将所有数码管的 8 个显示笔划"a、b、c、d、e、f、g、dp"的同名端连在一起。当单片机输出字形码时,所有数码管都接收到相同的字形码。

　　位选线,为每个数码管的公共极 com 增加位选通控制电路,位选通由各自独立的 I/O 线控制。究竟是哪个数码管会显示出字形,取决于单片机对位选通 com 端电路的控制。我们只要将需要显示的数码管的选通控制打开,该位就显示出字形,没有选通的数码管就不会亮。

（1）动态显示时，每一时刻只有一位的位选线有效，即只有一个数码管被点亮。

（2）为了每位数码管能够充分点亮，应持续点亮一段时间(0.5～2ms)。

（3）数码管循环点亮的周期要小于人眼能保留消失影像的时间(0.1～0.4s)。

（4）为消除位间干扰，在输出段码时，应先关掉位选线，即位选线全部为无效，称为黑屏。

要点总结

数码管有静态、动态两种显示方式。静态显示方式用较小的电流就能获得较高的亮度，且占用 CPU 时间少、编程简单，但占用 I/O 端口线多，适用于数码管数目较少的场合。动态显示方式可节省 I/O 端口资源，但亮度较低，占用 CPU 时间较多。

【学习任务】

【任务描述】
用单片机控制七段数码管进行静态显示、动态显示。

【任务目标】
（1）第一阶段任务目标：控制两个数码管进行静态显示。

（2）第一阶段任务目标：控制四个数码管进行动态显示。

（3）总体目标：掌握七段数码管显示的基本原理，学会利用单片机并行口驱动多位数码显示的基本方法。

【知识准备】
（1）数码管基础知识。

（2）数码管的显示方式。

【器材准备】
计算机一台，并安装 Proteus、KEIL 软件。

【任务实施 1】控制两个数码管静态显示

一、任务分析

用单片机控制两位数码管静态显示"00～59"。

二、任务实施步骤

（1）在 Proteus 中绘制单片机控制 2 个数码管的电路图。

（2）利用 KEIL 软件编写数码管静态显示程序。

（3）编译、调试、运行。

三、硬件电路设计

可选择单片机 P0、P1、P2、P3 中的任意两个端口连接两个共阳或共阴数码管,用静态显示方法进行驱动。比如:用单片机的 P2、P3 口控制两个共阴数码管的段码,公共端直接接地,如图 2-6 所示。P2、P3 口某引脚输出 1 时,对应码段发光;输出 0 时,对应码段不发光。

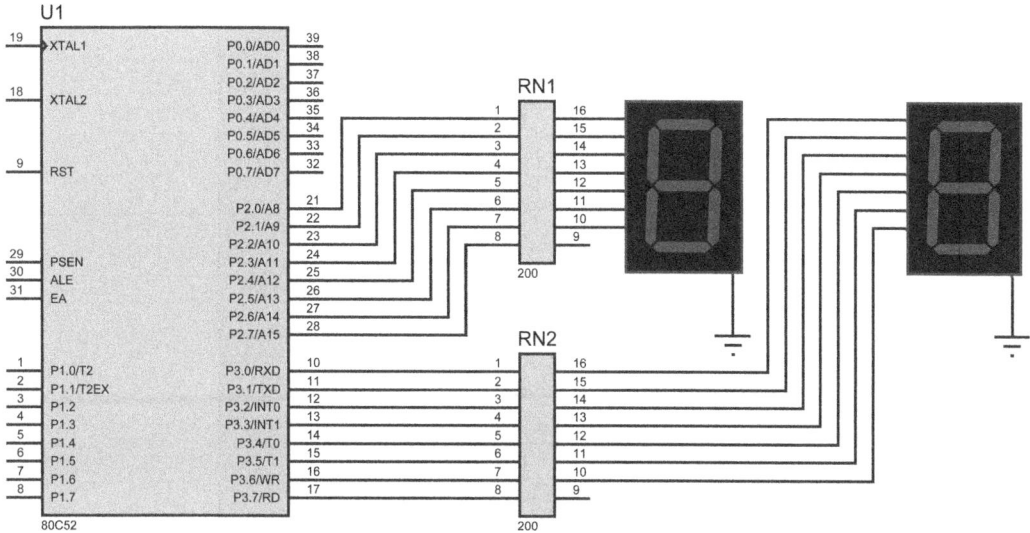

图 2-6　P2、P3 口静态控制两个共阴数码管的电路原理图

在 Proteus 中数码管的名字是 7SEG。我们选用 7SEG-COM-CAT-GRN,意思是七段、共阳、绿色数码管。注意:AN,Anode 的缩写,意思是共阳极;CAT,Cathode 的缩写,意思是共阴极。数码管中的发光二极管与一般的发光二极管一样,需要控制电流,也就需要接限流电阻,阻值大小约为 200～500Ω。在 Proteus 中排阻的名字是 RX8。

四、程序设计

数码管静态计数显示的流程图如图 2-7 所示。

```
/* 项目二任务一任务实施 1 示例程序,P2、P3 静态控制两个共阴数码管,计数显示 00～59 */
#include <reg51.h>
unsigned char Table_yin[10] = {0x3f,0x06,0x5b,0x4f,0x66,0x6d,0x7d,0x07,0x7f,0x6f};
/* 外部变量。共阴数码管 0～9 的字型编码,数组元素的下标值与其对应的字型相同 */
void delay()   //定义延时函数
{    unsigned int i;
     for(i = 0;i<30000;i++);
}
void main( )
{    unsigned char  i;
     while(1)
     {    for(i = 0;i<= 59;i++)   //0～59 计数
```

```
{    P2 = Table_yin[i/10];   //P2 口输出十位
     P3 = Table_yin[i%10];   //P3 口输出个位
     delay();        //调用延时函数
}}}
```

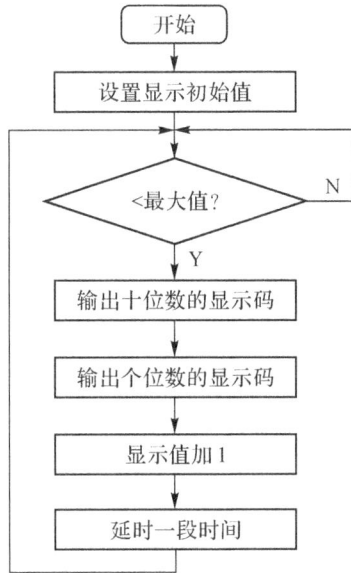

图 2-7   计数显示流程图

【任务实施 2】控制四个数码管动态显示

一、任务分析

单片机控制四位数码管动态计数显示"0000～2359"。

二、任务实施步骤

(1)在 Proteus 中绘制单片机控制四个数码管的电路图。
(2)利用 KEIL 软件编写数码管动态显示程序。
(3)编译、调试、运行。

三、硬件电路设计

数码管选用两个 7SEG-MPX2-CA-BLUE,即两个七段、二位一体、共阳、蓝色数码管。用单片机的 P0 口控制段选线,P2 口控制位选线,如图 2-8 所示。

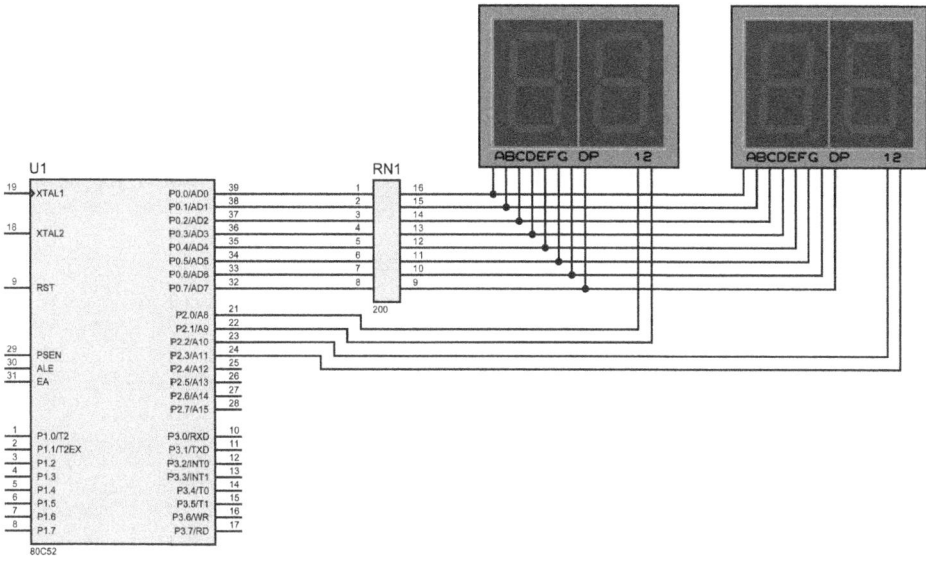

图 2-8　P0、P2 动态控制四个共阳数码管的电路原理图

四、程序设计

数码管动态显示函数的流程图如图 2-9 所示,"0000～2359"循环计数的函数如图 2-10 所示。定义一个 4 位数码管动态显示函数,定义一个显示值计算函数,主程序通过不断调用这两个函数,实现"0000～2359"循环计数显示。

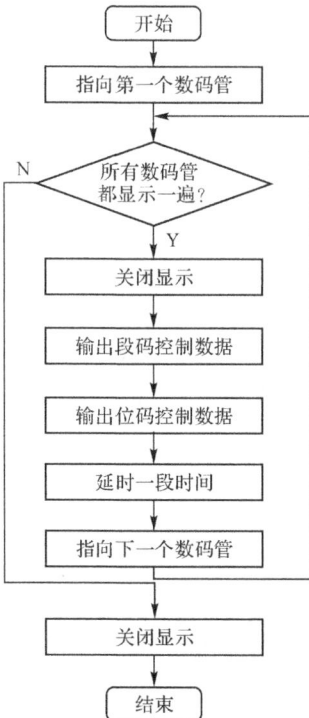

图 2-9　数码管动态显示的流程图　　　图 2-10　"0000～2359"循环计数的流程图

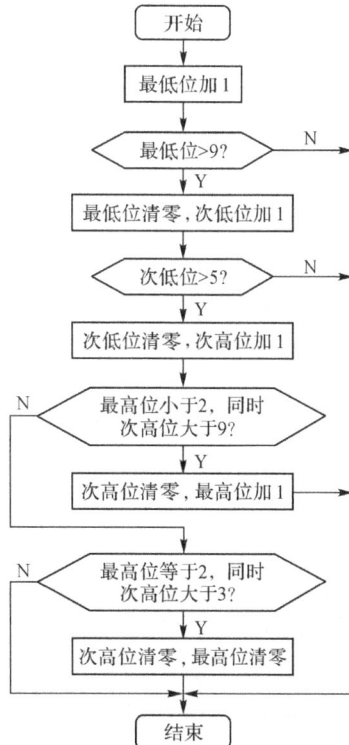

```
/* 项目二任务一任务实施 3 示例程序,P0、P2 口控制四个共阳数码管,显示 0000～2359 */
#include <reg51.h>
#define uchar unsigned char    //宏定义,用 uchar 表示 unsigned char
uchar Table_yang[10] = {0xc0,0xf9,0xa4,0xb0,0x99,0x92,0x82,0xf8,0x80,0x90};
/* 外部变量。共阳数码管 0～9 的字型编码,数组元素 0～9 的下标值与字型相同 */
uchar dispdata[4] = {2,3,5,9};
        //外部变量。定义数码管的显示初值,初始值显示的效果为 2359
void delay05ms()   //定义 0.5ms 延时函数
{    uchar i;
     for(i = 250;i>0;i--); //执行 1 次"i = 250",250 次"i>0"、"i--"
}//估算延时时间(设机器周期为 1 us):1 + (2×250)×1us = 501us
void display_yang(void) //定义 4 位共阳数码管的动态显示函数
{    uchar i,k;
     k = 0x01;     //位码初始化,指向第一个数码管
     for(i = 0;i<4;i++) //循环 4 次
     {    P2 = 0;  //关闭显示
          P0 = Table_yang[dispdata[i]]; //输出段码
          P2 = k;  //输出位码
          k = k<<1;      //指向下一位数码管
          delay05ms(); //调用延时函数
     }    P2 = 0;  //关闭显示
}
void count() //定义显示值计算函数
{ dispdata[3]++;  //最低位加 1
  if(dispdata[3]>9)    //最低位大于 9 时
  {    dispdata[3] = 0; dispdata[2]++;    //最低位清零,次低位加 1
       if(dispdata[2]>5)    //次低位大于 5 时
       {    dispdata[2] = 0; dispdata[1]++;    //次低位清零,次高位加 1
       if(dispdata[0]<2&&dispdata[1]>9)  //最高位小于 2,且次高位大于 9 时
       {    dispdata[1] = 0; dispdata[0]++; } //次高位清零,最高位加 1
       if(dispdata[0] == 2&&dispdata[1]>3) //最高位等于 2,且次高位大于 3 时
       {    dispdata[1] = 0; dispdata[0] = 0;  } //次高位清零,最高位清零
} } }
void main(void)
{    uchar i;
     while(1)
     {    for(i = 0;i<250;i++)
          { display_yang(); } //循环调用动态显示函数,充分显示每个数
          count();  //调用显示值计算函数
} }
```

任务二　按键变数

开卷有益

一、中断系统的结构

关键字

中断,就是打断正在进行的工作,转而去做另外一件事情。生活中有很多中断的例子,例如上课的时候有人敲门,老师停下来去开门,处理完事情后继续上课。单片机中的中断与此类似。CPU 在执行某个程序时,系统中出现特殊请求,CPU 暂时中止当前的工作,转去处理紧急事件,处理完毕后,CPU 返回被中止的地方继续执行。

利用中断可以解决快速 CPU 与慢速服务对象之间的矛盾,使 CPU 和服务对象能更加匹配地工作;可以使 CPU 及时处理应用系统的随机事件,增强系统的实时性;可以使 CPU 具有处理设备故障及断电等突发性事件的能力,提高系统的可靠性。

能实现中断的机构叫作中断系统。8051 单片机的中断控制系统有五个中断源、两个优先级,利用特殊功能寄存器 TCON、SCON、IE 和 IP 来实现中断控制,如图 2-11 所示。

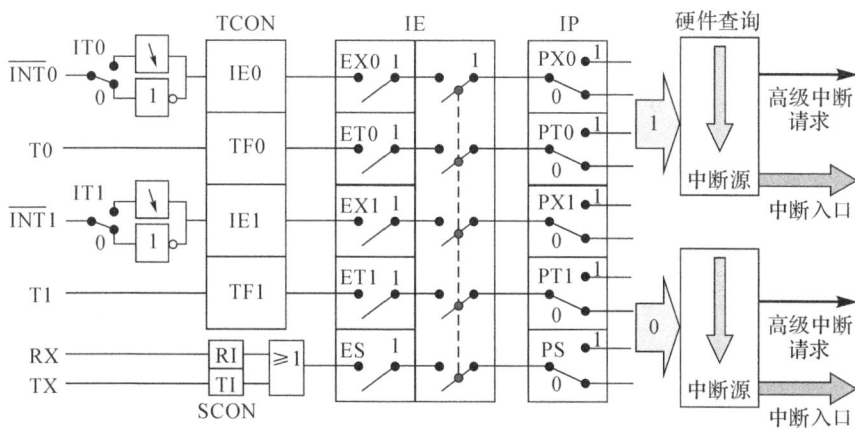

图 2-11　8051 单片机的中断控制系统示意图

中断源,是引起 CPU 中断的根源,是发出中断请求的外设或引起中断的内部原因。8051 单片机有五个中断源,按优先查询顺序依次是:外部中断 0、定时器 T0 溢出中断、外部中断 1、定时器 T1 溢出中断、串行口发送/接收中断。PDIP40 封装的 STC89C52 单片机有六个中断源,增加了一个定时器 T2 溢出中断。而 PLCC、LQFP 封装的 STC89C52 单片机有八个中断源,又增加了外部中断 2、外部中断 3。

　　外部中断是由单片机外部信号引起的,通过外部中断引脚引入单片机。外部中断请求信号的触发方式有两种:低电平、负边沿(下降沿)。CPU 在每个机器周期的 S5P2 采样外部中断输入引脚,根据采样得到的信号与设定的触发方式是否一致来判别是否有中断请求。

　　中断源向 CPU 提出中断处理请求,该请求被送到 TCON 或 SCON。相应位被置位后,CPU 就收到了这个请求。但不是所有的请求都会被响应,编程者可以通过设定 IE 来控制中断允许和中断屏蔽。如果置 EA 为 0,将屏蔽所有中断,即不会响应任何一个中断。如果准备响应中断就必须开中断,即设置 IE 中的相应位为 1。

　　在允许多个中断源响应时,往往需要根据不同中断源的重要程度通过 IP 设置每个中断源的优先级别,系统会结合硬件查询顺序实现中断源的优先权排队。发生多个中断源同时提出请求的情况时,先响应在优先权排队中最前的一个,进入相应的中断入口。

　　当 CPU 在执行某一个中断处理程序时,若有一个优先级别更高的中断源提出中断请求,会实现中断嵌套,即 CPU 挂起正在运行的低优先级中断程序,响应这个高优先级中断,等高优先级中断处理完后返回低优先级中断,继续执行原来的中断处理程序。

■■■■ 要点总结 ▷

　　为了实现中断,中断系统应该具备以下功能:

　　(1)正确识别各个中断源,区分各个中断请求,为不同的中断请求服务。

　　(2)当某一个中断源发出中断请求时,能够根据具体情况决定是否响应,响应时执行中断服务程序,处理完后返回。

　　(3)实现优先权排队,如果多个中断源同时提出中断请求,响应优先级别最高的中断源。

　　(4)实现中断嵌套,如果 CPU 进行中断处理时有优先级别更高的中断源发出中断请求,先响应高级中断,再完成低级中断。

二、中断相关的 SFR

1.定时器控制寄存器 TCON(88H,可位寻址)

　　TCON 中有设置外部中断的触发方式,反映外部中断、定时/计数器溢出中断的请求标志。其各位的格式如下:

TCON	bit 7	bit 6	bit 5	bit 4	bit 3	bit 2	bit 1	bit 0
位地址	8FH	8EH	8DH	8CH	8BH	8AH	89H	88H
位名称	TF1	TR1	TF0	TR0	IE1	IT1	IE0	IT0

　　IE1(TCON.3):外部中断 1($\overline{\text{INT1}}$)的请求标志位。在检测到 $\overline{\text{INT1}}$ 引脚上出现信号的下降沿或低电平时,由硬件置位,请求进入中断。进入中断服务程序后该位自动被清除。

　　IT1(TCON.2):外部中断 1 触发方式选择位。靠软件来设置或清除,以控制外部中断的触发类型。当 IT1＝1 时,设置为负边沿触发方式;当 IT1＝0 时,设置为低电平触发方式。

低电平触发方式时,外部中断源输入引脚上必须保持始终低电平直到该中断被响应,同时必须在该中断服务程序执行结束前清除,否则将产生另一次中断。为保证 CPU 能正确采样到中断请求信号,要求输入有效的低电平信号至少为维持一个机器周期。

负边沿触发方式时,要求跳变前后的高、低电平信号时间都维持一个机器周期以上,使跳变前一个周期为高电平,后一个周期为低电平,从而保证 CPU 检测到由高到低的下降沿。采样到下降沿后,中断请求标志置 1,直到该中断被响应,才由硬件将标志位清零。

IE0(TCON.1):外部中断 0($\overline{INT0}$)的请求标志位。其功能和操作与 IE1 相同。

IT0(TCON.0):外部中断 0 触发方式选择位。其功能和操作与 IT1 相同。

2.串行接口控制寄存器 SCON(98H,可位寻址)

SCON 中与中断有关的是最低 2 位,即串行中断标志。其各位的格式如下:

SCON	bit 7	bit 6	bit 5	bit 4	bit 3	bit 2	bit 1	bit 0
位地址	9FH	9EH	9DH	9CH	9BH	9AH	99H	98H
位名称	SM0	SM1	SM2	REN	TB8	RB8	TI	RI

TI(SCON.1):串口发送中断请求标志位。串行接口发送数据时,每发送完一帧数据,由硬件自动置位 TI。响应中断后,必须由软件将 TI 清零。

RI(SCON.0):串口接收中断请求标志位。串行接口接收数据时,每接收完一帧数据,由硬件自动置位 RI。响应中断后,必须由软件将 RI 清零。

3.中断允许寄存器 IE(A8H,可位寻址)

IE 用于控制所有中断以及某个中断源的屏蔽和开发。其各位的格式如下:

IE	bit 7	bit 6	bit 5	bit 4	bit 3	bit 2	bit 1	bit 0
位地址	AFH	—	ADH	ACH	ABH	AAH	A9H	A8H
位名称	EA	—	ET2	ES	ET1	EX1	ET0	EX0

IE 各位的含义如表 2-3 所示。复位后,IE 中所有有效位均被清零,即禁止所有中断。

表 2-3　中断允许寄存器 IE 各位的含义

位名称	编号	含义	说明
EA	IE.7	CPU 中断允许位	EA=1,CPU 开放中断;EA=0,CPU 禁止(屏蔽)所有中断
ET2	IE.5	T2 的溢出中断允许位	ET2=1,允许 T2 中断;ET2=0,禁止 T2 中断
ES	IE.4	串行口中断允许位	ES=1,允许串行口中断;ES=0,禁止串行口中断
ET1	IE.3	T1 的溢出中断允许位	ET1=1,允许 T1 中断;ET1=0,禁止 T1 中断
EX1	IE.2	外部中断 1 中断允许位	EX1=1,允许 $\overline{INT1}$ 中断;EX1=0,禁止 $\overline{INT1}$ 中断
ET0	IE.1	T0 的溢出中断允许位	ET0=1,允许 T0 中断;ET0=0,禁止 T0 中断
EX0	IE.0	外部中断 0 中断允许位	EX0=1,允许 $\overline{INT0}$ 中断;EX0=0,禁止 $\overline{INT0}$ 中断

4. 中断优先级控制寄存器 IP(B8H,可位寻址)

IP 用于规定中断源的中断优先级。其各位的格式如下：

IP	bit 7	bit 6	bit 5	bit 4	bit 3	bit 2	bit 1	bit 0
位地址	—	—	BDH	BCH	BBH	BAH	B9H	B8H
位名称	—	—	PT2	PS	PT1	PX1	PT0	PX0

中断优先级控制寄存器 IP 各位的含义如表 2-4 所示。系统复位后,IP 中所有有效位均被清零,即所有中断源均设定为低优先级中断。

表 2-4　中断优先级控制寄存器 IP 各位的含义

位名称	编号	含义	说明
PT2	IP.5	T2 中断优先级控制位	PT2＝1,T2 为高优先级中断;PT2＝0,T2 为低优先级中断
PS	IP.4	串行口中断优先级控制位	PS＝1,串口为高优先级中断;PS＝0,串口为低优先级中断
PT1	IP.3	T1 中断优先级控制位	PT1＝1,T1 为高优先级中断;PT1＝0,T1 为低优先级中断
PX1	IP.2	$\overline{\text{INT1}}$中断优先级控制位	PX1＝1,$\overline{\text{INT1}}$为高优先级;PX1＝0,$\overline{\text{INT1}}$为低优先级
PT0	IP.1	T0 中断优先级控制位	PT0＝1,T0 为高优先级中断;PT0＝0,T0 为低优先级中断
PX0	IP.0	$\overline{\text{INT0}}$中断优先级控制位	PX0＝1,$\overline{\text{INT0}}$为高优先级;PX0＝0,$\overline{\text{INT0}}$为低优先级

同一个优先级的中断源将通过内部硬件查询逻辑,按自然优先级顺序确定其优先级别。六个中断源处于同一优先级别时查询顺序是:外部中断 0、T0 溢出中断、外部中断 1、T1 溢出中断、串行口中断、T2 溢出中断。

5. 中断优先级控制寄存器 IPH(B7H,不可位寻址)

IPH 和 IP 各为两个优先级,它们的组合使 STC 单片机的中断优先级提高到 4 级,即允许最高为 4 级的中断嵌套。其各位的格式如下:

IPH	bit 7	bit 6	bit 5	bit 4	bit 3	bit 2	bit 1	bit 0
位名称	PXH3	PXH3	TI2H	PSH	PT2H	PX1H	PT0H	PX0H

八个中断源和四个中断优先级的排序如表 2-5 所示。

表 2-5　八个中断源和四个中断优先级的排序

中断源	查询顺序	优先级设置	0 级(最低)	1 级	2 级	3 级(最高)
外部中断 0	0(最高)	PX0H,PX0	0,0	0,1	1,0	1,1
T0 溢出中断	1	PT0H,PT0	0,0	0,1	1,0	1,1

续表

中断源	查询顺序	优先级设置	0级（最低）	1级	2级	3级（最高）
外部中断1	2	PX1H,PX1	0,0	0,1	1,0	1,1
T1溢出中断	3	PT1H,PT1	0,0	0,1	1,0	1,1
串行口中断	4	PSH,PS	0,0	0,1	1,0	1,1
T2溢出中断	5	PT2H,PT2	0,0	0,1	1,0	1,1
外部中断2	6	PX2H,PX2	0,0	0,1	1,0	1,1
外部中断3	7（最低）	PX3H,PX3	0,0	0,1	1,0	1,1

6. 扩展中断控制寄存器 XICON（C0H，可位寻址）

XICON 将扩展中断的触发方式、中断允许、中断标志及优先级全部集中在其中。它是半字节对称结构，其中低 4 位是关于 $\overline{INT2}$ 的、高 4 位是关于 $\overline{INT3}$ 的。各位的含义如表 2-6 所示。其各位的格式如下：

XICON	bit 7	bit 6	bit 5	bit 4	bit 3	bit 2	bit 1	bit 0
位地址	C7H	C6H	C5H	C4H	C3H	C2H	C1H	C0H
位名称	PX3	EX3	IE3	IT3	PX2	EX2	IE2	IT2

表 2-6 扩展中断控制寄存器 XICON 各位的含义

位名称	编号	含义	说明
PX3	XICON.7	外部中断3中断优先级控制位	PX3＝1，外部中断3设置为高优先级中断 PX3＝0，外部中断3设置为低优先级中断
EX3	XICON.6	外部中断3中断允许位	EX3＝1，允许外部中断3中断 EX3＝0，禁止外部中断3中断
IE3	XICON.5	外部中断3的请求标志位	当外部中断3产生请求时，IE3为1，否则为0 CPU响应外部中断3请求后由硬件将IE3清零
IT3	XICON.4	外部中断3触发方式控制位	IT3＝1，外部中断3设置为负边沿触发方式 IT3＝0，外部中断3设置为低电平触发方式
PX2	XICON.3	外部中断2中断优先级控制位	PX2＝1，外部中断2设置为高优先级中断 PX2＝0，外部中断2设置为低优先级中断
EX2	XICON.2	外部中断2中断允许位	EX2＝1，允许外部中断2中断 EX2＝0，禁止外部中断2中断
IE2	XICON.1	外部中断2的请求标志位	当外部中断2产生请求时，IE2为1，否则为0 CPU响应外部中断2请求后由硬件将IE2清零
IT2	XICON.0	外部中断2触发方式控制位	IT2＝1，外部中断2设置为负边沿触发方式 IT2＝0，外部中断2设置为低电平触发方式

要点总结

使用中断时,需要在程序开始处对中断相关的寄存器做初始化设置:

(1)对 IT0、IT1 等赋值,设置外部中断的触发方式。

(2)通过 IE 等设置中断允许。置 EA 为 1,开放总中断。设置相应的中断允许位为 1。

(3)通过 IP 等设置各个中断的优先级别。

三、中断处理过程

1. 中断响应

CPU 并非随时都能响应中断请求,而是在满足所有中断响应条件且不存在任何一种阻碍中断情况时才会响应。

单片机响应中断的条件是:

(1)中断源发出请求,中断请求标志位为 1;

(2)总中断允许位置 1,即 CPU 开中断;

(3)申请中断的中断源的中断允许位为 1,即对应的中断源开中断。

在每个机器周期内,单片机对所有中断源都进行顺序检测,并可在任一个周期的 S6 期间,找到所有有效的中断请求,并对其优先级排队。如果没有发生阻碍中断的情况,单片机便在紧接着的下一个机器周期 S1 期间响应中断,否则将丢弃中断查询的结果。

阻碍单片机中断的情况有:

(1)CPU 正在响应同级或更高优先级的中断;

(2)当前指令还没有结束,即还不是指令的最后一个机器周期;

(3)正在执行中断返回或在访问特殊功能寄存器 IE、IP。

2. 中断处理

单片机一旦响应中断,首先置位响应的优先级有效触发器,然后执行一个硬件子程序调用,把断点地址压入堆栈保护,然后将对应的中断入口地址值装入程序计数器 PC,使程序转向该中断入口地址,以执行中断服务程序。

每一个中断源都有一个确定的中断服务程序的入口地址,如表 2-7 所示。加 * 的为 STC89C52 在标准 51 系列基础上增加的中断源。

表 2-7 中断号及中断服务程序入口地址表

中断源	中断号	入口地址	中断源	中断号	入口地址
外部中断 0	0	0003H	串行口中断	4	0023H
T0 溢出中断	1	000BH	* T2 溢出中断	5	002BH
外部中断 1	2	0013H	* 外部中断 2	6	0033H
T1 溢出中断	3	001BH	* 外部中断 3	7	003BH

3. 中断返回

中断处理完毕后,通过中断返回指令返回到原来被中止的地方,即恢复断点地址,继续执行响应中断之前的程序。

要点总结

中断处理过程包括中断响应、中断处理和中断返回三个阶段,重点是保护断点、执行中断服务程序、恢复断点三个步骤。

四、中断程序结构

使用中断前必须初始化。中断初始化必须在产生中断请求前完成,因此一般都放在主程序开始的地方。中断初始化要完成的内容有:定义外部中断的触发方式,设置中断允许寄存器、中断优先级控制寄存器等。

响应中断后执行的程序叫作中断服务程序,在C51中又称为中断函数。C51编译器支持在C源程序中直接以函数形式编写中断服务程序。与普通函数不同的是,中断函数有个关键词"interrupt"。常用的中断函数定义格式是:

void 函数名( ) interrupt 中断号 [using 寄存器组号]
{　　函数体语句;
}

如:

void int_0( )interrupt 0 //外中断 0 中断服务程序(第一句)
void time_0( ) interrupt 1 using 1 //定时/计数器 0 中断服务程序(第一句)

中断号,即中断类型号,C51编译器允许有0~31个中断,但具体的中断号要取决于芯片的型号,常用的取值为0~7。每个中断号都对应一个中断入口地址,参见表2-7。

[using 寄存器组号]部分可以省略。寄存器组号指该中断服务程序对应的工作寄存器组,C51编译器允许取值范围是0~31。51系列单片机由4个寄存器组,每组有8个寄存器(R0~R7),程序具体使用哪一组由程序状态字中的RS1、RS0两位来确定。在中断程序中可以用 using 指令来指定,4个寄存器组对应取值0~3。

> 在任何情况下都不能直接编写程序调用中断函数,因为中断的调用需要硬件产生的中断请求。中断函数也不能进行参数传递,也没有返回值。但允许中断函数调用其他函数。

要点总结

中断应用程序包括中断初始化、中断服务程序两大部分。

五、按键及其消抖

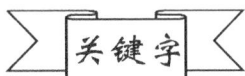

按键，简单来说就是一个开关，按下时闭合，释放时断开。按键的外观参见图 2-12。

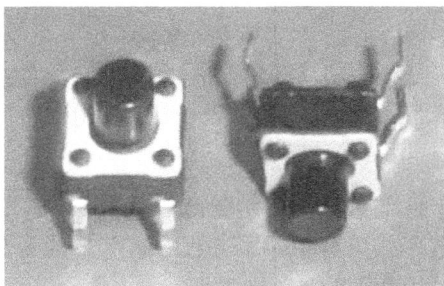

图 2-12 按键的外观

作为机械按键，按键在按下或释放时，存在着接通或断开的机械颤抖现象，从而使信号电平具有抖动现象。抖动时间的时间与开关的机械特性有关，一般为 5～10ms。如图 2-13 所示，开关未被按下时，A 点为高电平；开关闭合时，A 点在变为低电平之前有一个抖动过程。

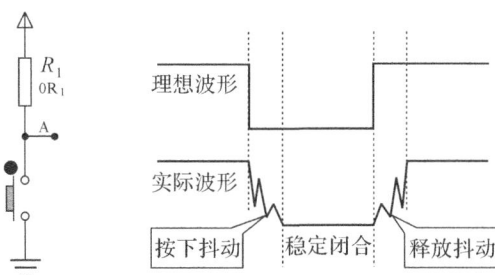

图 2-13 按键的波形图

为了保证每按下一次按键单片机的程序只动作一次，就需要消除因为按键的抖动现象而引起的错误动作。消除抖动有硬件和软件两种方法。硬件消抖适用于按键数目较少的情况，主要采用双稳态电路，如图 2-14 所示。软件消抖采用软件延时的方式，通过延时来换取读入稳定的数据。图 2-15 是软件消抖的流程图。

按键会在何时被按下是不可预知的，为了捕获按键被按下的瞬间，通常有三种方法：一是不断查询，用循环语句不断读取按键信息；二是用定时中断，每隔一段时间扫描一次按键输入情况；三是用外部中断，当按键按下时产生低电平或下降沿，申请中断，读取信息。三种方式中，第三种方式占用的 CPU 时间最少，工作效率最高。

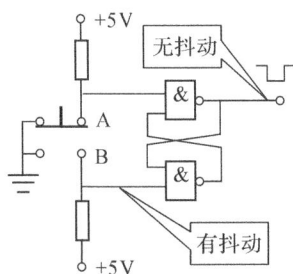

图 2-14　硬件消抖电路

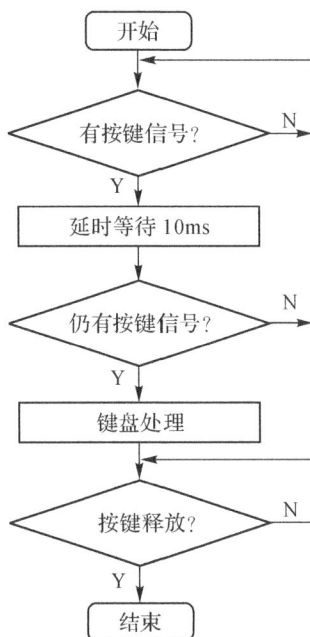

图 2-15　软件消抖流程图

按键状态的监测可以采用查询或中断方式。在实际应用时要考虑消除按键抖动问题。

【学习任务】

【任务描述】

利用单片机外部中断、两个或多个按键来控制数码管显示的启停、数字增减。

【任务目标】

(1)第一阶段任务目标:利用单片机外部中断 0 实现数码管显示的启停控制。

(2)第二阶段任务目标:利用单片机外部中断 1 实现数码管显示的增减控制。

(3)总体目标:掌握单片机的外部中断的使用方法。

【知识准备】

(1)计数显示。

(2)中断相关的 SFR。

(3)中断程序结构。

(4)按键及其消抖。

【器材准备】

计算机一台,并安装 Proteus、KEIL 软件。

【任务实施 1】用外部中断控制显示的启停

一、任务分析

利用单片机外部中断 0 和一个按键来控制数码管显示的启停。

二、任务实施步骤

(1)在 Proteus 中绘制单片机控制 1 个数码管的电路图。
(2)利用 KEIL 软件编写外部中断 0 应用程序。
(3)编译、调试、运行。

三、硬件电路设计

如图 2-16 所示。用单片机的 P0 口控制 1 个共阴数码管的段码,公共端直接接地。某引脚输出 1 时对应码段发光,输出 0 时对应码段不发光。由于 P0 口内部没有上拉电阻,所以需要外接上拉电阻,在 Proteus 中可选用用 RESPACK_8。控制按键接 P3.2 引脚。

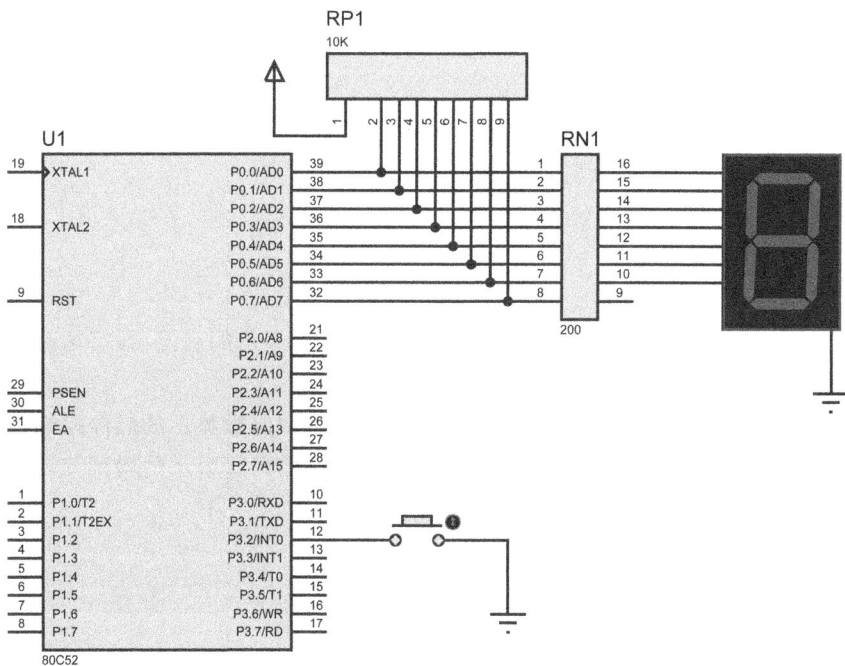

图 2-16　外部中断 0 控制 1 个共阴数码管的电路原理图

四、程序设计

程序流程图如图 2-17 所示。主程序完成中断初始化、数码管静态显示控制工作。中断函数实现显示启停切换。每次产生外部中断 0,显示启停切换一次。

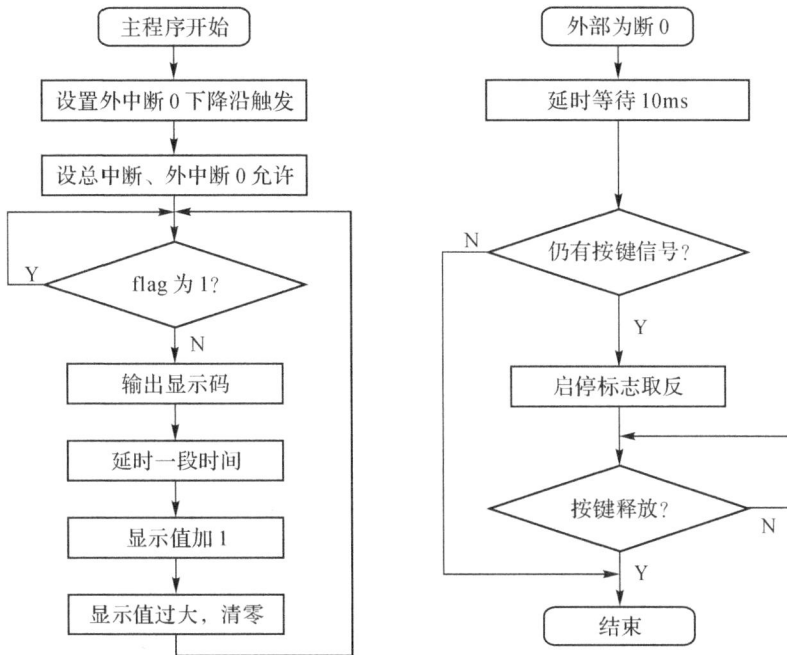

图 2-17　外部中断 0 控制显示启停程序的流程图

```
/* 项目二任务二任务实施 1 示例程序,外部中断 0 每次下降沿显示启停切换一次 */
#include <at89x52.h>
#define uchar unsigned char   //宏定义,用 uchar 表示 unsigned char
uchar Table_yin[10] = {0x3f,0x06,0x5b,0x4f,0x66,0x6d,0x7d,0x07,0x7f,0x6f};
//共阴数码管 0~9 的字型编码,数组元素的下标值与字型相同
char shu = 0;  //外部变量,数码管显示数值
bit flag = 1;   //外部变量,启停控制位,1 时启动显示
void delay()   //定义延时函数
{    unsigned int i;
     for(i = 0;i<30000;i++);
}
void delay10ms()   //定义 10ms 延时函数
{    uchar i,j;
     for(i = 20;i>0;i--) //执行 1 次"i = 20",20 次"i>0"、"i--"
        for(j = 250;j>0;j--); //执行 20 次"j = 250",20×250 次"j>0"、"j--"
}//估算延时时间(设机器周期为 1 us):1 + (1 + (2×250) + 2)×20×1us = 10061us
void main()
{    IT0 = 1;       //外中断 0 下降沿触发
     EA = 1;    //开总中断
     EX0 = 1;   //外中断 0 允许
     while(1)
```

```
    {    P0 = Table_yin[shu]; //P2 口输出十位数的字型编码
         delay();   //调用延时函数
         if(flag == 1)
         {    shu ++ ; if(shu>9)shu = 0;      }//显示值加 1,显示值过大,清零
} }
void int0(void)interrupt 0//外中断 0 中断服务程序
{    delay10ms();     //调用 10ms 延时函数
     if(P3_2 == 0)   //确认按键按下
     {  flag = ~flag;  } //启停标志取反
     while(P3_2 == 0); //等待按键松开
}
```

【任务实施 2】用外部中断控制显示数的增减

一、任务分析

利用单片机外部中断 1 和两个按键来控制数码管显示数字的增减。

如果在应用系统中有多个信号都需要使用外部中断的时候,可以使用多个信号共用一个外部中断的方式来实现。具体方法是将待申请中断的信号通过一个多输入与门连接到单片机的外部中断引脚上,同时将这些信号分别连接到单片机的空闲 I/O 引脚上。在检测到单片机的外部事件之后再去检测对应的 I/O 引脚,以判断是哪个信号申请了外部中断。

二、任务实施步骤

(1)在 Proteus 中绘制单片机控制 2 个数码管的电路图。
(2)利用 KEIL 软件编写外部中断 1 应用程序。
(3)编译、调试、运行。

三、硬件电路设计

如图 2-18 所示。用单片机的 P0、P2 口控制两个共阳数码管的段码,公共端直接接电源。某引脚输出 0 时对应码段发光;输出 1 时对应码段不发光。两个按键 K1、K2 通过一个二输入与门 74LS08 后接 P3.4 引脚,同时把开关信息分别送给 P1.6、P1.7 引脚。

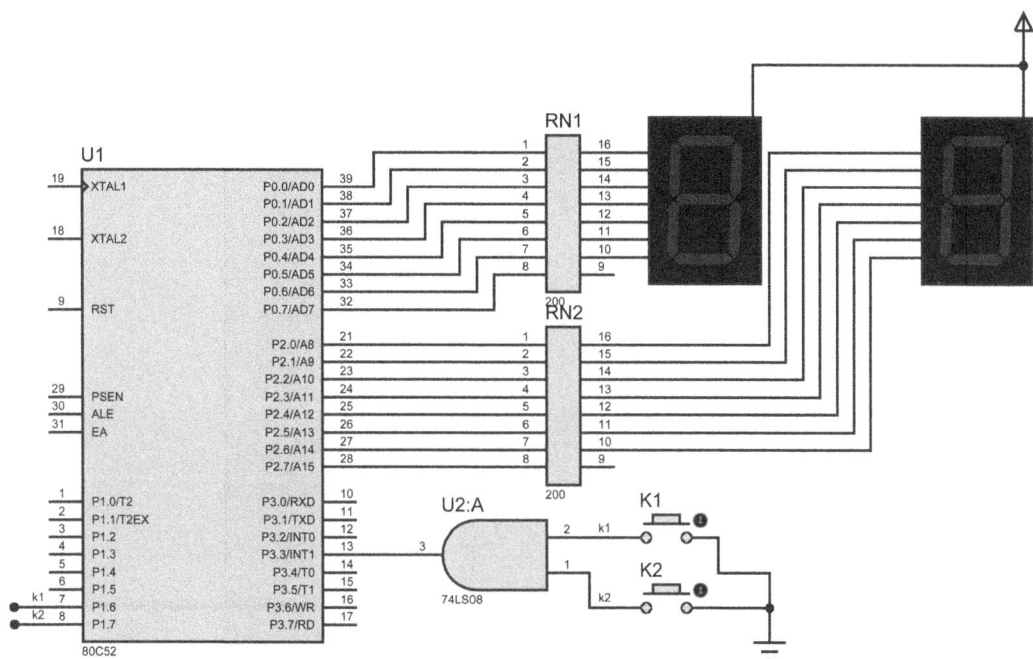

图 2-18　外部中断 1 控制 2 个共阳数码管的电路原理图

四、程序设计

程序流程图如图 2-19 所示。主程序完成中断初始化、数码管静态显示控制工作。中断函数实现显示数增减控制。每次产生外部中断 1 时查看 K1、K2 的情况，K1 闭合时显示数加 1，K2 闭合时显示数减 1。

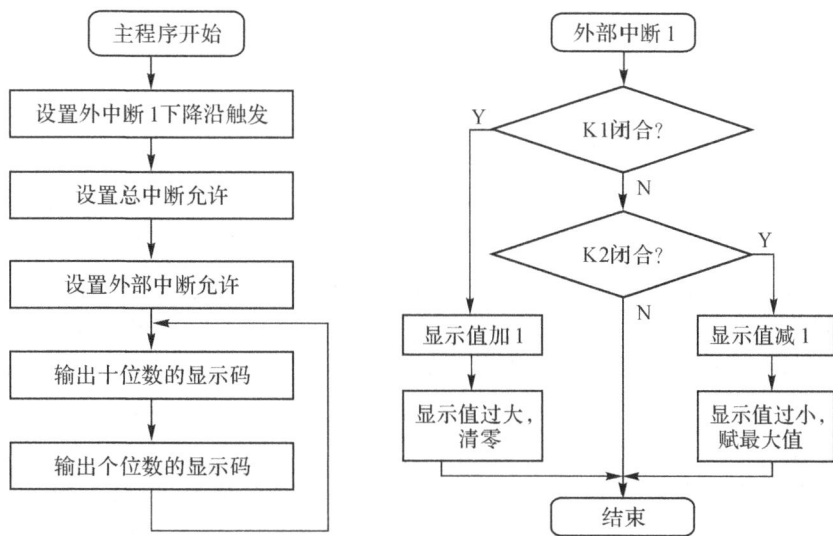

图 2-19　外部中断 1 控制显示数增减程序的流程图

```
/* 项目二任务二任务实施 2 示例程序,外部中断 1 每次下降沿显示数增 1 或减 1 */
    #include <at89x52.h>
    #define uchar unsigned char   //宏定义,用 uchar 表示 unsigned char
    uchar Table_yang[10] = {0xc0,0xf9,0xa4,0xb0,0x99,0x92,0x82,0xf8,0x80,0x90};
    //共阳数码管 0~9 的字型编码,数组元素的下标值与字型相同
    char shu = 0; //外部变量,数码管显示数值
    void main( )
    {    IT1 = 1;      //外中断 1 下降沿触发
         EA = 1;       //开总中断
         EX1 = 1;      //外中断 1 允许
         while(1)
         {    P0 = Table_yang[shu/10]; //P2 口输出十位数的字型编码
              P2 = Table_yang[shu%10]; //P3 口输出个位数的字型编码
         }
    }
    void int1(void)interrupt 2//外中断 1 中断服务程序
    {    if(P1_6 == 0) //K1 闭合
         { shu++ ; if(shu>59)shu = 0; } //显示值加 1,显示值大于 59 时,显示值清 0
         if(P1_7 == 0) //K2 闭合
         { shu-- ; if(shu<0)shu = 59;      }//显示值减 1,显示值小于 0 时,显示值变为 59
    }
```

任务三 1s 定时

一、定时/计数器相关的 SFR

单片机常用的定时方法有软件延时、定时器定时。单片机内部的定时/计数器可实现定时、计数功能,不占用 CPU 时间,定时精度高,参数修改方便,有利于实时控制。利用单片机的定时/计数器定时无论是精确程度还是方便程度都高于软件延时。

51 系列单片机定时/计数器的核心是一个加 1 计数器。加 1 计数器的脉冲有两个来源:一个是系统的时钟振荡器,一个是外部脉冲源。计数器对两个脉冲源之一进行计数,每输入一个脉冲,计数器加 1。当计数到计数器为全 1 时,再输入一个脉冲就使计数值回零,同时产生溢出。

8051 单片机内部有两个 16 位的可编程的定时/计数器,称为 T0、T1。8052 单片机内部有三个 16 位的可编程的定时/计数器,称为 T0、T1 和 T2。T0、T1 由特殊功能寄存器 TMOD 和 TCON 管理,T2 由 T2MOD 和 T2CON 管理。定时/计数器的基本结构如图 2-20 所示。

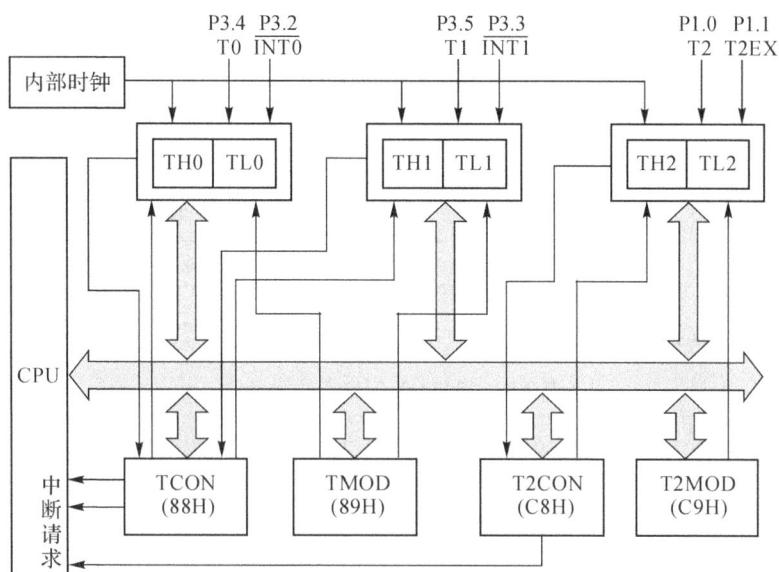

图 2-20　8052 单片机片内定时/计数器结构

1.定时/计数器 T0 计数寄存器 TH0、TL0(8CH、8AH,不可位寻址)

TH0 用于存放 T0 计数值的高 8 位;TL0 用于存放 T0 计数值的低 8 位。

2.定时/计数器 T1 计数寄存器 TH1、TL1(8DH、8BH,不可位寻址)

TH1 用于存放 T1 计数值的高 8 位;TL1 用于存放 T1 计数值的低 8 位。

3.定时/计数器 T2 计数寄存器 TH2、TL2(CDH、CCH,不可位寻址)

TH2 用于存放 T2 计数值的高 8 位;TL2 用于存放 T2 计数值的低 8 位。

4.定时器控制寄存器 TCON(88H,可位寻址)

TCON 的字节地址为 88H,可以进行位操作。其各位的格式如下:

TCON	bit 7	bit 6	bit 5	bit 4	bit 3	bit 2	bit 1	bit 0
位地址	8FH	8EH	8DH	8CH	8BH	8AH	89H	88H
位名称	TF1	TR1	TF0	TR0	IE1	IT1	IE0	IT0

TCON 的高 4 位用于控制定时/计数器 T0、T1 的启动、停止,带有反映计数溢出的标志。

TF1(TCON.7):定时/计数器 T1 溢出标志位。当定时/计数器 T1 计数满产生溢出时,由硬件自动置 TF1=1。在中断允许时,向 CPU 发出定时/计数器 T1 的中断请求,进入中断服务程序后,由硬件自动清零。在中断屏蔽时,TF1 可作查询测试用,此时只能由软件清零。

TR1(TCON.6):定时/计数器 T1 运行控制位。由软件置 1 或清零来启动或关闭定时器 1。当 GATE=1,且为高电平时,TR1 置 1 启动定时/计数器 T1;当 GATE=0 时,TR1 置 1 即可启动定时/计数器 T1。

TF0(TCON.5):定时/计数器 T0 溢出标志位。其功能及操作情况同 TF1。

TR0(TCON.4):定时/计数器 T0 运行控制位。其功能及操作情况同 TR1。

5. 定时器工作方式寄存器 TMOD(88H,不可位寻址)

TMOD 用于控制 T0、T1 的工作方式,是半字节对称结构,高 4 位控制 T1,低 4 位控制 T0。其各位的格式如下:

TMOD	bit 7	bit 6	bit 5	bit 4	bit 3	bit 2	bit 1	bit 0
位名称	GATE	C/$\overline{T}$	M1	M0	GATE	C/$\overline{T}$	M1	M0
	控制 T1 的方式字段				控制 T0 的方式字段			

M1、M0:方式选择位,T0/T1 的工作方式选择见表 2-8。

表 2-8   T0/T1 的工作方式选择位

M1	M0	工作方式	功能说明
0	0	方式 0	TL0(TL1)中的低 5 位和 TH0(TL1)中 8 位构成 13 位计数器
0	1	方式 1	TL0(TL0)和 TH0(TH1)构成一个 16 位计数器
1	0	方式 2	8 位自动重装载的定时/计数器,每当计数器 TL0(TL1)溢出时,TH0(TH1)的内容赋给 TL0(TL1)
1	1	方式 3	T0:分成两个独立的 8 位计数器 TL0、TH0。T1:停止计数

C/$\overline{T}$:定时器、计数器方式选择位。当=0 时,定时/计数器 T0、T1 工作于定时器工作方式,对内部振荡时钟 12 分频脉冲进行计数;当=1 时,定时/计数器 T0、T1 设置为计数器工作方式,对来自 P3.4 引脚(T0)、P3.5 引脚(T1)的外部脉冲进行计数。

GATE:控制方式选择位。当 GATE=0 时,由 TR0、TR1 位来控制定时/计数器 T0、T1 的启动和停止;当 GATE=1 时,由 TR0、TR1 位和 P3.2 引脚$\overline{INT0}$、P3.3 引脚$\overline{INT1}$来共同控制定时/计数器 T0、T1 的启动和停止。可以用此功能来测量在$\overline{INT0}$、$\overline{INT1}$端出现的正脉冲的宽度。

6. T2 控制寄存器 T2CON(C8H,可位寻址)

T2CON 用于控制定时/计数器 T2。其各位的格式如下:

T2CON	bit 7	bit 6	bit 5	bit 4	bit 3	bit 2	bit 1	bit 0
位地址	CFH	CEH	CDH	CCH	CBH	CAH	C9H	C8H
位名称	TF2	EXF2	RCLK	TCLK	EXEN2	TR2	C/$\overline{T2}$	CP/$\overline{RL2}$

TF2(T2CON.7):定时/计数器 T2 溢出标志位。必须由软件清除。当 RCLK 或 TCLK 被置位时,TF2 不会置位。

EXF2(T2CON.6):定时/计数器 T2 外部标志。当 EXEN1=1 且 T2ENX(P1.1)引脚上的负跳变,产生复活或重装时,EXF2 置位。T2 中断使能时,EXF2=1,CPU 将响应请求进入 T2 中断服务程序。此标志位必须用软件清除。在递增/递减(DECN=1)计数模式中,EXF2 不会引起中断。

RCLK(T2CON.5):串行口接收时钟标志。RCLK=1 时,T2 的溢出脉冲将作为串行口的接收时钟。

TCLK(T2CON.4)：串行口发送时钟标志。TCLK＝1时，T2的溢出脉冲将作为串行口的发送时钟。RCLK＝0，TCLK＝0时，T2不作波特率发生器使用。

EXEN2(T2CON.3)：T2的外部触发允许标志位。当EXEN2＝1且T2未作为串口时钟时，允许T2EX上的负跳变产生捕获或重装。EXEN2＝0时，T2EX上的负跳变对T2无效。

TR2(T2CON.2)：定时/计数器T2启动/停止控制位，靠软件置位或清除。TR2＝1时，T2接通工作；TR2＝0时，T2停止工作。

C/$\overline{T2}$(T2CON.1)：T2定时或计数方式选择位。当C/$\overline{T2}$＝1时，为计数方式，计数脉冲来自T2CLK引脚(下降沿触发)。当C/$\overline{T2}$＝0时，为定时方式，做波特率发生器时，对$f_{osc}/2$计数，不做波特率发生器时，对$f_{osc}/12$计数。

CP/$\overline{RL2}$(T2CON.0)：T2的捕获或重装选择位。当CP/$\overline{RL2}$＝1时，若EXEN2＝1，则在T2EX引脚上的负跳变将触发捕获操作，即将TH2和TL2的内容传递给RCAP2H和RCAP2L。当CP/$\overline{RL2}$＝0时，若EXEN2＝1，T2溢出或T2EX引脚上的负跳变都可使T2重装。当RCLK＝1，TCLK＝1时，CP/$\overline{RL2}$无效且T2强制为溢出时自动重装。

7. T2方式控制寄存器T2MOD(C9H，不可位寻址)

T2MOD用于控制T2的工作方式。其各位的格式如下：

T2MOD	bit 7	bit 6	bit 5	bit 4	bit 3	bit 2	bit 1	bit 0
位名称	—	—	—	—	—	—	T2OE	DCEN

T2OE(T2MOD.1)：定时/计数器T2可编程时钟输出使能位。

DCEN(T2MOD.0)：向下计数使能位。当此位为1时，T2可配置为向下计数器。

8. T2重装/捕捉寄存器RCAP2L、RCAP2H(CAH、CBH，不可位寻址)

在重装方式下，T2为16位自动重装定时/计数器，RCAP2L、RCAP2H分别重装常数的低8位和高8位。在捕获方式下，RCAP2L、RCAP2H为正脉冲宽度值。

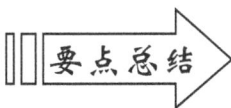

要点总结

8052单片机内部有T0、T1和T2三个16位的可编程的定时/计数器。定时/计数器处于定时方式时是对机器周期进行计数，处于计数方式时是对相应的外输入端进行计数。在使用单片机的定时/计数器之前必须对相应的特殊功能寄存器进行设置。

二、定时/计数器的工作方式

1. T0、T1的工作方式

51单片机内部有两个定时/计数器T0、T1。T0有四种工作方式：方式0、方式1、方式2、方式3。T1有三种工作方式：方式0、方式1、方式2。究竟工作于哪种工作方式，由TMOD寄存器中对应的M1、M0两位来决定。

(1)方式0(13位定时/计数器，M1M0＝00)

方式0是为被取代的MCS-48系列兼容而设置的。图2-21为T0工作于方式0的逻辑结构示意图。13 位定时/计数器由 TL0 的低 5 位和 TH0 的 8 位组成。

(2)方式 1(16 位定时/计数器，M1M0＝01)

方式 1 是比较常用的一种方式。图 2-22 为 T0 工作于方式 1 的逻辑结构示意图。16 位定时/计数器由 TL0 的低 8 位和 TH0 的 8 位组成。T0 启动后，将从计数初值开始计数，每过一个机器周期计数值增加 1(＝0)，或者 T0 引脚每次出现下降沿计数值增加 1(＝1)，直到 FFFFH 再增加 1 就会溢出，TF0 被置为 1，完成一次计数过程。

(3)方式 2(自动重装 8 位定时/计数器，M1M0＝10)

方式 2 也是比较常用的一种方式，适合于用作较精确的脉冲信号发生器。图 2-23 为 T0 工作于方式 2 的逻辑结构示意图。TL0 用作 8 位计数寄存器，TH0 用于重装初值。初始化 T0 时，计数初始值同时装载到 TH0、TL0 中。当完成一次计数后，TH0 中复制原来保存的计数初始值到 TL0 中。这时只要把 TF0 清零就可以再次启动重复计数了。

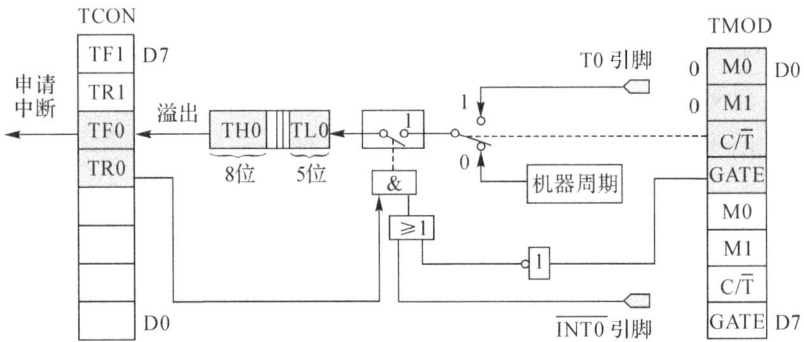

图 2-21　T0 方式 0 逻辑结构示意图

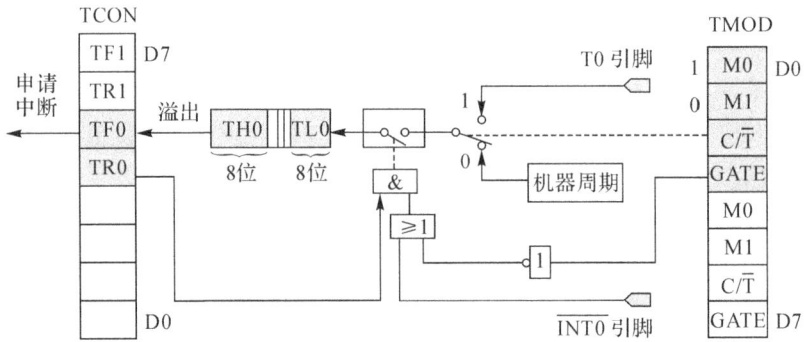

图 2-22　T0 方式 1 工作过程示意图

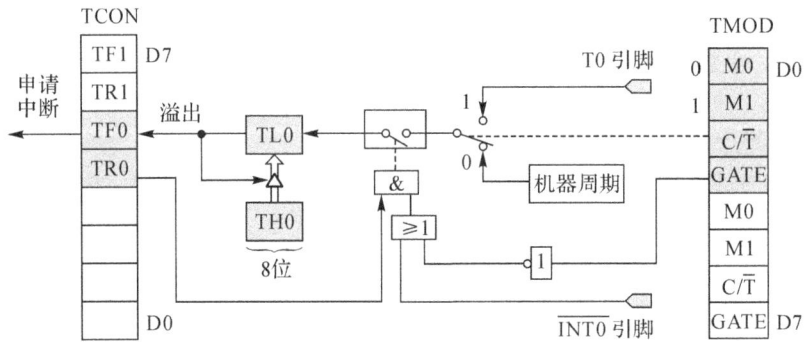

图 2-23　T0 方式 2 工作过程示意图

（4）方式 3（8 位定时/计数器，M1M0＝11，只适用于 T0）

T0 工作于方式 3 时，分为两个独立的 8 位计数器 TL0 和 TH0。图 2-24 为 T0 工作于方式 3 的逻辑结构示意图。TL0 使用 T0 的状态位，TH0 被固定为一个 8 位定时器（不能用作外部计数），使用 T1 的状态位，并占用 T1 的中断源。

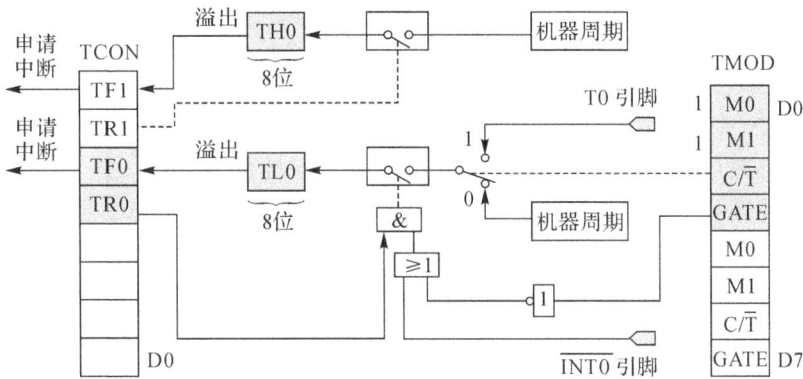

图 2-24　T0 方式 3 工作过程示意图

> 定时/计数器处于方式 0、方式 1、方式 3 时，不具备自动重新装入初始化值的功能，若需要重复计数，需要向相应的计数寄存器重新装载计数初始值。
>
> 　　T0 处于方式 3 时，T1 还可以工作于方式 0、方式 1、方式 2，但不能使用中断，所以 T1 只能使用在不要任何中断的场合，如用作串行口的波特率发生器。如果错误地将 T1 设置为方式 3，则 T1 停止工作，效果与将 TR1 设置为 0 相同。

2．T2 的工作方式

定时/计数器 T2 的工作方式有自动重装、捕获、波特率发生器三种工作方式，可以由控制寄存器 T2CON 中的部分位状态决定，如表 2-9 所示。

表 2-9　定时/计数器 T2 的工作方式

模式	RCLK＋TCLK	CP_RL2	TR2
16 位自动重装	0	0	1
16 位捕获	0	1	1
波特率发生器	1	×	1
关闭	×	×	0

（1）自动重装工作方式

在 T2 的 16 位自动重装工作方式下可以通过设置 EXEN2 位来获得两种不同的工作方式。

①EXEN2＝0，T2 是一个 16 位的定时/计数器，当其溢出时，不仅置位 TF2，产生 T2 中断，还把 RCAP2H 和 RCAP2L 中的值装入 TH2 和 TL2 中。

②EXEN2＝1，T2 在定时/计数过程中，如果在 T2 外部引脚(P1.0)上检测到一个负跳变，则置位 EXF2 标志位，同时也把 RCAP2H 和 RCAP2L 中的值装入 TH2 和 TL2 中。

在自动重装方式下，T2 可以通过 C/$\overline{T2}$ 设置为定时或计数模式，计数方向由 DCEN 位确定。

①当 DCEN＝0 时，T2 向上计数(默认方式)，在此方式下，应选 EXEN2＝0(不捕获 T2EX 管脚上的负跳变)，当计数达 10000H，中断请求标志 TF2 置位，产生 T2 中断，同时将 RCAP2H 和 RCAP2L 中的 16 位值装入 TH2 和 TL2。

②当 DCEN＝1 时，T2 的计数方向还要通过 T2EX 引脚的状态确定。当 T2EX 为逻辑 1 时，T2 向上计数(递增)；T2EX 为逻辑 0 时，T2 向下计数(递减)。递减计数方式时，当 TH2 和 TL2 计数到与 RCAP2H 和 RCAP2L 中的相等时，TF2、EXF2 置位，申请中断，同时向 TH2 和 TL2 分别装入 FFH。STC 系列中的 TF2、EXF2 两位必须用软件清除，否则不能再次中断。

(2)捕获工作方式

在 T2 的捕获工作方式下可以通过设置 EXEN2 位来获得两种不同的工作方式。

①EXEN2＝0，T2 是一个 16 位的定时/计数器，当 T2 溢出后将置位 TF2 并且请求 T2 中断。

②EXEN2＝1，T2 在定时/计数过程中，在 T2EX 引脚上检测到一个负跳变，则将 TH2 和 TL2 的当前值保存到 RCAP2H 和 RCAP2L 中，同时置位 EXF2 位并且请求 T2 中断。

(3)波特率发生器方式

T2 可以工作于方波产生器模式，在该模式下可以控制 T2 外部引脚(P1.0)输出一定频率的方波。方波的频率由单片机的工作频率和预先装入的 RCAP2H 和 RCAP2L 的数值决定。

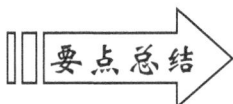

⟩⟩⟩ 要点总结 ⟩

T0 有方式 0、方式 1、方式 2、方式 3 四种工作方式。T1 有方式 0、方式 1、方式 2 三种工作方式。T2 有自动重装、捕获、波特率发生器三种工作方式。

三、定时/计数器的定时应用

定时/计数器用作"定时器"时，计数脉冲式时钟频率的 12 分频，也就是每个机器周期计数器加 1，因此，也可以把它看作是在累计机器周期，由于一个机器周期包含 12 个振荡周期，所以它的计数速率是振荡频率的 1/12。

使用定时/计数器精确定时常应用于单片机应用系统对"片时间"比较敏感的场合，需要在一段时间之后进行一项操作或者在某个时间间隔之内反复进行一项操作。

编程时可以采用查询或中断两种方式，用查询方式编程的程序流程图如图 2-25 所示，用中断方式编程的程序流程图如图 2-26 所示。不论用哪一种方式都需要在 main 函数中对定时/计数器进行初始化。如果采用中断方式还需要在 main 函数中对相应的中断进行初始化，然后进入无限循环等待中断事件，在定时中断服务函数中将引脚输出电平翻转。

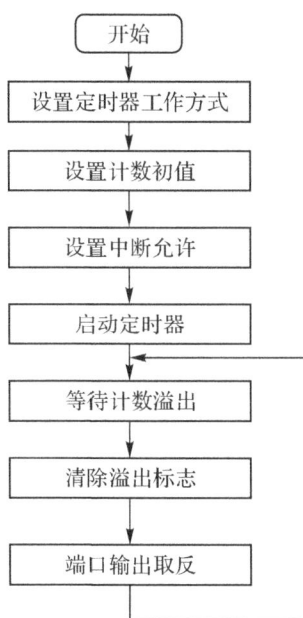

图 2-25 查询方式产生方波的流程图

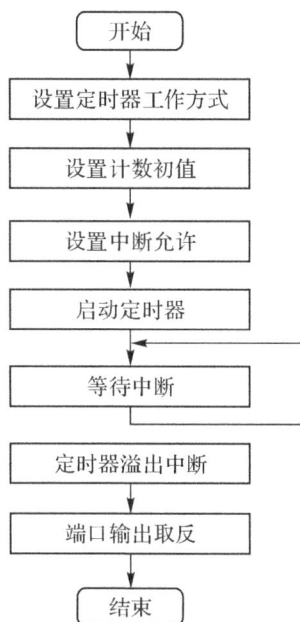

图 2-26 中断方式产生方波的流程图

1. 使用 T0、T1 精确定时的操作步骤

(1)对 TMOD 赋值,确定时器 T0、T1 的工作方式。置 $C/\overline{T}=0$,使定时/计数器工作于定时状态。根据单片机的工作频率和需要定时的长度选择定时/计数器的工作方式。

(2)计算定时器的计数初值,设置 TH0、TL0、TH1、TL1 的值。

T0、T1 的计数初值计算一般分以下几步:

①计算机器周期。机器周期=12/晶振频率,即 $T_{cy}=12/f_{osc}$。

②确定定时时间(只针对定时方式)。通常用定时/计数器来定时产生一定频率的方波、矩形波、脉冲波等,定时时间一般就是波形的高/低电平时间。

③计算计数值(只针对定时方式)。计数值=定时时间/机器周期,即 $N=t/T_{cy}$。

④确定定时器工作方式和最大计数值。最大计数值 $M=2^n$($n=13$、16 或 8)。n 的值、TH、TL 的内容与定时/计数器工作方式有关,具体如表 2-10 所示。

⑤计算计数初值。计数初值=最大计数值-计数值,即 $X=M-N$。

⑥将计数初值写入 TH0、TL0,或 TH1、TL1。TH、TL 的计算式参考表 2-10 所示。

表 2-10 计数初值与工作方式的关系

工作方式	n 值	最大计数值	TH 存放位	TL 存放位	TH 计算式	TL 计算式
方式 0	13	8192	高 8 位	低 5 位	$(8192-N)/32$	$(8192-N)\%32$
方式 1	16	65536	高 8 位	低 8 位	$(65535-N)/256$	$(65535-N)\%256$
方式 2	8	256	8 位	8 位	$255-N$	$255-N$
方式 3	8	256	8 位	8 位	$255-N_1$	$255-N_2$

(3)置位 TR0、TR1,启动定时/计数器。

(4)若要使用中断,需对 IE 赋值,将 ET0、ET1、EA 位置 1。在中断服务程序(中断号为 1、3)中进行需要的操作,根据定时器的工作方式来决定是否需要重新装入计数初值。

2.使用 T2 精确定时的操作步骤

(1)将 T2CON 中的 C/$\overline{T2}$位置为 0,选择 T2 工作于定时状态。

(2)对 T2MOD 赋值,确定时器 T2 的工作方式。

当控制寄存器 T2MOD 的 DCEN 位设置为 0 时,T2 为加 1 再装入模式。此时,若控制寄存器 T2CON 中的 EXEN2 为 0,则当 T2 计满回 0 溢出,将 TF2 置 1,同时将 RCAP2L、RCAP2H 中的初值分别重新再装入 TL2、TH2 中,继续下一轮计数。

(3)根据单片机的工作频率和需要定时的时间长度计算出 RCAP2L、RCAP2H 的初始化值。计数初值=最大计数值-计数值=$2^{16}-N$。计数值 N 的计算与 T0、T1 基本相同。

(4)根据需要设置 TH2、TL2 的初始化值,这个值可以和 RCAP2H、RCAP2L 相同,也可以不同,其只影响 T2 的第一次定时。

(5)置位 TR2 启动 T2。

(6)若要使用中断,需对 IE 赋值,将 ET2、EA 位置 1。在中断服务程序(中断号为 5)中进行需要的操作。

> ⚠ 注意　T2 的定时初始值不需要在中断中手动重新装入,但是必须手动清除 T2 的中断标志 TF2。

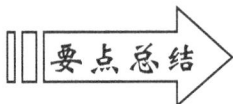

▷ 要点总结

使用定时/计数器进行精确定时可采用查询、中断两种方式。在主程序中需要设定定时器为定时工作方式,通过计算确定定时计数初值。

【学习任务】

【任务描述】
利用单片机的定时/计数器进行定时,产生方波。

【任务目标】
(1)第一阶段任务目标:利用单片机定时/计数器产生 1kHz 方波。

(2)第二阶段任务目标:利用单片机定时/计数器产生 0.5Hz 方波。

(3)总体目标:掌握定时/计数器的定时应用,学会编写定时器初始化、中断服务程序。

【知识准备】
(1)中断相关的 SFR。

(2)中断程序结构。

(3)定时/计数器相关的 SFR。

(4)定时/计数器的工作方式。

（5）定时/计数器的定时应用。

【器材准备】

计算机一台，并安装 Proteus、KEIL 软件。

【任务实施1】用定时/计数器产生 1kHz 方波

一、任务分析

选择一个定时/计数器，选择一种工作方式，实现短时间定时，产生 1kHz 方波。

二、任务实施步骤

（1）在 Proteus 中绘制电路图。

（2）利用 KEIL 软件编写短时间定时程序。

（3）编译、调试、运行。

三、硬件电路设计

如图 2-27 所示，单片机的 P1.0 引脚作为波形输出引脚，与示波器连接。

定时/计数器的定时时间与晶振频率密切相关。在 Proteus 中，可以双击单片机，在"Clock Frequency"项设置单片机的振荡频率，比如设置振荡频率为 6MHz。

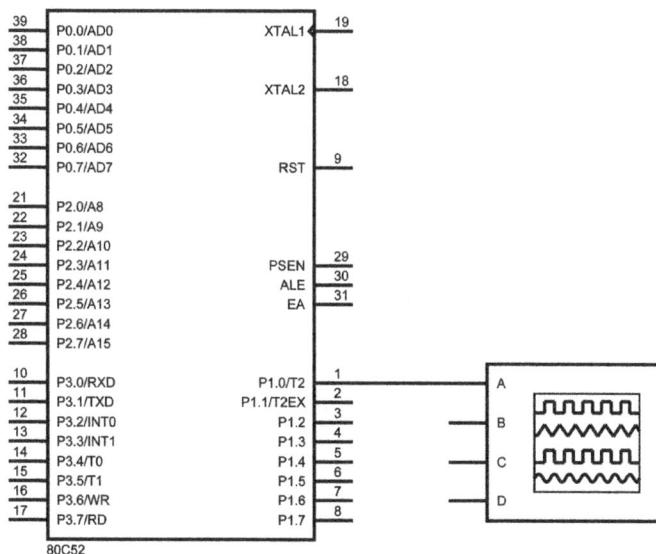

图 2-27　1kHz 方波产生电路的原理图

四、程序设计

设晶振频率 $f_{osc}=6\mathrm{MHz}$，则机器周期 $T_{cy}=12/f_{osc}=12/6\mathrm{MHz}=2\mu s$。1kHz 对称方波的周期为 $T_1=1/1\mathrm{kHz}=1\mathrm{ms}$，高低电平的时间均为 $t_1=1\mathrm{ms}/2=0.5\mathrm{ms}=500\mu s$。若采用定

时/计数器的方式 2 定时,一次定时时间为 $500\mu s$,则定时器计数值 $N=t_1/T_{cy}=500\mu s/2\mu s=250$,定时器计数初值 $X=256-N=256-250=6$。每次 0.5ms 定时时间到,P1.0 输出取反就能产生 1kHz 对称方波。

1.采用硬件定时(T0)、查询的方式

```
/*项目二任务三任务实施 1 示例程序 1,T0 方式 2 定时,P1.0 输出方波,查询方式*/
    #include<at89x52.h>    //头文件包含,at89x52.h 将 P1.0 定义为 P1_0
    void main(void)
    {    TMOD = 0x02;        //设置定时器工作方式寄存器:T0、定时、方式 2
        TH0 = 0x06;         //设置 T0 重装寄存器初值
        TL0 = 0x06;         //设置 T0 计数寄存器初值
        TR0 = 1;            //启动 T0 计数
        for( ; ; )          //无限循环
        { if(TF0)           //查询 T0 计数是否溢出,即定时时间是否已到,溢出时 TF0 = 1
         { TF0 = 0;         //定时时间到后,及时清除 T0 溢出标志
            P1_0 = !P1_0;   //P1.0 输出取反
    } } }
```

2.采用硬件定时(T1)、中断的方式

```
/*项目二任务三任务实施 1 示例程序 2,T1 方式 2 定时,P2.0 输出方波,中断方式*/
    #include<at89x52.h>    //头文件包含,at89x52.h 将 P1.0 定义为 P1_0
    void main(void)
    {    TMOD = 0x20;        //设置定时器工作方式寄存器:T1、定时、方式 2
        TH1 = 0x06;  TL1 = 0x06;  //设置 T1 计数、重装初值
        EA = 1;             //开中断
        ET1 = 1;            //允许 T1 溢出中断
        TR1 = 1;            //启动 T1 计数
        while(1);           //无限循环,等待中断
    }
    void time0_int( )interrupt 3  //T1 中断服务程序,中断号为 3
    {    P1_0 = !P1_0;       //P1.0 输出取反
    }
```

【任务实施 2】用定时/计数器产生 0.5Hz 方波

一、任务分析

选择一个定时/计数器,选择一种工作方式,实现长时间定时,产生 0.5Hz 方波。

二、任务实施步骤

(1)在 Proteus 中绘制电路图。

(2)利用 KEIL 软件编写长时间定时程序。

(3)编译、调试、运行。

三、硬件电路设计

如图 2-28 所示,用单片机的 P2.0、P2.1 作为波形输出引脚,与示波器连接,其中 P2.0 为最终输出波形。设置振荡频率为 12MHz。

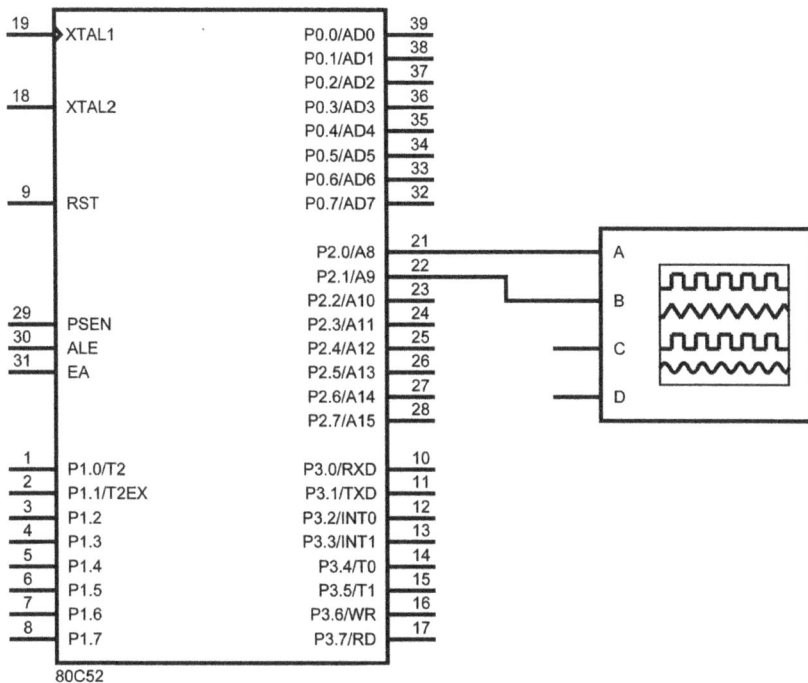

图 2-28　长时间定时观察电路的原理图

四、程序设计

设晶振频率 $f_{osc} = 12\text{MHz}$,机器周期 $T_{cy} = 12/f_{osc} = 12/12\text{MHz} = 1\mu\text{s}$。0.5Hz 对称方波的周期 $T_2 = 1/0.5\text{Hz} = 2\text{s}$。高低电平的时间均为 $t_2 = 2\text{s}/2 = 1\text{s}$。

采用定时/计数器方式 1 定时,最大计数值为 65536,最大定时时间为 $65536\mu\text{s}$,无法一次实现 1s 定时。设置一次定时时间为 0.05s,定时器计数值 $N = 50000$,定时器计数初值 $X = 65535 - N = 65535 - 50000 = 15536$。因为 $0.05\text{s} \times 20 = 1\text{s}$,设定软件计数值为 20。每次 0.05s 定时时间到,P2.0 输出取反产生 10Hz 对称方波,同时软件计数器的值加 1。计满 20 次后,P2.1 输出取反产生 0.5Hz 对称方波。

1. 采用硬件定时(T1)×软件计数、查询的方式(图 2-29)

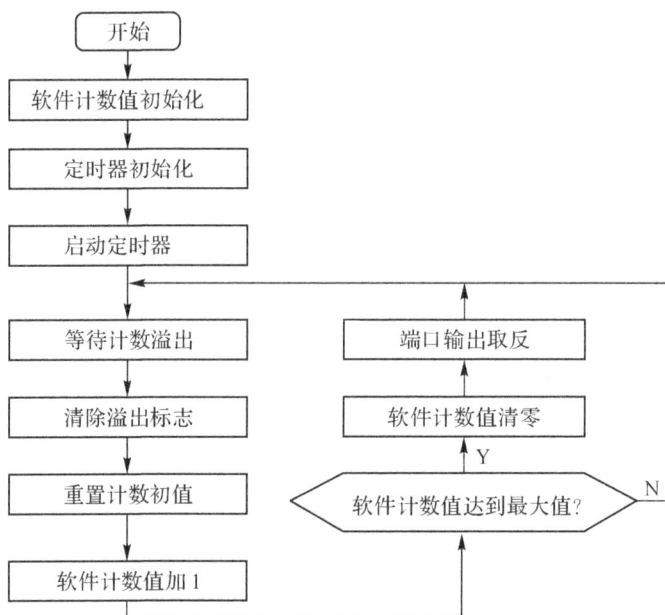

图 2-29 查询方式长时间定时程序的流程图

```
/*项目二任务三任务实施 2 示例程序 1,T1 方式 1 定时 50ms,软件计数 20 次,查询方式*/
#include <at89x52.h>  //头文件包含,at89x52.h 将 P2.0 定义为 P2_0,P2.1 定义为 P2_1
void main(void)
{    unsigned char i = 0;  //定义软件计数初值为 0
     TMOD = 0x10;       //设置定时器工作方式寄存器:T1、定时、方式 1
     TH1 = (65535 - 50000)/256;  TL1 = (65535 - 50000)%256;//设置 T1 初值
     TR1 = 1;  //启动 T1 计数
      for( ; ; )      //无限循环
       { if(TF1)       //等待 T0 溢出,溢出时 TF0 = 1
         { TF1 = 0;      //清除溢出标志
           TH1 = (65535 - 50000)/256; TL1 = (65535 - 50000)%256; //重置 T1 初值
           P2_1 = !P2_1;  //P2.1 输出取反
           i++ ;  //软件计数值加 1
           if(i == 20) //如果软件计数达 20,即 1s 定时到
           {  P2_0 = !P2_0;  //P2.0 输出取反
              i = 0; //软件计数清零
}}}}
```

2. 采用硬件定时(T2)×软件计数、中断的方式

```
/*项目二任务三任务实施 2 示例程序 2,T2 重装方式,定时 50ms,软件计数 20 次,中断*/
#include <at89x52.h>   //头文件包含,at89x52.h 将 P2.0 定义为 P2_0,P2.1 定义为 P2_1
void main(void)
```

```
{       T2MOD = 0X00；  T2CON = 0X00；              //设置 T2 工作方式
        TH2 = (65536 - 50000)/256； TL2 = (65536 - 50000)% 256；   //设置 T2 计数初值
        RCAP2H = (65536 - 50000)/256；        //设置 T2 重装/捕捉寄存器重置数高 8 位
        RCAP2L = (65536 - 50000)% 256；        //设置 T2 重装/捕捉寄存器重置数低 8 位
        EA = 1；     //开中断
        ET2 = 1；    //允许 T2 溢出中断
        TR2 = 1；    //启动 T2 工作
        P2_0 = 1；   //设置 P2_0 为低电平
        while(1)； //无限循环,等待中断
}
void time2( )interrupt 5   //T2 中断服务程序,中断号为 5
{       static unsigned char time2_count；      //定义静态变量,计数 T2 的溢出次数
        TF2 = 0；     //清除 T2 溢出标志
        P2_1 = ~P2_1； //P2.1 输出取反
        time2_count ++ ；     //软件计数加 1
        if(time2_count == 20) //如果溢出次数达 20,即 1s 定时到
        {     time2_count = 0；//软件计数清 0
              P2_0 = ~P2_0；  //P2.0 输出取反
        }
}
```

任务四　制作一个数字钟

【学习任务】

【任务描述】

数字钟采用 4 位数码管显示,能够显示分、秒,最大显示时间为 59∶59。用一个按键控制计时、调整时间。用两个按键来调整分、秒。

【任务目标】

掌握数码管、定时/计数器、中断系统的综合应用;掌握数字钟的设计、制作方法。

【知识准备】

(1)计数显示。

(2)按键变数。

(3)1s 定时。

【器材准备】

计算机一台,安装 Proteus、KEIL、STC-ISP 单片机程序下载软件,面包板、万能板及相

关元件,单片机实验箱或开发板(串口下载电路)。

【任务实施】设计简易数字钟

一、任务分析

用 KEIL 编写程序后,联合 Proteus 软件进行仿真,用面包板或万能板制作数字钟电路。

二、任务实施步骤

(1)在 Proteus 中绘制数字钟电路图。

(2)利用 KEIL 软件编写数字钟程序。

(3)编译、仿真调试运行。

(4)列出元器件清单,领取元器件。

(5)在面包板上搭建电路,或在万能板上焊接电路。

(6)下载程序到单片机,系统调试运行。

三、硬件电路设计

数码管选用 7SEG-MPX7-CC-BLUE,即七段、4 位一体、共阴、蓝色数码管(图 2-30)。用单片机的 P0 口控制段选线,P2 口控制位选线。四个七段数码管用于显示分、秒。按键 K1 用于切换计时、调时状态,接 P3.2 引脚。按键 K2、K3 分别用于设置分、秒,每按一下,相应的显示位增加 1。两个按键通过一个二输入与门 74LS08 后接 P3.3 引脚,同时又分别与 P1.6、P1.7 引脚连接。

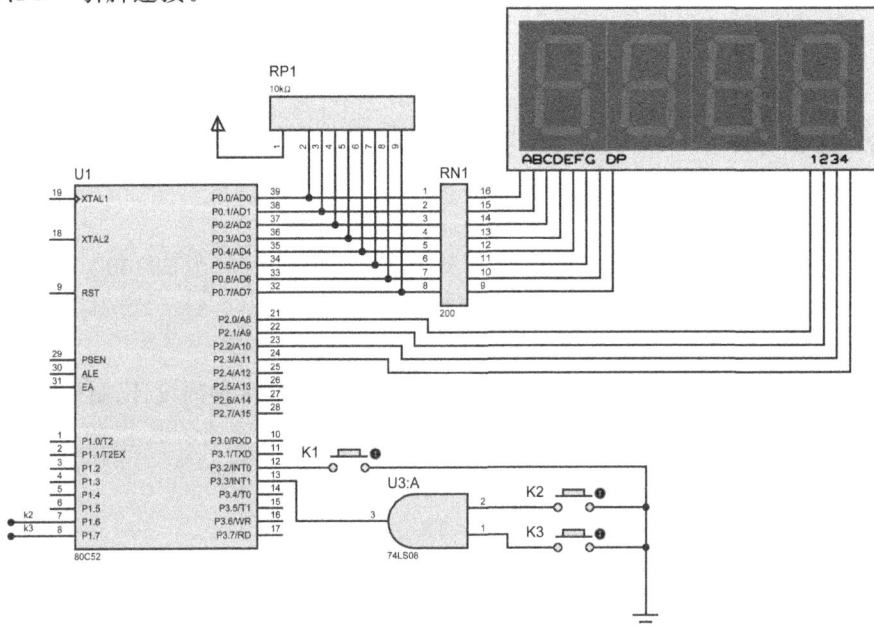

图 2-30 数字钟电路

四、程序设计

主程序在完成定时/计数器、中断系统的初始化工作后,循环不断地调用显示函数。

数码管显示采用动态显示的方式。4 个共阴数码管的动态显示函数 display_yin( )的流程图参见图 2-9。为了更方便地计算、显示时间值,设置了数码管显示数值数组 dispdata[4]、时间数组 time[2],时间值与显示值的转换函数 change( )。

按键监测采用中断方式。设置了一个计时/调时控制标志位 flag,每次执行外中断 0,flag 都会取反一次。当 flag＝0 且外中断 1 有请求时调整时间,其流程图参见图 2-31。

1s 定时采用硬件定时×软件计数的方式实现。T0 用于定时,选用方式 1,定时时间为 50ms,每次定时时间到软件计数器 i 加 1,计数 20 次后,时间为 50ms×20,即 1s。若此时 flag＝1,则计算一次时间(加 1s)。定义了一个时间值计算函数 count( ),其流程图参见图 2-32。

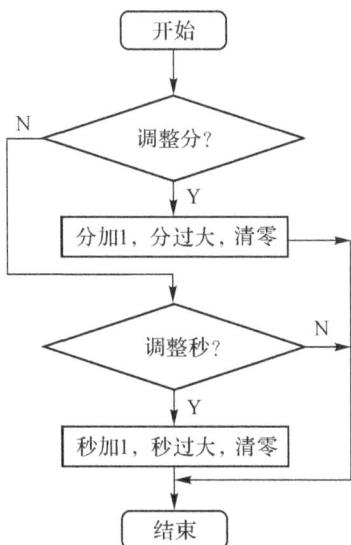

图 2-31　时间调整流程图　　　　图 2-32　时间计算流程图

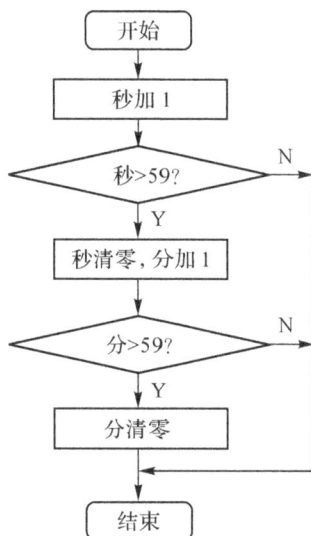

```
/* 项目二任务四任务实施示例程序,数字钟 */
#include <at89x52.h>
#define uchar unsigned char    //宏定义,用 uchar 表示 unsigned char
uchar Table_yin[11]={0x3f,0x06,0x5b,0x4f,0x66,0x6d,0x7d,0x07,0x7f,0x6f};
/* 共阴数码管 0~9 及 - 的字型编码,元素 0~9 的下标与字型相同 */
uchar dispdata[]={ 5,9, 5,9};
//数码管显示数值数组,四个元素分别表示四个数码管从左到右显示的数值
uchar time[2]={ 59,59};    //定义时间数组,两个元素分别为分、秒
bit flag=1;    //外部变量,计时/调时控制位,1 时计时,0 时调时
uchar i; //外部变量,1s 定时时作软件计数
void delay05ms()          //定义 0.5ms 延时函数
```

```
{    uchar i;
     for(i = 250;i>0;i--);
}
void display_yin( )        //4位共阴数码管的动态显示函数
{   uchar i,k;
    k = 0x01;                 //位码初始化,指向第一个数码管
    for(i = 0;i<4;i++)   //循环4次
    {    P2 = 0xff;         //关闭显示
         P0 = Table_yin[dispdata[i]];      //输出段码
         P2 = ~k;            //输出位码
         k = k<<1;          //指向下一位数码管
              delay05ms( );   //调用延时函数
    }    P2 = 0xff;          //关闭显示
}
void count()//定义时间计算函数
{ time[1]++;  //秒加1
 if(time[1]>59)  //秒大于59
{  time[1] = 0;time[0]++;        //秒清0,分加1
    if(time[0]>59) time[0] = 0;  //若分大于59,分清0
   }
}
void change( ) //定义显示值转换函数
{   dispdata[3] = time[1]%10;  //取秒的个位
    dispdata[2] = time[1]/10;  //取秒的十位
    dispdata[1] = time[0]%10;  //取分的个位
    dispdata[0] = time[0]/10;  //取分的十位
}
void main(void)
{      TMOD = 0x01;      //设置定时器工作方式:T0、定时、方式1
       TH0 = (65535 - 50000)/256; TL0 = (65535 - 50000)%256;      //设置T0计数初值
       IT0 = 1; IT1 = 1;      //外中断0、外中断1下降沿触发
       IE = 0x87;            //设置中断允许:10000111B
       TR0 = 1;              //启动T0计数
       while(1)              //无限循环
       {     display_yin();   } //循环调用显示函数
}
void time1_int( )interrupt 1   //T0中断服务程序,中断号为1
{     TH0 = (65536 - 50000)/256; TL0 = (65536 - 50000)%256;      //重置T0计数初值
      i++;  //软件计数值加1
      if(i == 20) //如果软件计数达20,即1s定时到
```

```
        {   i = 0;//软件计数清零
            if(flag == 1) //每过 1s,作时间计算
            { count();   //调用时间计算函数
              change();//调用显示值转换函数
            }
        }
    }
    void int0(void)interrupt 0//外中断 0 中断服务程序,切换计时、调时
    {   display_yin(); display_yin(); display_yin();//调用三次显示函数,约延时 6ms,消抖
        if(P3_2 == 0)    //确认按键按下
        {   flag = ~flag;  } //启停标志取反
        while(P3_2 == 0); //等待按键松开
    }
    void int1(void)interrupt 2//外中断 1 中断服务程序,调节时间值
    { if(flag == 0)
        { if(P1_6 == 0) //K2 闭合
            {     time[0] ++ ; if(time[0]>59)time[0] = 0;    } //分加 1,分大于 59 时,清零
          if(P1_7 == 0) //K3 闭合
            {     time[1] ++ ; if(time[1]>59)time[1] = 0;   }//秒加 1,秒大于 59 时,清零
                change(); //调用显示值转换函数
        }
    }
```

【项目总结】

　　项目二数字钟是一个综合了数码管、外部中断、定时/计数器的定时应用、定时中断的单片机基础知识的项目,对初学者来说有一定的挑战性。

　　对项目二的学习评价可参考表 2-11。专业能力以四个任务为单位进行评分,每个任务都可以参照表 2-12 进行评分。

表 2-11　项目二评价成绩表

| 学号 | 姓名 | 专业能力 60% | | | | 职业核心能力及职业素养 40% | | | | | | | | 项目总评 |
		计数显示 (25)	按键变数 (25)	1s定时 (25)	数字钟 (25)	自我学习 (20)	信息处理 (10)	数字应用 (10)	与人合作 (15)	与人交流 (15)	解决问题 (10)	创新革新 (10)	6S执行力 (10)	
001														
002														

表 2-12 项目二任务评分表

评价项目	要求	评分标准	配分	自查分	得分
方案设计	1. 收集相关资料; 2. 制定初步设计方案。	1. 资料不全扣 1 分; 2. 没有初步方案扣 1 分。	2		
电路设计	1. 电路设计合理、正确; 2. 元件放置合理、美观; 3. 导线连接规范。	1. 电路设计不正确扣 1~3 分; 2. 元件放置不正确扣 1 分; 3. 导线连接不规范扣 1 分。	5		
程序设计	1. 流程图设计规范、正确; 2. 源程序编写正确。	1. 流程图设计不正确扣 1~2 分; 2. 程序编写不正确扣 1~8 分;	10		
调试运行	1. 用 KEIL 软件编译调试; 2. 用 Proteus 仿真运行; 3. 用下载软件烧录程序; 4. 用面包板等装接电路; 5. 及时解决调试中的问题。	1. 不会用 KEIL 软件扣 1 分; 2. 不会用 Proteus 扣 1 分; 3. 不会下载程序扣 1 分; 4. 电路装接不规范扣 1 分; 5. 调试结果不正确扣 1~3 分。	5		
项目总结	1. 按时完成设计总结报告; 2. 写出设计过程、学习经验。	1. 未按时完成报告扣 1~2 分; 2. 没有体现个人特色扣 1 分。	3		
总分合计			25		

【思考练习】

1. 什么叫动态扫描显示? 有什么特点? 对数码管驱动电流有什么要求?

2. 数码管静态显示和动态显示在硬件连接上各具有什么特点? 如何选择使用?

3. 如何理解数码管动态显示中的段码和位码概念?

4. 设计一个多路抢答器。抢答开始后,当有某个参赛首先按下抢答开关时,相应的发光二极管亮,同时数码管显示参赛者的数字编号,此时抢答器不再接受其他输入信号,直至新一轮抢答开始。可根据参赛人数自行选择所需器件,如:4 人抢答,可设置 1 个主持人清零开关,4 个参赛者抢答开关,4 个 LED 信号灯,1 个编号显示数码管。

5. 用 8 个数码管动态显示班级同学的生日。如:1 号学生的生日为 1994 年 9 月 19 号,数码管显示 01 94 09 19。

6. 哪些特殊功能寄存器与 80C51 单片机的中断系统有关? 它们各具什么功能?

7. 80C51 单片机的外部中断有几种触发方式? 如何设置? 对外部请求信号有何要求?

8. 用外部中断实现键控彩灯。不发生中断时,8 个 LED 循环点亮;每发生一次外部中断 0,8 个 LED 一起闪烁三下;每发生一次外部中断 1,8 个 LED 反向循环点亮一次。

9. 80C51 单片机内部有几个几位的定时/计数器? 各能被设定几种工作方式? 这些工作方式各有何特点?

10. MCS-51 系列单片机的定时/计数器的定时方式和计数方式的区别是什么?

11. 假设晶振频率为 6MHz,计算定时/计数器 T0 工作于方式 0、方式 1、方式 2、方式 3 时的最大定时时间各是什么?

12. 编程控制单片机输出高电平宽度为 $200\mu s$,低电平宽度为 $500\mu s$ 的矩形波。

13.针对本项目任务四进行适当修改,分别实现下列要求:

(1)增加小时的计算、显示。

(2)实现秒闪烁。时、分、秒之间用短横或发光二极管隔断,并每秒闪烁一次。

(3)实现声音报时。半点、整点、闹钟时间到时,蜂鸣器发出声音或 LED 指示灯亮。

(4)具有闹钟值设置模式。可以设定一个闹钟时间。当计时到达闹钟时间时发出提醒。

14.用定时/计数器实现简易的十字路口交通灯控制。东西、南北各有红、黄、绿灯。

(1)各路口红灯亮灭的时间间隔为 13s,绿灯亮的时间为 10s,黄灯亮的时间为 3s。

(2)各路口红灯亮灭的时间间隔为 15s,绿灯亮的时间为 10s,绿灯闪烁的时间为 3s,黄灯亮的时间为 2s。

(3)绿灯亮时,数码管作 10 秒倒计时。

15.设计一个电子秒表,最小计时单位为 0.01s。设置两个按键,一个用于启动和暂停,一个用于清零。

电子琴

【引言】

声音的产生是一种音频振动的效果,振动的频率高,则为高音,频率低,则为低音。音频的范围为 20Hz 到 200kHz 之间,人类耳朵比较容易辨认的声音大概是 0~20kHz。一般音响电路是以正弦波信号驱动喇叭,即可产生悦耳的音乐;在数字电路里,则是以脉冲信号驱动蜂鸣器,以产生声音。用单片机及少数外部电路控制音乐播放,具有成本低、涉及简单、方便实用的优点,适用于播放音质要求不高的场合,因此深受广大设计者的爱好。本项目主要讲解如何利用单片机 STC89C52 和蜂鸣器来设计简易电子琴,发出动人的音乐声。

任务一　电子琴弹奏

开卷有益

一、音阶的产生

一般来说,单片机产生的音乐基本都是单音频率,它不包含相应幅度的谐波频率。因此用单片机弹奏音乐通常只涉及"音阶"和"音调"。一首音乐是由许多不同音阶组成的,设置多个按键、多个音阶,每个音阶对应着不同的频率,即可自行弹奏想要的音乐了。

关键字

音阶是以全音、半音以及其他音程顺次排列的一串音。应用最广的是七声音阶,即 1、2、3、4、5、6、7(do、re、mi、fa、so、la、si)七个频率由低到高排列的自然音。

音调是指声音频率的高低。音调主要由声音的频率决定,同时也与声音强度有关。对一定强度的纯音,音调随频率的升降而升降。通过单片机的定时/计数器进行定时产生一定频率的振荡信号,将外接蜂鸣器的 I/O 口来回置高电平或低电平即可实现。为准确发音需将音阶频率换算成周期,以半个周期为单位计算定时计数值。下面是中音 1 的定时初值的计算过程:

音频频率=523Hz,音频周期=1/音频频率=1912μs,定时时间=音频周期/2=956μs

机器周期=12/晶振频率=12/12MHz=1μs(设晶振频率为 12MHz)

计数值=定时时间/机器周期=956μs/1μs=956,计数初值=65536-计数值=64580=0xfc44

高中低音阶与单片机定时/计数器在 12MHz 晶振、工作方式 1 下的计数初值如表 3-1 所示。

表 3-1　音阶与定时器初始值关系表

低音区			中音区			高音区		
音阶	频率	定时初值	音阶	频率	定时初值	音阶	频率	定时初值
.1	262	63628	1	523	64580	1.	1046	65058
.♯1	277	63731	♯1	554	64633	♯1.	1109	65085
.2	294	63835	2	587	64684	2.	1175	65110
.♯2	311	63928	♯2	622	64732	♯2.	1245	65134
.3	330	64021	3	659	64777	3.	1318	65157
.4	349	64103	4	698	64820	4.	1397	65178
.♯4	370	64185	♯4	740	64860	♯4	1480	65198
.5	392	64260	5	784	64898	5.	1568	65217
.♯5	415	64331	♯5	831	64934	♯5.	1661	65235
.6	440	64400	6	880	64968	6.	1760	65252
.♯6	466	64463	♯6	932	65000	♯6.	1865	65268
.7	494	64524	7	988	65030	7.	1967	65283

■■▶ 要点总结

音调是指声音的高低,由声音的频率来决定。通过单片机输出脉冲高低电平的保持时间和频率就可以得到不同的音调。

二、蜂鸣器基础知识

▶ 关键字 ◀

蜂鸣器是一种一体化结构的电子讯响器,采用直流或交流供电,广泛应用于计算机、打印机、复印机、报警器、电子玩具、汽车电子设备、电话机、定时器等电子产品中的发声器件。
蜂鸣器在电路中用字母"H"或"HA"(旧标准用"FM"、"LB"、"JD"等)表示,其外观如图 3-1
所示。蜂鸣器有很多种类型,如表 3-2 所示。

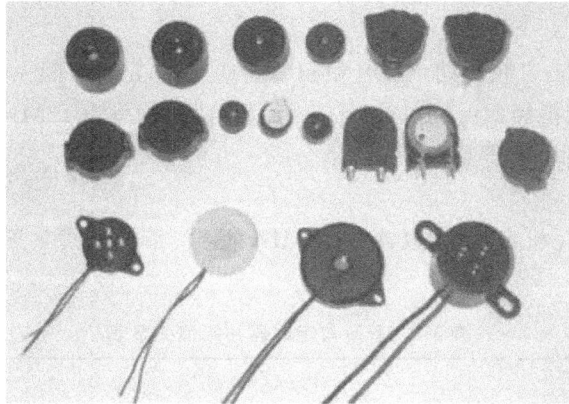

图 3-1 蜂鸣器的外观

表 3-2 蜂鸣器的类型

分类依据	类型	特点
根据发声材料和结构分类	压电式	由多谐振荡器、压电蜂鸣片、阻抗匹配器及共鸣箱、外壳等组成。具有工作电压高、可以大型化(大的直径)、声音分贝高等特点
	电磁式	由振荡器、电磁线圈、磁铁、振动膜片及外壳等组成。具有工作电压较低、工艺简单等特点,不能做到很大的直径和分贝
根据驱动方式分类	有源	有源蜂鸣器又称为直流蜂鸣器,其内部已经包含了一个多谐振荡器,只要在两端施加额定直流电压即可发声。具有驱动、控制简单的特点,但价格略高
	无源	无源蜂鸣器又称为交流蜂鸣器。内部没有振荡器,需要在其两端施加特定频率的方波电压(注意并不是交流,即没有负极性电压)才能发声。具有可靠、成本低、发生频率可调整等特点

蜂鸣器有一正一负两个引脚,当两个引脚之间的电压超过其工作电压时工作。蜂鸣器
发声原理是电流通过电磁线圈产生磁场来驱动振动膜发声。它在发声的时候需要流过较大
的电流,单片机 I/O 引脚输出的电流较小,如果驱动不了蜂鸣器,可以使用外围的功率驱动
元件来提供电流,最常用的为连接一个三极管电流放大电路。在程序中改变单片机 I/O 引
脚输出波形的形状、频率,可以控制蜂鸣器发出各种不同音色、音调的声音。

> ⚡注意 有源蜂鸣器和无源蜂鸣器中的"源"不是指电源,而是指振荡源。两者最
> 大区别是在有源蜂鸣器两端加上正向电压时即可发出声音,而无源蜂鸣器需
> 要在两端加上周期性的频率电压才能发出声音。

要点总结

有源蜂鸣器的操作简单,但是发声频率固定;无源蜂鸣器的操作相对复杂,但是可控性强,可以发出不同频率的声音。

三、行列式键盘

关键字

独立式键盘,各个按键相互独立,每个按键独立地与一根输入线相连,如图 3-2 所示。适合于按键较少的系统。

行列式键盘,按键设置在行列的交点上,如图 3-3 所示。适合于按键较多的系统。

编程时通常先用一个快速扫描程序来判断是否有键按下,一般有列扫描、行扫描两种方法,如图 3-4、图 3-5 所示。

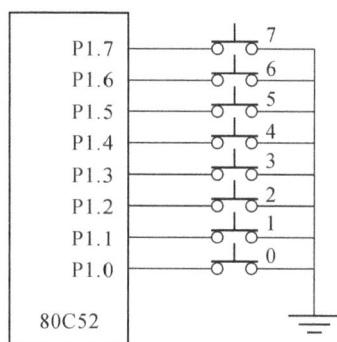

图 3-2　独立式键盘　　　　　　　图 3-3　行列式键盘

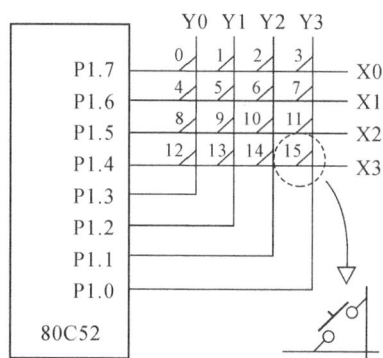

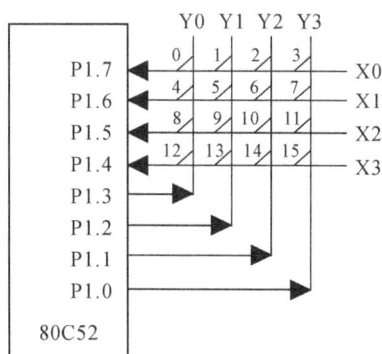

图 3-4　行扫描法示意图　　　　　　图 3-5　列扫描法示意图

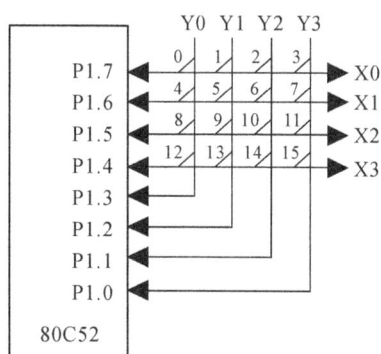

(1)列扫描法。设置列线输出,行线输入。列线全部输出 0,看行线是否有 0 输入。若行线有 0 输入,说明有键按下。若行线没有 0 输入,说明没有键按下。

（2）行扫描法。设置行线输出，列线输入。行线全部输出0，看列线是否有0输入。若列线有0输入，说明有键按下。若列线没有0输入，说明没有键按下。

确定有键按下后，要判断哪个键按下，即识别行列式键盘的键值。一般有行扫描法、列扫描法、反转法三种方法。

（1）行扫描法。逐行扫描。扫描一行，如果发现有键按下，通过对列线移位，计算出键号；如果没有键按下，扫描下一行。具体做法是：行线逐行输出0，看哪一列有0输入。若列线输入全部为1，说明没有键按下。若某列有0输入，说明这一列有键按下，记录下当时的行号和列号。将行号和列号叠加形成扫描码。根据扫描码找到按键编码。

（2）列扫描法：逐列扫描。扫描一列，如果发现有键按下，通过对行线移位，计算出键号；如果没有键按下，扫描下一列。

（3）反转法。也叫行列翻转法。先把所有行线设置为低电平，列线设置成输入状态，然后读列线状态；再把所有列线设置为低电平，行线设置成输入状态，然后读行线状态；最后将两者组合形成键号。具体做法是：所有行线输出0，然后读列线的输入状态。所有列线输出0，然后读行线的输入状态。将行号和列号叠加形成扫描码。根据扫描码找到按键编码。

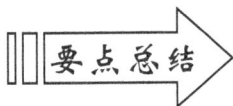

要点总结

行列式键盘是将多个按键按照行、列结构组合起来的键盘，可以减少对单片机I/O引脚的使用数目。

【学习任务】

【任务描述】
用单片机与蜂鸣器实现电子琴弹奏。

【任务目标】
（1）第二阶段任务目标：利用单片机实现三键弹奏。
（2）第三阶段任务目标：利用单片机实现十四键弹奏。
（3）总体目标：利用STC89C52内部的定时器和引脚，控制蜂鸣器实现音乐弹奏。

【知识准备】
（1）1s定时。
（2）音阶的产生。
（3）蜂鸣器基础知识。
（4）行列式键盘。

【器材准备】
计算机一台，并安装KEIL、Proteus软件，耳机。

【任务实施 1】三键弹奏

一、任务分析

设置三个按键,不同按键按下时发出三个不同的单音。

二、任务实施步骤

(1)在 Proteus 中绘制单片机控制三个按键的电路图。
(2)利用 KEIL 软件编写三键弹奏程序。
(3)编译、调试、运行。

三、硬件电路设计

如图 3-6 所示,单片机的 P1 口接 3 个按键。单片机的 P2.7 接蜂鸣器,同时连接示波器以便观察输出波形。 调试时,在电脑上连接耳机,正常情况下可以听到声音。

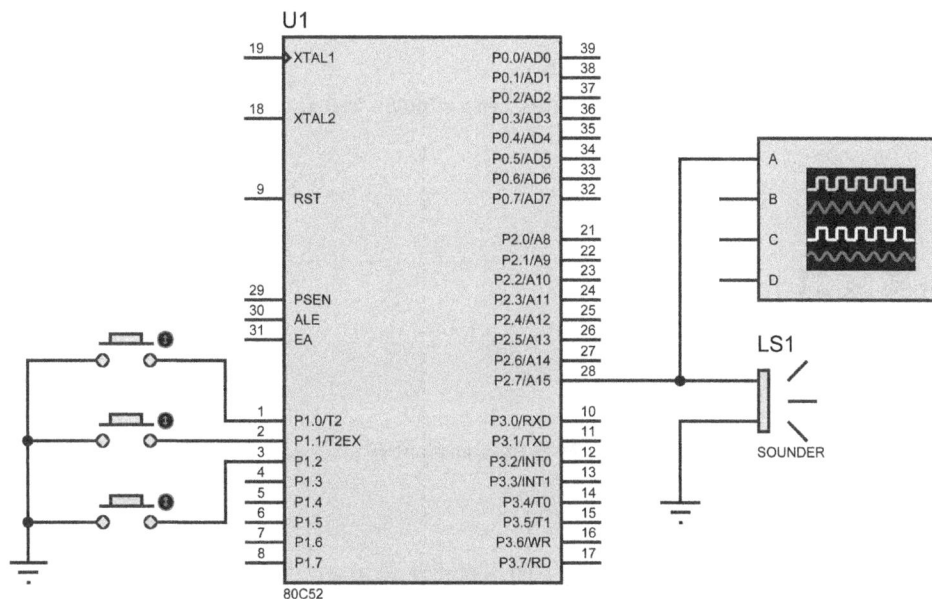

图 3-6　三键电子琴的电路图

四、程序设计

用单片机驱动无源蜂鸣器时,应先根据需要发声的频率计算出方波周期,再设置定时/计数器的相关参数,各个音频对应的参数各不相同。 在需要蜂鸣器发声的时候启动定时/计数器工作,在不需要蜂鸣器发声的时候关闭定时/计数器。

```c
/*项目三任务一任务实施 1 示例程序,T0 方式 1 定时,P2.7 输出方波,中断方式*/
#include "reg52.h"
```

```
sbit P2_7 = P2^7;   //定义蜂鸣器输出引脚
unsigned char idata i,tl0_temp = 0,th0_temp = 0; //定义全局变量
void INTT0() interrupt 1 //T0 中断服务程序
{    TH0 = th0_temp; TL0 = tl0_temp; //重置 T0 初值
     P2_7 = ~P2_7;   //输出取反,产生方波
}
main()
{    P1 = 0XFF;        //端口初始化
     TMOD = 0X01;      //T0 定时 方式 1
     ET0 = 1; EA = 1; //T0 中断允许设置
     while(1)
     {    i = P1;   //读端口值
          if(i == 0xff) TR0 = 0;  //无键按下,停止 T0 工作
          if(i == 0xfe)   //1 键按下
          {    th0_temp = 0xfc; tl0_temp = 0x43 TR0 = 1;     }//置 1 音初值,启动 T0
          if(i == 0xFD)   //2 键按下
          {    th0_temp = 0xfc; tl0_temp = 0xab; TR0 = 1;     }//置 2 音初值,启动 T0
          if(i == 0xFB)   //3 键按下
          {    th0_temp = 0xfd; tl0_temp = 0x08; TR0 = 1;     }//置 3 音初值,启动 T0
     }
}
```

【任务实施 2】十四键弹奏

一、任务分析

设置十四个按键,不同按键按下时发出不同的单音。

二、任务实施步骤

(1)在 Proteus 中绘制单片机控制十四个按键的电路图。
(2)利用 KEIL 软件编写十四键弹奏程序。
(3)编译、调试、运行。

三、硬件电路设计

如图 3-7 所示,单片机的 P1 口中的 P1.0～P1.6 七个引脚作为行线,P2 口中的 P2.0～P2.1两个引脚作为列线,P3.0 接蜂鸣器。

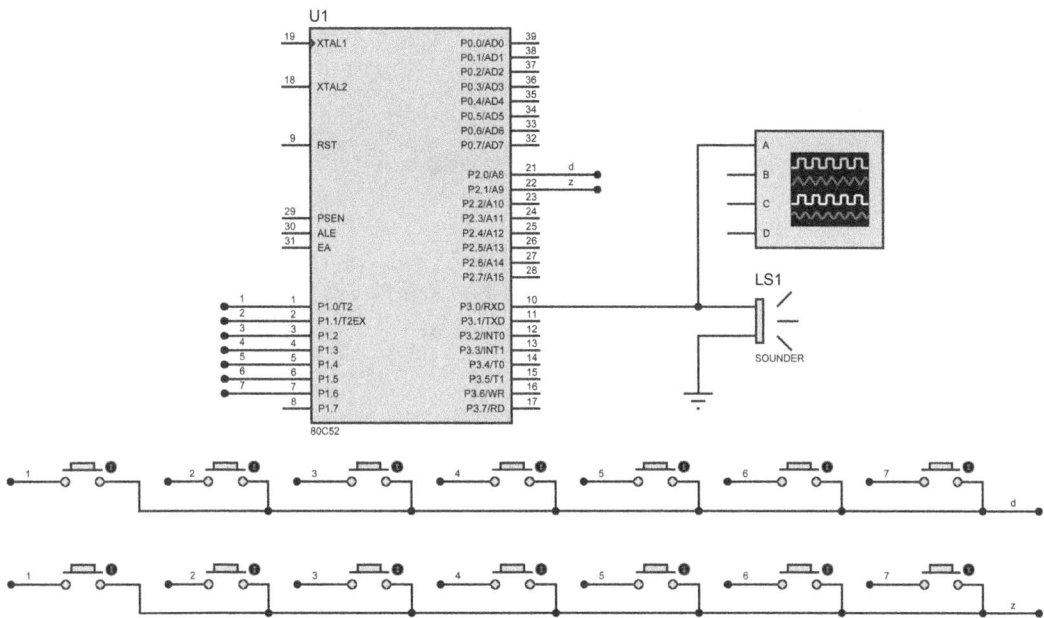

图 3-7　十四键电子琴的电路图

四、程序设计

```
/*项目三任务一任务实施2示例程序,T0方式1定时,P3.0输出方波,中断方式*/
#include "reg52.h"
    sbit P3_0 = P3^0;                //定义蜂鸣器输出引脚
    unsigned char tl0_temp = 0,th0_temp = 0;//定义全局变量
    code int Table[14] =             //每个按键对应的行列扫描码的数组
    {0xfefe,0xfefd,0xfefb,0xfef7,0xfeef,0xfedf,0xfebf,
     0xfdfe,0xfdfd,0xfdfb,0xfdf7,0xfdef,0xfddf,0xfdbf};
    code int T_temp[14] =            //每个按键对应的音频定时计数初值的数组
    {63628, 63835, 64021, 64103, 64260, 64400, 64524,
     64580, 64684, 64777, 64820, 64898, 64968, 65030};
    int fastfound()                  //判断行列式键盘是否有键按下的快速扫描函数
    {   unsigned char keyin;
        P1 = 0;                      //行输出0
        P2 = 0xff;                   //列作输入准备
        keyin = P2;                  //读取列信息
        keyin = keyin&0x03;          //排除无连接引脚信息
        if(keyin == 0x03)            //判断是否有键按下
            return(0);               //无键按下,返回0
        else
            return(1);               //有键按下,返回1
```

```c
}
int    keyfound()                     //判断行列式键盘哪个键按下的函数(反转法)
{      int keyvalue,keyin_x,keyin_y,keyin,i;
       keyvalue = 0;
       P2 = 0xff;                      //列作输入准备
       P1 = 0;                         //行输出 0
       keyin_y = P2;                   //读取列信息
       keyin_y = keyin_y<<8;           //将列信息向左移动 8 位
       P1 = 0xff;                      //行作输入准备
       P2 = 0;                         //列输出 0
       keyin_x = P1;                   //读取行信息
       keyin_x = keyin_x&0x00ff;       //清除行信息的高 8 位
       keyin = keyin_x|keyin_y;        //合并行列信息,列为高 8 位,行为低 8 位
       for(i = 0;i<14;i++)             //循环对比
           if(Table[i] == keyin)       //判断行列合并信息是否与行列扫描码一致
           {    keyvalue = i;           //获取键号
                break;                  //退出循环
           }
       return(keyvalue);               //返回键号值
}
void INTT0() interrupt 1              //T0 中断服务程序,中断号为 1
{      TH0 = th0_temp;TL0 = tl0_temp; //重置 T0 初值
       P3_0 = ~P3_0;                   //输出取反,产生方波
}
void main(void)
{      int key;
       TMOD = 0X01;                    //T0 定时 方式 1
       ET0 = 1; EA = 1;                //设置 T0 中断允许
       while(1)
       {    if(fastfound() == 1)        //判断是否有键按下
            {    key = keyfound();       //读取键号
                 th0_temp = T_temp[key]/256;   //放置键号对应的音频定时初值高 8 位
                 tl0_temp = T_temp[key]%256;   //放置键号对应的音频定时初值低 8 位
                 TR0 = 1;               //启动 T0
            }
       else  //无键按下
          TR0 = 0; //停止弹奏
       }
}
```

任务二　乐曲播放

开卷有益

一、节拍的产生

用单片机播放乐曲除"音阶"、"音频"外，还与"节拍"有关，即一个音符唱多长时间。

关键字

节拍是衡量节奏的单位。在音乐中，时间被分成均等的基本单位，每个单位叫作一拍。拍子的基本时值是个相对的时间概念，比如当乐曲的规定速度为每分钟60拍时，每拍占用的时间是1s，半拍是1/2s；当规定速度为每分钟120拍时，每拍的时间是1/2s，半拍就是1/4s。基本时值一旦确定之后，各种时值的音符都与拍子联系在一起，如1拍、2拍、1/2拍、1/4拍等。

音符的节拍可以通过延时来控制。延时通常有两种方法：一种是硬件延时，要用到定时器/计数器，这种方法可以提高CPU的工作效率，也能做到精确延时；另一种是软件延时，这种方法主要采用循环体进行。

要点总结

节拍是每一个音符的持续时间，只要设定延迟时间就可求得节拍的时间。

二、存储器及其扩展

单片机的存储器采用哈佛体系结构，程序存储器和数据存储器互相独立（独立编址）。程序存储器用于存放程序及表格常数，为只读存储器（ROM）。数据存储器用于存放程序运行所需要的给定参数和运行结果，为随机存取存储器（RAM）。

不同的单片机，存储器的容量、地址空间都有所不同，具体参数要参见芯片手册。8051单片机的存储器可分为4个存储空间，如表3-3所示。

表3-3　8051的单片机的存储空间及地址范围

存储器	存储容量	物理地址
片内程序存储器	4KB	000H～FFFH
片外程序存储器	64KB	0000H～FFFFH
片内数据存储器	256B	00H～FFH
片外数据存储器	64KB	0000H～FFFFH

存储器和宿舍楼有很多类似之处:存储器由存储单元组成,存储单元一般以字节为单位,一个字节中有 8 个位;宿舍楼由寝室组成,每间寝室通常都有固定数量的床位,如一个寝室中有 8 个床位。

1. 程序存储器

51 系统单片机具有 64KB 程序存储器寻址空间,这 64KB 的空间是统一编址的,没有片内、片外分区的方式。区分片内、片外由 $\overline{EA}$ 引脚上的电平来指示。$\overline{EA}=1$,CPU 从片内的程序存储器中读取程序,当 PC 值超过片内 ROM 的容量时,才会转向外部的程序存储器读取程序。$\overline{EA}=0$,CPU 从片外的程序存储器中读取程序,并输出 $\overline{PROG}$ 选通信号。

程序存储器是由 16 位的程序计数器 PC 指示当前地址。单片机复位后,PC 的内容是 0000H,系统将从 0000H 单元开始执行程序。

在程序存储器中的 0003H~0032H,共 48B 被保留专用于中断处理程序,称为中断矢量区。中断响应后,按中断的类型自动转到各自的中断区去执行程序。

程序存储器就好比入住以后不容易退房换房的宿舍楼,比如学校里提供给学生居住的宿舍楼。中断矢量区就相当于宿舍管理员、值班老师的寝室。

2. 数据存储器

51 系统单片机具有 256B 的数据存储器。当数据存储器不够时,可扩展外部数据存储器,扩展的外部数据存储器最多是 64KB,外部数据存储器和外部 I/O 口实行统一编址,地址为 0000H~FFFFH,使用选通信号进行控制访问。

片内数据存储器可以分为工作寄存器区、位寻址区、通用 RAM 区和特殊功能寄存器区(Special Function Registers,SFR)。下面以 51 单片机为例进行讲解。

(1)工作寄存器区:共 32 个字节(00H~1FH),分成 4 个工作寄存器组,每组 8 个单元。当前工作寄存器组选择由特殊功能寄存器 PSW 中的 RS0、RS1 两位决定。具体如表 3-4 所示。

表 3-4 工作寄存器地址表

组号	RS1	RS0	名称	字节地址
0 组	0	0	R0~R7	00H~07H
1 组	0	1	R0~R7	08H~0FH
2 组	1	0	R0~R7	10H~17H
3 组	1	1	R0~R7	18H~1FH

(2)位寻址区:共 16 个单元,128 位。每个单元都可以字节寻址,字节地址范围是 20H~2FH;每个位都有一个位地址,可以进行位寻址,位地址范围是 00H~7FH。具体如表 3-5 所示。

(3)通用 RAM 区:共 80 字节(30H~7FH)。可作为堆栈区、数据缓冲区等。

(4)SFR 区:是单片机中各功能部件对应的寄存器,具体参见表 1-6。用户在编程时可以对其设定值,但不能移作他用。

数据存储器就好比租房退房换房非常方便的宿舍楼,比如学校里提供给外来培训人员居住的宿舍楼。工作寄存器区是那些入住频率最高的房间,被分成了四个区,每个房间都用代号表示,不同时间开放不同的区,一个时间只开放一个区,只允许包房。位寻址区中每个房间的床位都可以单独提供给客人,当然也支持包房。通用 RAM 区是普通房间,SFR 区是特殊房间,只能给指定的人住。

表 3-5 位寻址区地址表

字节地址	位地址							
	D7	D6	D5	D4	D3	D2	D1	D0
20H	07H	06H	05H	04H	03H	02H	01H	00H
21H	0FH	0EH	0DH	0CH	0BH	0AH	09H	08H
22H	17H	16H	15H	14H	13H	12H	11H	10H
23H	1FH	1EH	1DH	1CH	1BH	1AH	19H	18H
24H	27H	26H	25H	24H	23H	22H	21H	20H
25H	2FH	2EH	2DH	2CH	2BH	2AH	29H	28H
26H	37H	36H	35H	34H	33H	32H	31H	30H
27H	3FH	3EH	3DH	3CH	3BH	3AH	39H	38H
28H	47H	46H	45H	44H	43H	42H	41H	40H
29H	4FH	4EH	4DH	4CH	4BH	4AH	49H	48H
2AH	57H	56H	55H	54H	53H	52H	51H	50H
2BH	5FH	5EH	5DH	5CH	5BH	5AH	59H	58H
2CH	67H	66H	65H	64H	63H	62H	61H	60H
2DH	6FH	6EH	6DH	6CH	6BH	6AH	69H	68H
2EH	77H	76H	75H	74H	73H	72H	71H	70H
2FH	7FH	7EH	7DH	7CH	7BH	7AH	79H	78H

3. 存储器的扩展

由于 51 系列单片机内部存储器的容量较小,在实际使用时需要由外部扩展程序存储器或数据存储器。外部程序存储器一般由 EPROM、EEPROM 或 Flash 快闪存储器构成,其特点是断电以后,信息不会丢失。外部数据存储一般由 RAM 存储器构成。

在 51 单片机扩展系统中,一般采用三总线结构。

(1)地址总线:由 P2 口提供高 8 位地址线,由 P0 口提供低 8 位地址线。P2 口具有输出锁存功能,能保留地址信息。

(2)数据总线:由 P0 口提供。

(3)控制总线:扩展系统时常用的控制信号为:地址锁存信号 ALE、片外程序存储器取指信号 $\overline{PSEN}$、数据存储器 RAM 和外围接口共用的读写控制信号 $\overline{WR}$、$\overline{RD}$ 等。

例:用一片 SRAM6264、一片 EPROM2764 扩展 8031 单片机系统。6264、2764 均有 13 根地址线(A0~A12),有 8KB(8B×8K)的存储容量。这 8KB 地址空间在单片机的存储空间(64KB)中被分配在什么位置,由单片机未用的高位地址线(Al3～A15)产生的片选信号来决定。

如图 3-8 所示,使用 ALE 配合 74LS373 将 P0.0～P0.7 分离为数据和低 8 位地址信号线,P2.0～P2.4 作为高 5 位地址信号线,P2.7 引脚连接 6264 的 $\overline{CE}$ 引脚用于使能 6264。由于 8031 单片机内部没有程序存储器,将其 $\overline{EA}$ 引脚接地,将 2764 的 $\overline{CE}$ 引脚也直接接地。单片机的 $\overline{RD}$、$\overline{WR}$ 引脚分别连接到 6264 的 $\overline{OE}$、$\overline{WE}$ 引脚用于控制读写,$\overline{PSEN}$ 连接 2764 的 $\overline{OE}$ 引脚。

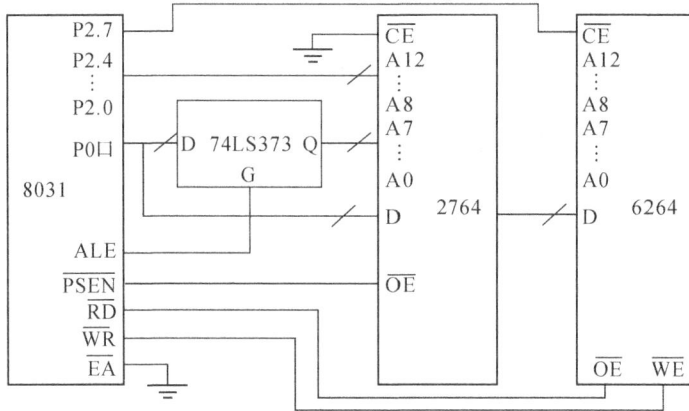

图 3-8　8031 单片机系统扩展电路

三、绝对地址的引用

1. 变量定义时说明存储器类型

完整的变量定义在说明数据类型的同时还指出变量的存储种类、存储器类型,以便编译系统为它分配相应的存储单元。C51 变量的存储种类、存储器类型分别如表 3-6、表 3-7 所示。

完整的变量定义格式为:**存储种类 数据类型说明符 存储器类型 变量名;**

如定义一个存放在程序存储器中的字符型外部变量 b:extern char code b;

表 3-6　C51 变量的存储种类

存储种类	符号	说明
自动	auto	作用范围在定义它的函数体或复合语句内部。定义变量时,若省略存储类型,则该变量默认为自动变量
外部	extern	在程序整个执行时间内都有效。不加说明直接定义在函数外部的变量也为外部变量
静态	static	内部静态变量定义在函数体内部,只有在函数体内有效,并一直存在。外部静态变量定义在函数体外部,只在文件内部有效,并一直存在
寄存器	register	存放在内部的寄存器中。处理速度快,但数目少。C51 编译器能自动定义使用频率高的变量为寄存器变量,用户无需专门声明

表 3-7　C51 编译器支持的存储器类型

存储器类型	存储器	说明
data	片内 RAM	直接寻址的片内 RAM,访问速度快
bdata	片内 RAM	片内 RAM 的可位寻址区,允许字节和位混合访问
idata	片内 RAM	间接寻址访问的片内 RAM,允许访问全部片内 RAM
pdata	片外 RAM	用 Ri 间接访问的片外 RAM
xdata	片外 RAM	用 DPTR 间接访问的片外 RAM
code	程序存储器	程序存储器空间

变量默认的存储器类型与存储模式有关。C51 编译器支持三种存储模式,如表 3-8 所示。通过♯pragma 预处理命令来实现存储器模式的指定,如:♯pragma large。如果没有指定,则系统默认为 small 模式。

表 3-8　C51 编译器支持的存储模式

存储模式	含义	默认的存储器类型
small	小编译模式	data
compact	紧凑编译模式	pdata
large	大编译模式	xdata

2. 使用绝对地址预定义宏

在 C51 的 absacc.h 头文件中包含了大量的绝对地址宏定义,可以使用其来将一个变量定义到某个绝对地址空间。使用时需用预处理命令把该头文件包含到文件中,形式为♯include ＜absacc.h＞。访问形式如下:**宏名［地址］**,如 XBYTE［0x0005］。宏名为 CBYTE、DBYTE、PBYTE、DWORD、PWORD、XWORD。地址为存储单元的绝对地址,一般用十六进制形式表示。

各宏名对应的访问对象如下:CBYTE 以字节形式对 code 区寻址,DBYTE 以字节形式对 data 区寻址,PBYTE 以字节形式对 pdata 区寻址,XBYTE 以字节形式对 xdata 区寻址,CWORD 以字形式对 code 区寻址,DWORD 以字形式对 data 区寻址,PWORD 以字形式对 pdata 区寻址,XWORD 以字形式对 xdata 区寻址。

3. 使用 C51 扩展关键字_at_

使用_at_对指定的存储器空间的绝对地址进行访问,一般格式如下:

［存储器类型］数据类型说明符 变量名 _at_ 地址常数;

其中存储器类型可以是 data、bdata、idata、pdata 和 xdata 中的一种,如省略则按存储模式规定的默认存储器类型确定变量的存储器区域;地址常数用于指定变量的绝对地址,必须位于有效的存储器空间之内。使用_at_定义的变量必须为全局变量。

比如在 xdata 区中定义字符型变量 x,地址为 2000H,语句为:

```
xdata char x _at_ 0x2000;
```

4.通过指针访问

采用指针的方法,可以实现在 C51 程序中对任意指定的存储器单元进行访问。

【学习任务】

【任务描述】
用单片机与蜂鸣器制作出能发出音乐的简易电子琴。

【任务目标】
利用 STC89C52 内部的定时器和引脚,控制蜂鸣器实现乐曲播放。

【知识准备】
(1)电子琴弹奏。

(2)节拍的产生。

(3)绝对地址的引用。

【器材准备】
计算机一台,并安装 Proteus、KEIL 软件,耳机。

【任务实施】简单乐曲的播放

一、任务分析

用单片机控制蜂鸣器播放一首简单的曲子。

二、任务实施步骤

(1)在 Proteus 中绘制单片机控制蜂鸣器的电路图。

(2)利用 KEIL 软件编写简单乐曲播放程序。

(3)编译、调试、运行。

三、硬件电路设计

乐曲播放的电路是电子琴的缩减版,如图 3-9 所示。通过示波器观察音频的波形。

四、程序设计

用单片机演奏简单的乐曲,最重要的就是根据乐曲中每一个音符的音调和节拍编出相应的乐曲编码。较简单的方式是根据乐谱设计两个数组,一个设置音调的定时器初值,一个设置节拍的延时值,两个数组的元素之间一一对应。

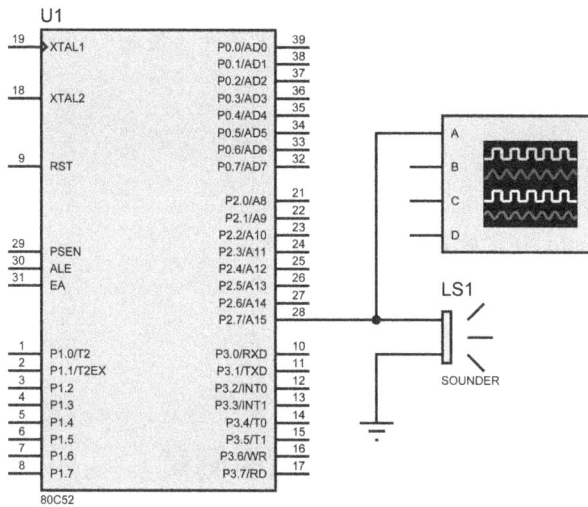

图 3-9　乐曲播放的电路图

```
/* 项目三任务二任务实施 1 示例程序,T1 方式 1 定时,P2.7 输出方波,中断方式 */
# include "reg51.h"
sbit P2_7 = P2^7;//定义蜂鸣器输出引脚
unsigned int code yinpin[8] = {64260,64400,64524,64580,64684,64777,64820,64898};
//中音 1、中音 2、中音 3、中音 4、中音 5、中音 6、中音 7、高音 1 八个音的音频计数值
unsigned int code jiepai[8] = {4,4,4,4,4,4,4,8};
//1、2、3、4、5、6、7、1 八个音的节拍计数值
unsigned char th1_temp,tl1_temp;//定义全局变量
void DELAY(unsigned char  dely)//延时函数
{    unsigned char temp1,temp2;
     do
     {    for(temp1 = 0;temp1<100;temp1 ++ )
          for(temp2 = 0;temp2<200;temp2 ++ );
     }while(dely -- );
     }
main()
{    unsigned char i;
     TMOD = 0X10;//定时器工作方式设置:T1 定时 方式 1
     ET1 = 1;EA = 1;//中断允许设置
     TR1 = 1;//启动 T1
     i = 0;//设置音频初始值
     while(1)
     {    th1_temp = (yinpin[i]/256);//读取音调计数值高位
          tl1_temp = (yinpin[i]%256);//读取音调计数值低位
          DELAY(jiepai[i]);//调用延时函数
```

```
        i++ ; //指向下一个音
        if(i>7){i = 0;}   //一曲结束,重新开始播放
    }
}
void INTT1() interrupt 3//T1中断服务程序
{    TH1 = th1_temp; //定时器重置初值(高位)
     TL1 = tl1_temp; //定时器重置初值(低位)
     P2_7 = ~P2_7; //输出取反
}
```

任务三　频率测量

通过单片机的定时/计数器,可以测量外部输入脉冲的频率/周期。测量一个信号的频率有两种方法,即测时法和测数法。

一、用定时/计数器测量脉宽

测时法是用基准信号去测量被测信号高/低电平所持续的时间,然后转换成被测信号的频率。用单片机查询输入脉冲的高/低电平,在一个周期内使用单片机的定时/计数器进行计数,再将计数值乘以单片机的机器周期即为输入脉冲的周期。为了减少误差,可采用多次测量计算平均值的方法。

由于 TMOD 中有一个门控信号位,当该位被置"1"的时候,只有单片机的外部中断引脚上为高电平时 T0、T1 才计数,所以,可以利用这个特点来测量一个外加到 $\overline{INT0}$(P3.2)、$\overline{INT1}$(P3.3)引脚上的高电平的宽度。

使用 T0、T1 测量脉宽时,应设置 TMOD 中相应的 GATE 位为1,此时定时/计数器收到外部中断引脚和 TR0、TR1 位的双重控制。可以在外部电平为低电平时启动定时器,然后当引脚上电平变为高电平之后开始计数,同时监视引脚电平变化,当电平再次变为低电平时停止计数,此时的 TH、TL 寄存器内容则为电平宽度对应的计数值。

使用 T2 的捕获工作方式也可用方便地测量一个信号的脉冲宽度。

要点总结

利用 T0、T1 的定时工作方式及门控位,可以测量外部输入信号的高电平时间。

二、定时/计数器的计数应用

测数法是在计算在一个基准信号期间所通过的被测信号个数。将单片机的一个定时/计数器用作定时，另一个定时/计数器用作计数，在定时时间（1s）内对被测信号脉冲进行计数。

定时/计数器 T0、T1 用作"计数器"时，计数器对在其对应的外输入端 T0（P3.4）或 T1（P3.5）上的外部脉冲信号进行计数，每出现一个"1→0"的下跳变时加 1。此操作中，在每个机器周期的 S5P2 期间采样外部输入信号，当一个周期的采样值为高电平，而下一个周期采样值变为低电平时，计数器加 1。新的计数值在检测到跳变后的下一个周期的 S3P1 期间完成。由于识别一个从"1→0"的跳变要用两个机器周期（24 个振荡周期），所以最快的计数速率是振荡频率的 1/24。外部输入信号的速率是不受限制的，但必须保证给出的电平在变化前至少被采用一次，即它应该至少保持一个完整的机器周期。

使用 T0、T1 进行计数时，应设置 TMOD 中相应的 C/$\overline{\text{T}}$ 位为 1，使定时/计数器工作于计数状态。当外部引脚上检测到一个下降沿脉冲信号之后让内部计数器加 1，在计数器计满溢出之后产生一个中断事件，然后在中断事件中进行检查在此次溢出之前进行了多少次计数，即可得到对应的计数值。

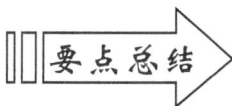

要点总结

利用 T0、T1 的计数工作方式，可以测量外部输入信号的个数，结合定时应用即可测出频率。

【学习任务】

【任务描述】

利用 STC89C52 单片机的定时/计数器对输入信号的宽度、个数、频率进行测量，并将测量的结果通过数码管动态显示出来。

【任务目标】

（1）第一阶段任务目标：利用单片机定时/计数器测量脉冲宽度。

（2）第二阶段任务目标：利用单片机定时/计数器对外部脉冲计数。

（3）第三阶段任务目标：利用单片机实现 0～200kHz 信号的频率测量。

（4）总体目标：利用 STC89C52 内部的定时器和引脚，进行简易的频率测量。

【知识准备】

（1）1s 定时。

（2）数字频率计的工作原理。

（3）用定时/计数器测量脉宽。

（4）定时/计数器的计数应用。

【器材准备】

计算机一台，并安装 Proteus、KEIL 软件。

【任务实施 1】用定时/计数器测量脉冲宽度

一、任务分析

利用单片机的定时/计数器的门控功能,测量正脉冲宽度。

二、任务实施步骤

(1)脉冲宽度测量的电路原理图设计。
(2)脉冲宽度测量的软件设计。
(3)联调,用 KEIL 和 Proteus 进行软/硬件仿真。

三、硬件电路设计

如图 3-10 所示,计数脉冲由 PULSE 产生(自行设置频率),从 P3.2 引脚接入。P2 口输出定时计数值的高 8 位,P1 口输出定时计数值的低 8 位,均用 LOGIGPROBE[BIG]显示二进制值。

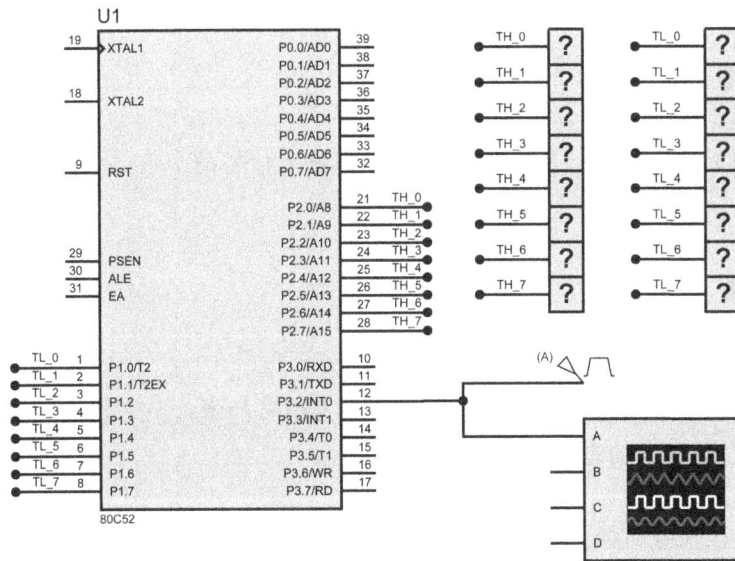

图 3-10　脉冲宽度测量的电路图

四、程序设计

```
#include<at89x52.h>
main()
{    TMOD = 0X09;  //T0 门控定时方式1
     TH0 = 0; TL0 = 0;  //T0 计数初值为 0
     P2 = 0;P1 = 0;  //端口清零
     TR0 = 1;  //启动 T0
```

```
    while(1)
    {    while(P3_2 == 0);//等待电平为高
         while(P3_2 == 1);//等待电平为低
         P2 = TH0;  //P2 输出 TH0 的值
         P1 = TL0;  //P1 输出 TL0 的值
         TH0 = 0; TL0 = 0;//清空 TH0、TL0
    }
}
```

【任务实施 2】用定时/计数器对外部脉冲计数

一、任务分析

利用单片机的定时/计数器的计数功能统计按键的次数,每按 N 次软件计数器加 1,并在数码管上显示软件计数器的值。若设置 $N=1$,软件计数器的值即为按键的次数;若 $N>1$,软件计数器的值是按键次数的 N 倍。

二、任务实施步骤

(1)脉冲计数的电路原理图设计。
(2)脉冲计数的软件设计。
(3)联调,用 KEIL 和 Proteus 进行软/硬件仿真。

四、硬件电路设计

如图 3-11 所示,用单片机的 T0 进行计数,计数脉冲从 P3.4 引脚接入。P2 口输出软件计数值的值,P1 输出定时计数值的低 8 位,用 LOGIGPROBE[BIG]显示二进制值。

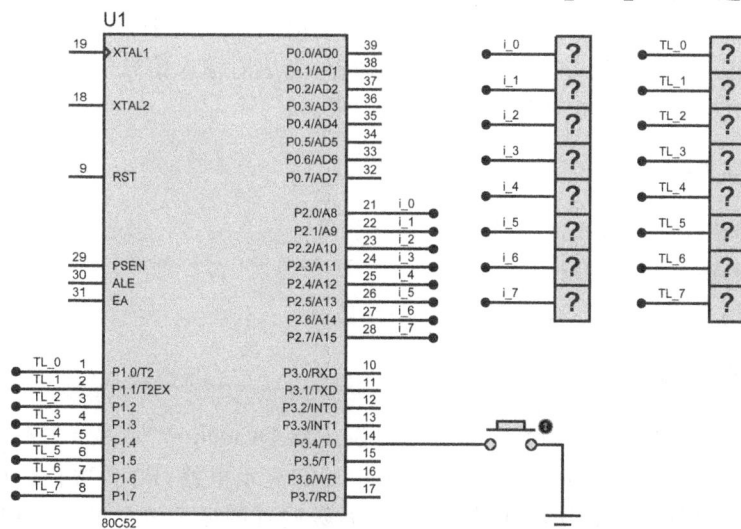

图 3-11　脉冲计数器的电路图

五、程序设计

设置 $N=10$，即每按 10 下，软件计数器加 1，若软件计数值大于 9，清零，重新开始计数。采用 T0，用中断方式编程。

```c
/* 项目三任务三任务实施 2 示例程序 */
#include <reg51.h>
unsigned char i = 0;              //软件计数器,全局变量
void main()
{    TMOD = 0x06;                 //定时器工作方式设置(T0 计数 方式 2)
    TH0 = 256 - 10;              //重装计数初值设置
    TL0 = 256 - 10;             //计数初值设置
        TR0 = 1;                //定时器 T0 启动设置
        EA = 1; ET0 = 1;         //中断允许设置
    P2 = 0;                     //端口初始化
        while(1) P1 = TL0;       //P1 输出 TL0 的值
}
void time0_int(void)interrupt 1 //T0 中断服务程序
{    i++;                        //软件计数值加 1
    if(i>9)i = 0;               //大于 9,清零
    P2 = i; //P2 输出 i 的值
}
```

【任务实施 3】设计简易频率计

一、任务分析

频率计是将传感器输入到单片机的频率信号实时地测量出来，并通过显示电路显示出测量频率。利用 STC89C52 单片机的定时/计数器，完成对输入信号的频率（0～200kHz）进行测量，测量的结果通过 8 位动态数码管显示出来。

二、任务实施步骤

(1)简易频率计的电路原理图设计。
(2)简易频率计的软件设计。
(3)联调，用 KEIL 和 Proteus 进行软/硬件仿真。

三、硬件电路设计

被测信号由激励源 ◎ 中的数字时钟信号发生器 DClock 产生，从 P3.4 引脚接入单片机。用 8 个共阴极数码管显示频率的数字，采用动态显示电路，P0 口接段码输入端，P2 口接位码控制端。自行设置 DClock 的信号频率，若数码管的显示值与设置值相同，说明频率计能正常工作。具体的电路原理图如图 3-12 所示。

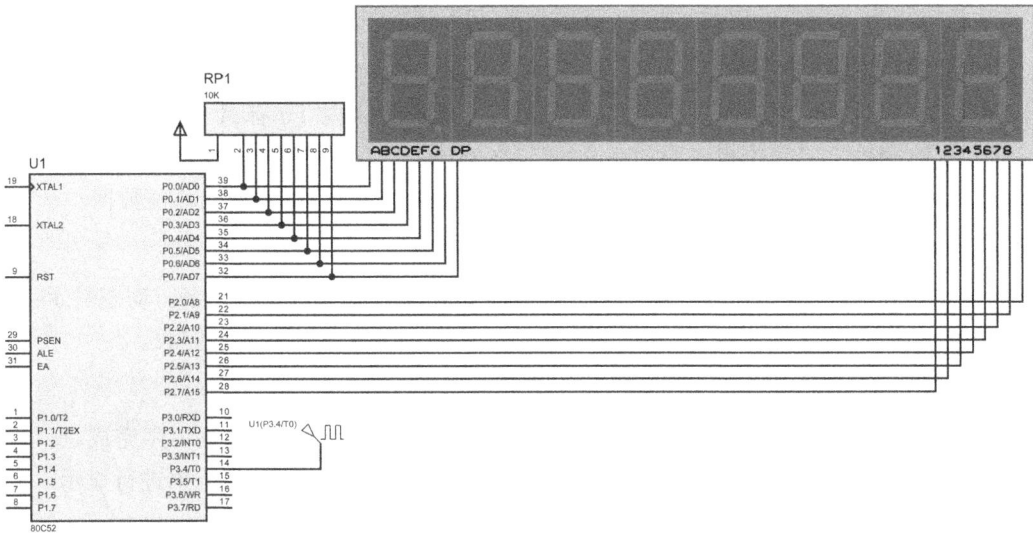

图 3-12　简易频率计的电路图

四、程序设计

相比较,采用测数法,即测出 1s 内的输入被测信号的个数,来实现频率的测量比较简单。通过分析,实现简易频率计要完成四个任务,分别是:1s 定时、对输入信号进行计数、频率计算及频率转换为显示数据、动态显示。1s 定时,可以通过单片机内部的定时/计数器来完成,不需要额外的硬件电路。对输入信号进行计数,也可以用单片机内部的定时/计数器来完成,不需要另外的硬件电路,只需要将外部的计数脉冲连接到对应的引脚上。本设计中选择 T1 作为定时用,T0 作为计数用,所以将计数脉冲连接到对应的 T0 引脚(P3.4,第二功能)。

要同时完成多个实时任务,只有使用中断的方式进行任务分割,可以用定时器 T0、T1 及其中断服务程序和主程序共同来完成。

1. 1s 定时

可用 T1 中断完成 1s 的定时。设晶振频率为 12MHz。T1 工作在定时状态下,最大定时时间约为 65.536ms,达不到 1s 的定时,所以采用定时 50ms,共定时 20 次,即可完成 1s 的定时功能。每定时 1s 时间到,就停止 T1 的计数,而从 T1 的计数单元中读取计数的数值,然后进行数据处理,送到数码管显示出来。

2. 对输入信号进行计数

可用 T0 中断完成输入信号的计数。T0 是工作在计数状态下,对输入的频率信号进行计数。由于单片机的工作频率 $f_{osc}=12$ MHz,工作在计数状态下的 T0,最大计数值为 $f_{osc}/24$,因此 T0 能计数的脉冲的最大计数频率为 12 MHz/24=500kHz。对于频率大于此值的脉冲,需要在计数前面加上分频器,分频后再进行计数。

作为定时器 T0,为了得到 1s 内的频率值,需要在定时 1s 之前将其初始值赋为 0。

同时,由于 T0 的最大计数值为 65536,小于要求计数的频率的最大值,因此,在 1s 内,完全有可能产生溢出,对此,采用与定时 1s 的类似的方法,使用软件来记录计数器有几次溢出。

3. 频率计算及频率转换为显示数据

可在 1s 定时时间到时通过调用函数的形式出现。若 1s 内 T0 有 A 次溢出,最后 T0 的计数值为 B,则输出信号的频率为:$f = A \times 65536 + B$。

将频率转换为显示所需的数据,可以采用循环除 10、取模的方法得到各位数据。

4. 动态显示

可采用动态显示方式把转换得到的各位数据在 8 个数码管上显示出来。动态显示因人视觉的不敏感,对实时要求最低,可在主程序中循环调用动态显示函数来完成。

5. 主程序

因为将定时 1s 和对外部脉冲进行计数的任务都由定时器及中断服务程序完成,所以在主程序中,除了对定时/计数器及相关变量初始化外,主要就是将计数的结果进行显示。

参考程序:

```c
# include <AT89X52.H>
# define uchar unsigned char
uchar disp[8];
uchar T0count, Tlcount;
void display()
{    uchar i,j,k = 0x80;
     uchar code dispcode[] = {0x3F,0x06,0x5B, 0x4F,0x66,0x6D, 0x7D, 0x07,0x7F,0x6F};
     /*    0,1,2,3,4,5,6,7,8,9  */
     for(i = 0;i<8;i++)
     {    P2 = 0xff;      //关闭显示
          P0 = dispcode[disp[i]];//输出段码
          P2 = ~k;        //输出位码
          for(j = 250;j>0;j--);    //延迟
          k = k>>1;
     }
     P2 = 0xff;
}
void calc()   /* 函数 calc 将频率转换为显示的数据 */
{    uchar i;
     long frequency;      //定义变量 frequency 为 long 型变量
     frequency = T0count * 65536 + TH0 * 256 + TL0;//计算频率值
     for(i = 7;i>0;i--)
     {    disp[i] = frequency%10;//实现将频率转换到显示数组
          frequency = frequency /10;
     }
```

```
        disp[0] = frequency;
}
void init()   /* 函数 init 实现对变量的初始化 */
{    T0count = 0;
     T1count = 0;
     TH0 = 0;
     TL0 = 0;
}
void main()
{    init();      //调用初始化函数
     TMOD = 0x15;     /* 将 T1 设置为模式 1、定时方式,T0 为模式 1、计数方式 */
     TH1 = (65536 - 50000)/256; TL1 = (65536 - 50000)%256;//定时 50ms 的初始值
     ET1 = 1; ET0 = 1; EA = 1;
     TR1 = 1; TR0 = 1;
     while(1)
     {    display( );   } //一直调用显示函数
}
void time0( ) interrupt 1     //定时器 0 的中断服务程序
{    T0count ++ ;   }   //计算 T0 在 1s 内中断了几次
void time1( ) interrupt 3     //定时器 1 的中断服务程序
{    TH1 = (65536 - 50000)/256;     //高 8 位的初始值
     TL1 = (65536 - 50000)%256;      //低 8 位的初始值
     T1count ++ ;
     if (T1count == 20)     //1 s 是否到了
     {    calc();     //计算频率,并送显示
          init();     //初始化
     }
}
```

【项目总结】

项目三电子琴是对定时/计数器、中断、按键的又一次应用,重点学习定时/计数器的定时初值计算。这个项目的趣味性较高,同学们可以根据个人喜好,编写程序实现不同的乐曲。鉴于参考设计内容比较基础,读者可以根据自己所需进一步完善提高。

对项目三的学习评价可参考表 3-9。专业能力以六个任务实施为单位进行评分,参照表 3-10。

表 3-9 项目三评价成绩表

学号	姓名	专业能力60%						职业核心能力及职业素养40%								项目总评
		电子琴		乐曲播放(20)	频率测量			自我学习(20)	信息处理(10)	数字应用(10)	与人合作(15)	与人交流(15)	解决问题(10)	创新革新(10)	6S执行力(10)	
		七键(15)	21键(15)		测脉宽(15)	计个数(15)	频率计(20)									
001																
002																

表 3-10 项目三任务实施评分表

评价项目	要求	评分标准	配分	自查分	得分
方案设计	1.收集相关资料; 2.制定初步设计方案。	1.资料不全扣1分; 2.没有初步方案扣1分。	2		
电路设计	1.电路设计合理、正确; 2.元件放置合理、美观; 3.导线连接规范。	1.电路设计不正确扣1分; 2.元件放置不正确扣1分; 3.导线连接不规范扣1分。	3		
程序设计	1.流程图设计规范、正确; 2.源程序编写正确。	1.流程图设计不正确扣1~2分; 2.程序编写不正确扣1~8分;	5/10		
调试运行	1.用KEIL软件编译调试; 2.用Proteus仿真运行; 3.及时解决调试中的问题。	1.不会用KEIL软件扣1分; 2.不会用Proteus扣1分; 3.调试结果不正确扣1~3分。	5		
项目总结	1.按时完成设计总结报告; 2.写出设计过程、学习经验。	1.未按时完成报告扣1分; 2.没有体现个人特色扣1分。	2		
总分合计			15/20		

【思考练习】

1.蜂鸣器有哪些分类,各有什么特点?

2.设计一个简单的门铃控制系统。按下按键时,蜂鸣器发出"叮咚"的声音。

3.针对本项目任务一进行适当修改,分别实现下列要求:

(1)设置8个电子琴键,能够通过按键发出8个不同的音。

(2)设置24个电子琴键,能够通过按键发出24个不同的音。

4.设计一个8键电子琴,实现低、中、高21个音。如1~7号键用于控制音符,8号键用于切换音区。

5.针对本项目任务二进行适当修改,分别实现下列要求:

(1)播放一首完整的乐曲。

(2)播放两首完整的乐曲。

(3)设置一个开关,切换播放的歌曲。

(4)结合任务一,设置一个功能开关,可选择弹奏乐曲或播放乐曲。

6.设计一个简易点唱机。至少设置 5 首歌曲,通过对按键的控制切换不同歌曲的播放,实现点唱的功能,并在数码管上显示播放乐曲的数字编号。

7.编写模仿警车、救护车声音的程序。

8.当单片机应用系统的外部中断不够用时,可以把定时/计数器作为外部中断使用。编写把定时/计数器 T0 用作外部中断的初始化程序。

9.编写程序,利用定时/计数器 T1 对外部事件计数,每计数 1000 个脉冲后,通过 P1.0 发出一个脉冲信号。

10.针对本项目任务三实施二进行适当修改,分别实现下列要求:

(1)延长闸门时间,实现较低频率的测量。

(2)在硬件电路上外加分频器,测量更高频率。

(3)使用测量周期的方法,测量较低频率的信号。

(4)综合使用测量周期和频率的方法,实现高精度的频率测量。

串口通信

【引言】

从计算机问世开始,串口通信技术就开始发展。采用计算机进行控制的各种设备通常都使用串口通信技术与计算机通信。随着现代信息技术的飞速发展和计算机网络的普遍,实现计算机通信的方式越来越多。考虑到现有网络和设备的状况,新技术的使用目前只能在部分领域和地区使用。而占主导地位的串行通信技术因其连接简单、使用灵活方便、数据传递可靠,造价低廉等优点,在工业监控、数据采集、智能控制和实时控制系统中得到普遍应用。本项目就介绍串口通信的相关知识和使用。

开卷有益

一、了解串口通信

关键字

1.通信的基本方式

并行通信是指数据的各位同时进行传送的通信方式,如图 4-1 所示。

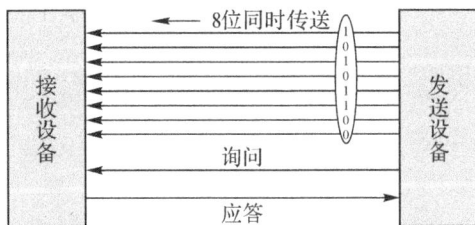

图 4-1　并行通信

串行通信是指数据一位一位地顺序传送的通信方式,如图 4-2 所示。与并行通信相比,串行通信的传输速度比较慢,但优点却非常突出:传输距离长,可以从几米到几千米;通信时钟频率容易提高;抗干扰能力十分强,其信号间的相互干扰完全可以忽略。

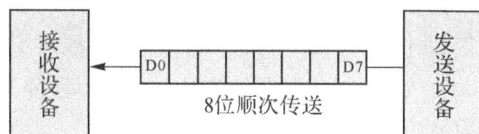

图 4-2　串行通信

2. 串口通信中的数据传送方向

通过单线传输信息是串行数据通信的基础。数据通常是在两个站(点对点)之间进行传输,按照数据流的方向分为:单工、半双工、全双工,如图 4-3 所示。

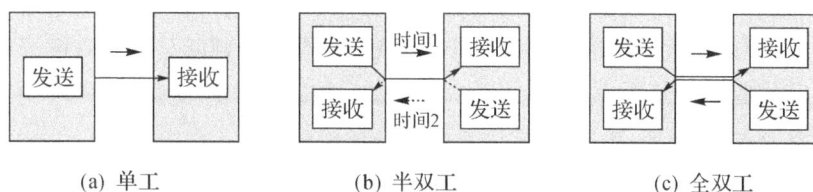

(a) 单工　　　　　　　(b) 半双工　　　　　　　(c) 全双工

图 4-3　点-点串行通信方法

单工,通信双方中,一方固定为发送端,另一方则固定为接收端。信息只能沿一个方向传输。一般用在只向一个方向传输数据的场合,例如计算机与打印机之间的通信。

半双工,通信双方既可发送数据又可接收数据,但不能同时进行发送和接收。在任何时刻只能由其中的一方发送数据,另一方接收数据。

全双工,通信双方都能在同一时刻进行发送和接收操作。每一端都有发送器和接收器,有两条传输线,可在交互式应用和远程监控系统中使用,信息传输效率较高。

3. 串口通信的方式

同步通信,是一种比特同步通信技术,要求发收双方具有同频同相的同步时钟信号,只需在传送报文的最前面附加特定的同步字符,使发收双方建立同步,此后便在同步时钟的控制下逐位发送/接收。同步通信的好处是传输效率高,传输线布置简单、经济,但同步设备复杂,要获得精准的同步时钟较困难。

异步通信,不要求双方同步,收发方可采用各自的时钟源,双方遵循异步的通信协议,以字符为数据传输单位,发送方传送字符的时间间隔不确定。发送端可以在任意时刻开始发送字符,因此必须在每一个字符的开始和结束的地方加上标志,即加上开始位和停止位,以便使接收端能够正确地将每一个字符接收下来。接收端必须时刻做好接收的准备(如果接收端主机的电源都没有加上,那么发送端发送字符就没有意义,因为接收端根本无法接收)。异步通信的好处是通信设备简单、便宜,但传输效率较低。

4. 串口通信的重要参数

串口的通信方式是将字节拆分成一个接着一个的位后再进行传输。接到此电位信号的一方将此一个一个的位组合成原来的字节,如此形成一个字节的完整传输。在传输进行的过程中,双方明确传输信息的具体方式,否则双方就会没有一套共同的译码方式,从而无法了解对方所传输过来的信息的意义。因此双方为了进行通信,必须遵守一定的通信规则。这个共同的规则就是串口的初始化。串口的初始化必须对以下几项参数进行设置。

波特率:这是一个衡量通信速度的参数。它表示每秒钟传送的 bit 的个数。例如300bps 表示每秒发送 300bit。如果协议需要 4800bps,那么时钟是 4800Hz,这意味着串口通信在数据线上的采样率为 4800Hz。

数据位:这是衡量通信中实际数据位的参数。如何设置取决于你想传送的信息。如果数据使用标准的 ASCII 码,数据位为 7 位。

停止位:用于表示单个包的最后一位。典型的值为 1,1.5 和 2 位。停止位不仅仅是表示传输的结束,而且还提供计算机校正时钟同步的机会。

校验位:是一种简单的检错方式,有偶、奇、高和低四种类型。偶、奇校验,用一个值确保传输的数据有偶个或者奇个逻辑高位。高、低校验并不真正地检查数据,而是简单置位逻辑高或者逻辑低,使得接收设备能够知道一个位的状态,有机会判断是否有噪声干扰了通信或者是否传输和接收数据是否不同步。

5. 串行接口标准

在进行串行通信的线路连接时,通常要解决两个问题。一是计算机与外设之间要共同遵守的某种约定,这种约定称为物理接口标准,它包括电缆的机械特性、电气特性、信号功能及传输过程的定义。RS-232、RS-422 及 RS-485 标准所包含的接口电缆及连接器均属此类。二是按接口标准设置计算机与外设之间进行串行通信的接口电路。

RS-232 是 PC 机与通信工业中应用最广泛的一种串行接口。它是个人计算机上的通讯接口之一,由电子工业协会(Electronic Industries Association,EIA)所制定的异步传输标准接口。通常 RS-232 接口以 9 个接脚(DB-9)或是 25 个接脚(DB-25)的型态出现在一般个人计算机上,一般会有两组 RS-232 接口,分别称为 COM1 和 COM2。如图 4-4 和表 4-1 所示。

表 4-1 9 针串口和 25 针串口常用管脚功能说明

针号		功能说明	缩写	说明
DB9	DB25			
1	8	数据载波检测	DCD	表示 DCE 已接通通信链路,告知 DTE 准备接收数据
2	3	接收数据	RXD	通过 RXD 线终端接收从 MODEM 发来的串行数据
3	2	发送数据	TXD	通过 TXD 终端将串行数据发送到 MODEM
4	20	数据终端准备好	DTR	有效时表明据终端可以使用
5	7	信号地	GND	保护地和信号地,无方向
6	6	数据设备准备好	DSR	有效时表明 MODEM 处于可以使用的状态
7	4	请求发送	RTS	用来表示 DTE 请求 DCE 发送数据
8	5	清除发送	CTS	用来表示 DCE 准备好接收 DTE 发来的数据
9	22	振铃指示	DELL	当 MODEM 收到交换台送来的振铃呼叫信号时有效

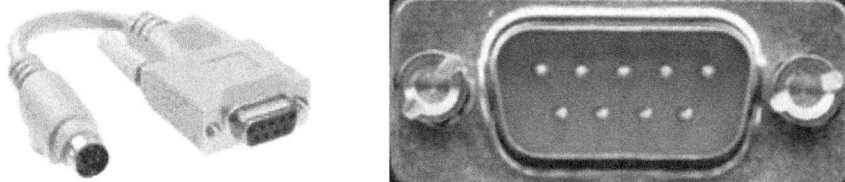

图 4-4　RS-232(9 针)接口

RS-232-C 标准规定的数据传输速率为 50、75、100、150、300、600、1200、2400、4800、9600、19200 波特。

RS-232-C 标准规定,驱动器允许有 2500pF 的电容负载,通信距离将受此电容限制,例如,采用 150pF/m 的通信电缆时,最大通信距离为 15m;若每米电缆的电容量减小,通信距离可以增加。传输距离短的另一原因是 RS-232 属单端信号传送,存在共地噪声和不能抑制共模干扰等问题,因此一般用于 20m 以内的通信。

上位机,是指人可以直接发出操控命令的计算机,是控制者和提供服务者,一般是 PC机,屏幕上显示各种信号变化(液压,水位,温度等)。

下位机,即直接控制设备获取设备状况的计算机,是被控制者和被服务者,一般是PLC、单片机,控制相关设备元件和驱动装置。

上位机发出的命令首先给下位机,下位机再根据此命令解释成相应时序信号直接控制相应设备。下位机不时读取设备状态数据(一般为模拟量),转换成数字信号反馈给上位机。简言之如此,实际情况千差万别,但万变不离其宗:上下位机都需要编程,都有专门的开发系统。

上位机和下位机之间如何通讯,一般取决于下位机。通常上位机和下位机通讯可以采用不同的通讯协议,可以采用 RS232 的串口通讯,或者采用 RS485 串行通讯。

要点总结

串行通信是数据逐位依次发送或接收的一种通信方式,适合长距离通信,具有节省传输线路、有纠错能力等突出优点,是单片机与其他系统通信的主要方式。

二、单片机的串口接口

MCS-51 系列单片机内部有一个可编程全双工串行通信接口,它具有 UART 的全部功能。该接口不仅可以同时进行数据的接收和发送,采用全双工制式,也可做同步移位寄存器使用。该串行口有四种工作方式,帧格式有 8 位、10 位和 11 位,并能设置各种波特率。

MCS-51 系列单片机的串口结构如图 4-5 所示。与 MCS-51 系列单片机串行口有关的特殊功能寄存器有 SBUF、SCON 和 PCON,下面分别详细讨论。

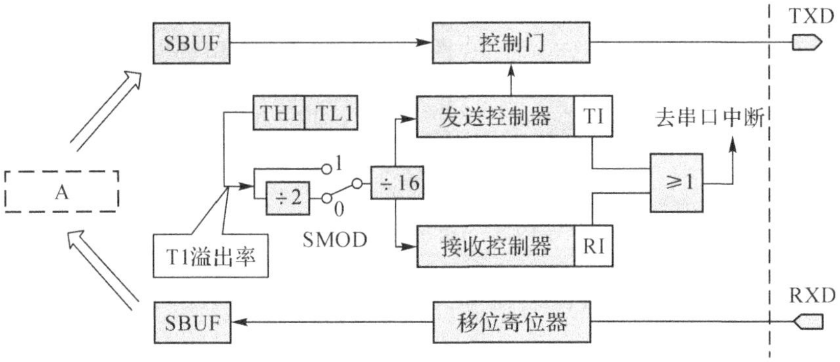

图 4-5　串行口结构

1. 串行口数据缓冲器 SBUF

SBUF 是两个在物理上独立的接收、发送寄存器，一个用于存放接收到的数据，另一个用于存放待发送的数据，可同时发送和接收数据。两个缓冲器共用一个地址 99H，通过对 SBUF 的读、写语句来区别是对接收缓冲器还是发送缓冲器进行操作。CPU 在写 SBUF 时，操作的是发送缓冲器；读 SBUF 时，就是读接收缓冲器的内容。

2. 串行口控制寄存器 SCON

SCON 用来控制串行口的工作方式和状态，可以进行位寻址，字节地址为 98H。SCON 的各位定义如下。单片机复位时，所有位全为 0。

SCON	bit 7	bit 6	bit 5	bit 4	bit 3	bit 2	bit 1	bit 0
位地址	9FH	9EH	9DH	9CH	9BH	9AH	99H	98H
位名称	SM0	SM1	SM2	REN	TB8	RB8	TI	RI

（1）SM0、SM1：串行方式选择位。定义如表 4-2 所示。

表 4-2　串行口的工作方式

SM0	SM1	工作方式	功能	波特率
0	0	方式 0	8 位同步移位寄存器	$f_{osc}/12$
0	1	方式 1	10 位 UART	可变（由定时/计数器 1 溢出率决定）
1	0	方式 2	11 位 UART	$f_{osc}/64$ 或 $f_{osc}/32$
1	1	方式 3	11 位 UART	可变（由定时/计数器 1 溢出率决定）

（2）SM2：多机通信控制位，用于方式 2 和方式 3 中。

在方式 0 中，SM2 应为 0。在方式 1 处于接收时，若 SM2＝1，则只有当收到有效的停止位后，RI 才置 1。在方式 2、3 处于接收时，若 SM2＝1，且接收到的第 9 位数据 RB8 为 0 时，则不激活 RI；若 SM2＝1，且 RB8＝1 时，则置 RI＝1。在方式 2、3 处于发送方式时，若 SM2＝0，则不论接收到的第 9 位 RB8 为 0 还是为 1，TI、RI 都以正常方式被激活。

（3）REN：允许串行接收位。由软件置位或清零。REN＝1时，允许接收；REN＝0时，禁止接收。

（4）TB8：发送数据的第9位。在方式2、3中，由软件置位或清零。可做奇偶校验位。在多机通信中，可作为区别地址帧或数据帧的标志位，一般约定地址帧时TB8为1，数据帧时TB8为0。

（5）RB8：接收数据的第9位。功能同TB8。

（6）TI：发送中断标志位。在方式0中，发送完8位数据后，由硬件置位；在其他方式中，在发送停止位之初由硬件置位。因此，TI＝1是发送完一帧数据的标志，其状态既可供软件查询使用，也可请求中断。TI位必须由软件清零。

（7）RI：接收中断标志位。在方式0中，接收完8位数据后，由硬件置位；在其他方式中，当接收到停止位时该位由硬件置1。因此，RI＝1是接收完一帧数据的标志，其状态既可供软件查询使用，也可请求中断。RI位也必须由软件清零。

3.电源及波特率选择寄存器PCON

PCON主要是为CHMOS型单片机的电源控制而设置的专用寄存器，字节地址为87H，不可以位寻址。其各位的格式如下。

PCON	bit 7	bit 6	bit 5	bit 4	bit 3	bit 2	bit 1	bit 0
位名称	SMOD	—	—	POF	GF1	GF0	PD	IDL

与串行通信有关的只有SMOD位。SMOD为波特率选择位。在方式1、2和3时，串行通信的波特率与SMOD有关。当SMOD＝1时，通信波特率乘以2，当SMOD＝0时，波特率不变。

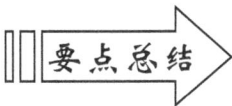

▷▷▷ 要点总结

单片机与串口相关的SFR包括串行口数据缓冲器SBUF、串行口控制寄存器SCON及电源管理寄存器PCON。单片机通过对这些寄存器的操作来实现对串口的控制。

三、串口工作方式

单片机的串行口有四种工作方式，通过SCON中的SM1和SM0位来决定。

1.方式0

在方式0下，串行口做同步移位寄存器使用，其波特率固定为$f_{osc}/12$。串行数据从RXD(P3.0)端输入或输出，同步移位脉冲由TXD(P3.1)送出。这种方式通常用于扩展I/O端口。

2.方式1

收发双方都是工作在方式1下，此时，串行口为波特率可调的10位通用异步接口UART，发送或接收的一帧信息包括1位起始位0,8位数据位和1位停止位1。

发送时，当数据写入发送缓冲器SBUF后，启动发送，数据从TXD输出。当发送完一帧数据后,置中断标志 TI 为 1。方式 1 下的波特率取决于定时器 1 的溢出率和 PCON 中的 SMOD 位。

接收时,REN 置 1,允许接收,串行口采样 RXD,当采样由 1 到 0 跳变时,确认是起始位 "0",开始接收一帧数据。当 RI=0,且停止位为 1 或 SM2=0 时,停止位进入 RB8 位,同时置中断标志 RI;否则信息将丢失;所以,采用方式 1 接收时,应先用软件清除 RI 或 SM2 标志。

3.方式 2

在方式 2 下,串行口为 11 位 UART,传送波特率与 SMOD 有关。发送或接收的一帧数据包括 1 位起始位 0、8 位数据位、1 位可编程位(用于奇偶校验)和 1 位停止位 1。

发送时,先根据通信协议由软件设置 TB8,然后将要发送的数据写入 SBUF,启动发送。写 SBUF 的语句,除了将 8 位数据送入 SBUF 外,同时还将 TB8 装入发送移位寄存器的第 9 位,并通知发送控制器进行一次发送,一帧信息即从 TXD 发送。在发送完一帧信息后,TI 被自动置 1,在发送下一帧信息之前,TI 必须在中断服务程序或查询程序中清零。

当 REN=1 时,允许串行口接收数据。当接收器采样到 RXD 端的负跳变,并判断起始位有效后,数据由 RXD 端输入,开始接收一帧信息。当接收器接收到第 9 位数据后,若同时满足以下两个条件:RI=0 和 SM2=0 或接收到的第 9 位数据为 1,则接收数据有效,将 8 位数据送入 SBUF,第 9 位送入 RB8,并置 RI=1。若不满足上述两个条件,则信息丢失。

4.方式 3

方式 3 为波特率可变的 11 位 UART 通信方式,除了波特率以外,方式 3 与方式 2 完全相同。

(1)串行通信的接收过程:SCON 的 REN(SCON.4)为 1 时允许接收,外部数据由 RXD 引脚串行输入(最低位先入)。一帧数据接收完毕后送入 SBUF,同时置 RI(SCON.0)为 1,并发出中断请求。中断响应时需用软件将 RI 清零,将数据从 SBUF 读出,再开始接收下一帧。

(2)串行通信的发送过程:先将要发送的数据送入 SBUF,即可启动发送,数据由 TXD 引脚串行发送(最低位先发)。一帧数据发送完毕,自动置 SCON 的 TI(SCON.1) 为 1,为向 CPU 发出中断请求。CPU 响应中断后用软件将 TI 清零,然后开始发送下一帧。

(3)串行通信的方式 1、2 和 3 都按照上述接收和发送过程来完成通信。对于方式 0,接收和发送数据都由 RXD 引脚实现,TXD 引脚输出同步移位时钟脉冲信号。

要点总结

单片机的串口一共有四种工作方式,其中方式 0 为同步通信方式,其余三种为异步通信方式。

四、串行口的波特率

在串行通信中,收发双方对传送的数据速率,即波特率要有一定的约定。51 系列单片机的串行口通过编程可以有四种工作方式。其中方式 0 和方式 2 的波特率是固定的,方式 1 和方式 3 的波特率可变,由定时器 T1 的溢出率决定。

1.方式 0 和方式 2

在方式 0 中,波特率为振荡频率的 1/12,即 $f_{osc}/12$,固定不变。

在方式 2 中,波特率取决于 PCON 中的 SMOD 值,当 SMOD=0 时,波特率为 $f_{osc}/64$;当 SMOD=1 时,波特率为 $f_{osc}/32$,即波特率 $=2^{SMOD}\times f_{osc}/64$。

2.方式 1 和方式 3

在方式 1 和方式 3 下,波特率由定时器 T1 的溢出率和 SMOD 共同决定,即:

$$波特率=\frac{2^{SMOD}}{64}\times 定时器 1 溢出率$$

其中,定时器 1 的溢出率取决于单片机定时器 1 的计数速率和定时器的预置值。计数速率与 TMOD 寄存器中的 $C/\overline{T}$ 位有关,当 $C/\overline{T}=0$ 时,计数速率为 $f_{osc}/12$;当 $C/\overline{T}=1$ 时,计数速率为外部输入时钟频率。

实际上,当定时器 T1 做波特率发生器使用时,通常是工作在方式 2 下,即作为一个自动重装载的 8 位定时器,此时 TL1 做计数用,自动重装载的值在 TH1 内。设计数的预置值(初始值)为 X,那么每过 255-X 个机器周期,定时器溢出一次。为了避免溢出而产生不必要的中断,此时应禁止 T1 中断。

所以,波特率计算公式为:波特率 $=\dfrac{2^{SMOD}}{32}\times\dfrac{f_{osc}}{12\times(256-X)}$。

表 4-3 列出了常用的波特率及获得方法。

表 4-3　常用波特率设置表

波特率	f_{osc}(MHz)	SMOD	定时/计数器 T1		
			$C/\overline{T}$	方式	初始值
方式 0:1Mb/s	12	×	×	×	×
方式 2:375kb/s	12	1	×	×	×
方式 1、3:62.5kb/s	12	1	0	2	FFH
19.2kb/s	11.0592	1	0	2	FDH
9.6kb/s	11.0592	0	0	2	FDH
4.8kb/s	11.0592	0	0	2	FAH
2.4kb/s	11.0592	0	0	2	F4H
1.2kb/s	11.0592	0	0	2	E8H
137.5kb/s	11.0592	0	0	2	1DH
110b/s	6	0	0	2	72H
110b/s	12	0	0	1	FEEBH

如果单片机的 T1 被占用,可以使用定时/计数器 T2 来作为串口的波特率发生器。

要点总结

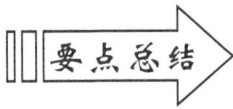

串行口的四种工作方式中,方式 0、2 的波特率是固定的,方式 1、3 的波特率可变。

【学习任务】

【任务描述】
利用单片机的串口实现串并转换、双机通信、多机通信、与 PC 机通信。

【任务目标】
(1)第一阶段任务目标:实现串并转换。
(2)第二阶段任务目标:实现单片机之间的双机通信。
(3)第三阶段任务目标:实现单片机之间的多机通信。
(4)第四阶段任务目标:实现单片机与 PC 机之间的通信。
(5)总体目标:掌握单片机串口的设置方法,学会单片机进行串口通信。

【知识准备】
(1)单片机的串口接口。
(2)串口工作方式。
(3)串行口的波特率。

【器材准备】
计算机一台,Proteus、KEIL 软件。

【任务实施 1】串并转换

一、任务分析

利用串口方式 0,结合串入并出移位寄存器 74LS164 实现串转并。

二、任务实施步骤

(1)在 Proteus 中绘制单片机串并转换的硬件连接的电路图。
(2)利用 KEIL 软件编写串口方式 0 数据输出程序。
(3)编译、调试、运行。

三、硬件电路设计

RXD 引脚作为串行输入端,与 74LS164 的串行数据输入端相连;TXD 引脚作为同步脉冲移位输出端,与 74LS164 的时钟端相连。74LS164 的并行数据输出连接 8 个 LED,如图 4-6 所示。

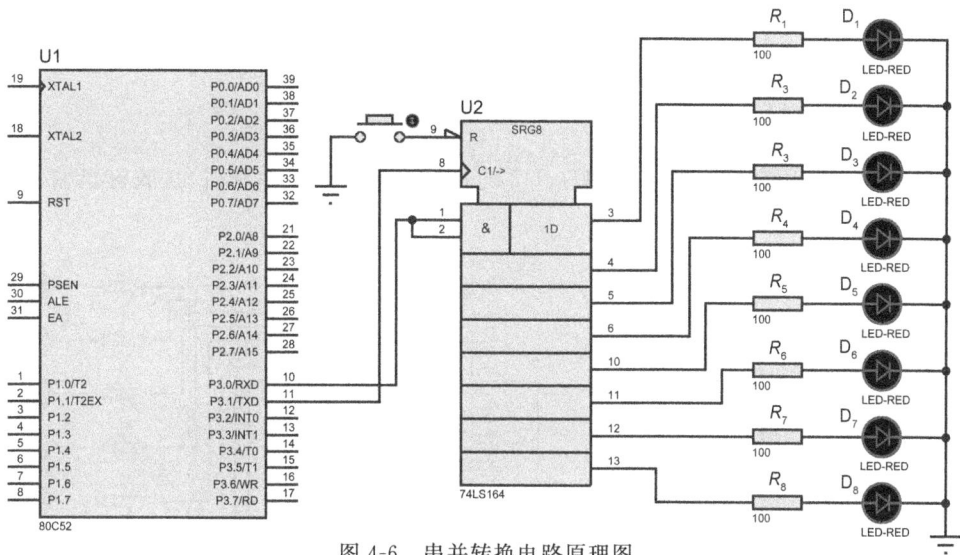

图 4-6 串并转换电路原理图

四、程序设计

利用单片机的串口扩展并行 I/O 口时应采用串口的方式 0,参考程序如下。

```
/* 项目四任务实施 1 示例程序,串口方式 0,74LS164 输出串口发送信息 */
#include <reg51.h>
void main()
{    unsigned char j;
     SCON = 0x00;        //设置串口工作方式:方式 0,不允许接收
     j = 0x01;           //准备发送的数据为 0x01
     SBUF = j;           //通过串口缓冲器发送数据
     while(!TI){;}        //等待发送完毕
     TI = 0;             //清除发送中断请求标志
     while(1);           //停留
}
```

【任务实施 2】单片机双机通信

一、任务分析

单片机 U1、U2 之间通过串口进行通信,U1 将输入的键盘通过串口发送给单片机 U2,U2 接收到 U1 发送的信息后通过 8 个 LED 显示出来。

二、任务实施步骤

(1)在 Proteus 中绘制单片机串口双机通信单向收发的硬件连接的电路图。

(2)利用 KEIL 软件编写串口双机通信单向收发程序。

(3)编译、调试、运行。

三、硬件电路设计

单向收发电路原理图见图 4-7。U1、U2 均采用 STC89C52 单片机,接收键盘输入信息、控制 LED 输出的端口均为 P1 口。

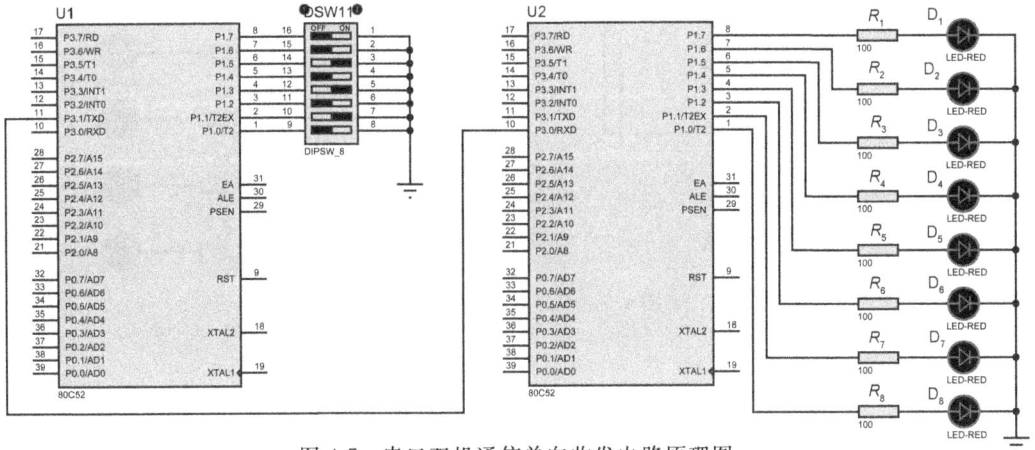

图 4-7　串口双机通信单向收发电路原理图

四、程序设计

串口发送采用查询方式,串口接收采用中断方式,波特率为 1200。参考程序如下。

```
/* 项目四任务实施 2 示例程序,U1(发送)参考程序 */
    #include <reg51.h> //头文件
    void main()
    {    SCON = 0x40; //串口方式 1,不允许接收
         PCON = 0X00; //置 SMOD 为 0,波特率不翻倍
         TMOD = 0X20; //T1 方式 2
         TH1 = 0xE6; TL1 = 0xE6;//设置定时初值(12MHz,0xE6;11.0592MHz,0xE8)
         TR1 = 1; //启动 T1
         while(1)
         {    SBUF = P1; //发送键盘信息
              while(TI == 0); //等待发送完毕
              TI = 0; //清除发送中断标志
         }
    }
/* 项目四任务实施 2 示例程序,U2(接收)参考程序 */
    #include<reg51.h>
    void main()
    {    SCON = 0x50; //串口方式 1,允许接收
```

```
        PCON = 0X00；//置 SMOD 为 0,波特率不翻倍
        TMOD = 0X20；//T1 方式 2
        TH1 = 0xE6；TL1 = 0xE6；//设置定时初值
        ES = 1;//设置串口中断允许
        EA = 1；//设置总中断允许
        TR1 = 1；//启动 T1
        while(1)；
}
void uart() interrupt 4  //串口中断服务程序
{    if(RI == 1)  //确定为接收中断
    {    P1 = SBUF；  //输出到数码管
        RI = 0；  //清除接收中断标志
    }
}
```

【任务实施3】单片机多机通信

一、任务分析

实现三个单片机之间的通信,其中 U1 为主机,U2、U3 为从机,编号分别为 1、2、3。

二、任务实施步骤

(1)在 Proteus 中绘制单片机串口多机通信单向收发的硬件连接的电路图。
(2)利用 KEIL 软件编写串口多机通信单向收发程序。
(3)编译、调试、运行。

三、硬件电路设计

主机 U1 接有一个两位的拨码开关 W(用于提供单片机编号)。从机 U2、U3 都接了一个工作指示 LED,如图 4-8 所示。

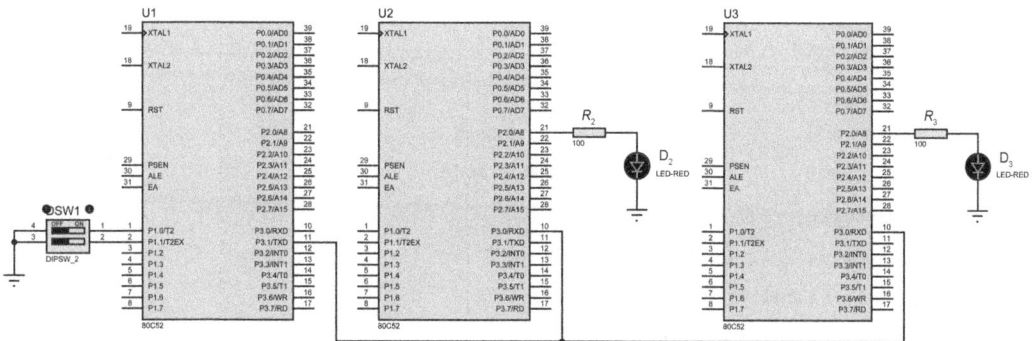

图 4-8　串口多机通信电路原理图

四、程序设计

多机通信时,串口一般工作于方式 2 或方式 3,并要合理利用多机通信控制位 SM2。多机通信过程如下:所有从机的 SM2＝1,处于只接收地址帧状态;主机发地址信息(TB8＝1),表示发送的是地址;从机接收到地址帧后与本机地址比较;被寻址从机 SM2＝0,其他从机 SM2＝1 不变;主机发数据信息(TB8＝0),对已被寻址的从机因 SM2＝0,可以接收主机发来的信息。其余从机因 SM2＝1 而不理睬主机;被寻址的从机 SM2 置 1,主机可另发地址帧与其他从机通信。

假设主机与从机的系统时钟均为 12MHz,波特率为 1200。参考程序如下。

```
/*项目四任务实施3示例程序,U1(主机)参考程序*/
    #include <reg51.h>
    void main( )
    {    SCON = 0xC0;   //串口工作方式3,不允许接收
        PCON = 0x00;   //置 SMOD 为 0,波特率不翻倍
        TMOD = 0x20;   //T1 方式 2
        TH1 = 0xE6; TL1 = 0xE6; //设置定时初值
        TR1 = 1; //启动 T1
        while(1)
        {    TB8 = 1; //发送的第 9 位数据为 1,表示为发送地址
            P1 = 0xff; //P1 准备读取地址信息
            SBUF = P1;   //接收从机地址并发送
            while(!TI); //等待发送完毕
            TI = 0; //清除发送中断请求标志
            TB8 = 0; //发送的第 9 位数据为 0,表示为发送数据
            SBUF = 1; //向从机发送数据 1
            while(!TI); //等待发送完毕
            TI = 0; //清除发送中断请求标志
        }
    }
/*项目四任务实施3示例程序,U2(从机)参考程序*/
    #include <reg51.h>
    void main( )
    {    SCON = 0xD0;   //串口工作方式3,允许接收
        PCON = 0x00;   //置 SMOD 为 0,波特率不翻倍
        TMOD = 0x20; //T1 方式 2
        TH1 = 0xE6; TL1 = 0xE6; //设置定时初值
        TR1 = 1; //启动 T1
        SM2 = 1; //准备接收地址
        EA = 1; ES = 1; //设置串口中断允许
```

```
            P2 = 0; //P2 口初始化
            while(1);
    }
void uart2(void)interrupt 4   //串口中断服务程序
{     if(RB8 == 1)   //判断是否是地址信息
    {     if(SBUF == 0xfe)   //与 2 号从机地址作比较
        {  SM2 = 0;   //准备接收数据
            RI = 0; //清除接收中断请求标志
        }
        P2 = 0;   //清除 P2 口输出
    }
    else
    {     P2 = SBUF;   //从机接收数据
        RI = 0;   //清除接收中断请求标志
        SM2 = 1;   //准备接收地址
    }
}
```

【任务实施 4】与 PC 机通信

一、任务分析

本任务实现用 PC 作为控制主机、单片机控制信号灯为从机的远程控制系统。

二、任务实施步骤

(1)在 Proteus 中绘制单片机的硬件连接的电路图。
(2)利用 KEIL 软件编写接口程序。
(3)编译、调试、运行。

三、硬件电路设计

单片机输入、输出的逻辑电平为 TTL 电平;而 PC 配置的 RS-232C 标准接口逻辑电平为负逻辑,所以单片机与 PC 间的通信要加电平转换电路。

如图 4-9 所示电路采用 MAX232 芯片来实现电平转换,它可以将单片机 TXD 端输出的 TTL 电平转换成 RS-232C 标准电平。PC 用 9 芯标准插座通过 MAX232 芯片和单片机串行口连接,MAX232 的 14、13 引脚接 PC;11、12 引脚接至单片机的 TXD 和 RXD 端。可以从 MAX232 芯片中的两路发送接收中任选一路作为接口,要注意其发送与接收引脚对应,否则可能对器件或计算机串口造成永久性损坏。如选 T1IN 接单片机的发送端 TXD,则 PC 机的 RS-232 的接收端 RD 一定要对应接 T1OUT 引脚。同时,R1OUT 接单片机的接受端 RXD 引脚,则 PC 机的 RS-232 的发送端 TD 一定要对应接 R1IN 引脚。

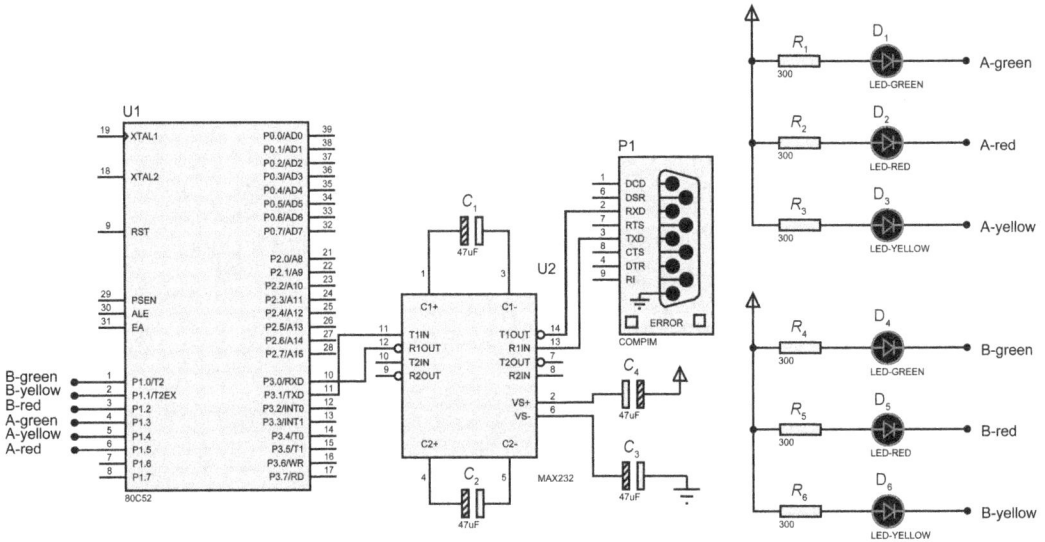

图 4-9 交通灯远程控制系统电路原理图

四、程序设计

主、从机双方除了要有统一的数据格式、波特率外,还要约定一些握手应答信号,即通信协议,协议说明:

(1)通过 PC 键盘输入 01H 命令,发送给单片机;单片机收到 PC 发来的命令后,在紧急情况状态下,将两个方向的交通指示灯都变为红灯,再发送 01H 作为应答信号,PC 应答信号并在屏幕上显示出来。

(2)通过 PC 键盘输入 02H 命令,发送给单片机;单片机收到 PC 发来的命令后,正常交通灯指示状态,并回送 02H 作为应答信号,PC 屏幕上显示 02H。

(3)设置主、从机的波特率为 2400 b/s;帧格式为 10 位,包括 1 位起始位、8 位数据位、1 位停止位,无校验位。

主机 PC 的通信程序最简单的实现方法是在 PC 中安装"串口调试助手"应用软件,只要设定好波特率等参数就可以直接使用,用户无需再自己编写通信程序。

```
/* 项目四任务实施 4 示例程序,交通灯远程控制程序,晶振为 11.0592MHz */
#include<reg51.h>
#define uchar unsigned char
void delay0_5s() //0.5s 延时程序
{   uchar i;
    for(i = 0;i<0x0a;i++) //设置 10 次循环次数
    {   TH0 = 0x3c; //设置定时器初值
        TL0 = 0xb0;
        TR0 = 1; //启动定时器
        while(!TF0); //查询技术是否溢出,即 50ms 定时时间到,TF0 = 0
```

```
            TF0 = 0; //50ms 定时时间到,将定时器溢出标志位 TF0 清零
        }
    }
void delay_t(uchar t) //0.5~128s 延时程序
{    uchar i;
     for(i = 0;i<t;i++ )
     delay0_5s();
}
void main()
{    TMOD = 0x21; //定时器 0 方式 1(延时 0.5s 函数)定时器 1 方式 2
     TH1 = 0xf4;TL1 = 0xf4; //设置串口波特率为 2400b/s
     TR0 = 1;TR1 = 1; //启动定时器
     SCON = 0X50; //串行口方式 1,允许接收
     PCON = 0x00;
     EA = 1; //开总中断允许位
     ES = 1; //开串行口中断
     while(1)
     {    P1 = 0xf3; //A 道绿灯,B 道红灯
          delay_t(10); //延时 5s
          for(k = 0;k<3;k++ ) //A 道绿灯闪烁,B 道红灯
          {    P1 = 0xfb;delay0_5s(); //延时 0.5s
               P1 = 0xf3;delay0_5s();
          }
          P1 = 0xeb; //A 道黄灯,B 道红灯
          delay_t(4);延时 2s
          P1 = 0xde; //A 道红灯,B 道绿灯
          delay_t(10);
          for(k = 0;k<3;k++ ) //A 道红灯,B 道绿灯闪烁
          {    P1 = 0xdf;delay0_5s();
               P1 = 0xde;delay0_5s();
          }
          P1 = 0xdd; //A 道红灯,B 道黄灯
          delay_t(4);
     }
}
void serial()interrupt 4   //串行口中断,中断号是 4
{    unsigned char i;
     EA = 0; //关中断
     if(RI == 1) //接收到数据
     {    RI = 0; //软件清除中断标志位
```

```
if(SBUF == 0x01) //判断是否为 01H 亮灯命令
{    SBUF == 0x01; //将收到的 01H 命令回发给主机
     while(!TI); //查询发送
     TI = 0; //发送成功,软件清零
     i = P1; //保护现场,保存 P1 口状态
     P1 = 0xdb; //P1 口控制的两路红灯全亮
     while(SBUF! = 0x02) //判断是否为 02H 命令
     {     while(!TI); //等待接收下一个命令
           RI = 0; //软件清除中断标志位
     }
     SBUF = 0x02; //将收到的 02H 命令回发给主机
     while(!TI); //查询发送
     TI = 0; //发送成功,软件清零
     P1 = i; //恢复现场,送回 P1 口原来状态
     EA = 1; //开中断
}
else
{    EA = 1;    }
}
}
```

【项目总结】

本项目重点需要掌握的能力有串并转换,单片机之间的双机通信、多机通信,单片机与 PC 之间的通信。对项目四的学习评价可参考表 4-4。专业能力以三个任务实施为单位进行评分,每个任务实施可以参照表 4-5 进行评分。

表 4-4　项目四评价成绩表

学号	姓名	专业能力 60%				职业核心能力及职业素养 40%								项目总评
		串并转换(25)	单向收发(25)	双向收发(25)	远程控制(25)	自我学习(20)	信息处理(10)	数字应用(10)	与人合作(15)	与人交流(15)	解决问题(10)	创新革新(10)	6S执行力(10)	
001														
002														

表 4-5　项目四任务实施评分表

评价项目	要求	评分标准	配分	自查分	得分
方案设计	1.收集相关资料; 2.制定初步设计方案。	1.资料不全扣1分; 2.没有初步方案扣1分。	2		
电路设计	1.电路设计合理、正确; 2.用电路板等装接电路;	1.电路设计不正确扣1~2分; 2.电路装接不规范扣1~2分。	4		
程序设计	1.流程图设计规范、正确; 2.源程序编写正确。	1.流程图设计不正确扣1~2分; 2.程序编写不正确扣1~8分;	10		
调试运行	1.用 KEIL 软件编译调试; 2.用下载软件烧录程序; 3.及时解决调试中的问题。	1.不会用 KEIL 软件扣1分; 2.不会下载程序扣1分; 3.调试结果不正确扣1~3分。	5		
项目总结	1.按时完成设计总结报告; 2.写出设计过程、学习经验。	1.未按时完成报告扣1~2分; 2.没有体现个人特色扣1~2分。	4		
总分合计			25		

【思考练习】

1.针对本项目任务实施一进行适当修改,实现通过串口控制 8 个 LED 循环地逐个点亮。

2.编程实现甲乙两个单片机进行点对点通信,甲机每隔 1s 发送一个数字,如:1,乙机接收到之后,在数码管上显示出来。

3.针对本项目任务实施二进行适当修改,实现下列要求:

(1)实现双机通信双向收发。U1、U2 单片机系统将各自的键盘信息通过串口发送给对方,同时接收对方发送的数据,并在 8 个 LED 上显示出来。

(2)U1、U2 均改用数码管显示。如用一个数码管显示接收信息的个位数字,或用三个数码管显示接收信息的完整信息。

(3)在 U1 单片机上设置一个按键,当按键按下时,U1 向 U2 发送一个数据(如键盘信息)。U2 收到数据后在数码管上显示,再经过一定的运算(如与自身的按键信息相加)后将结果发送给 U1。U1 收到数据后在数码管上显示。

4.针对本项目任务实施三进行适当修改,实现下列要求:

(1)三个单片机都设置有一个工作指示灯,分别用 D1、D2、D3 表示。W=00 时,所有指示灯都熄灭;W=01 时,D1 闪烁三下;W=10 时,D2 闪烁三下;W=11 时,D3 闪烁三下。

(2)给三个单片机都设置一个三位拨码开关(用于提供串口发送信息),分别用 W1、W2、W3 表示、一个数码管(用于显示串口接收信息),分别用 S1、S2、S3 表示。当 W=10 时,S1 显示 W2 的信息,S2 显示 W1 的信息;当 W=11 时,S1 显示 W3 的信息,S3 显示 W1 的信息。

5.编写一个使用的串行通信测试软件,其功能为:将 PC 键盘的输入数据发送给单片机,单片机收到 PC 发送过来的数据后,回送同一数据给 PC,并在屏幕上显示出来。只要屏幕上显示的字符与所键入的字符相同,说明两者之间的通信正常。

数字电压表

【引言】

在日常生活及工业生产中经常要用到电压的检测,大多数动态测试信号可转换为电压信号,但模拟电压信号要提供给数字计算机作数字信号处理,就必须借助 A/D 转换这座桥梁。对数字电压表而言,A/D 转换是不可缺少的一部分。数字电压表利用 A/D 转换原理,将被测模拟量转换成数字量,并用数字方式显示测量结果。

开卷有益

一、了解 A/D 转换器

关键字

A/D 转换,即模/数转换,是将模拟量(电流或电压)转换为一定码制的数字量。

D/A 转换,即数/模转换,是将一定码制的数字量转换为模拟量(电流或电压)。

如图 5-1 所示,在工程中,大多数情况下被测物理量是连续变化的模拟量(Analog,简称 A),而计算机和数字电路处理的信息都是数字量(Digital,简称 D),要由处理系统处理这些物理量时需要将它们转换为数字量,但测量系统去控制模拟设备时,还需要将数字量转化为模拟量去控制。进行 A/D 转换的器件或装置称为 A/D 转换器。进行 D/A 转换的器件或装置称为 D/A 转换器,简称 DAC。因此,A/D 转换器和 D/A 转换器是工程实践中必不可少的两个器件。

A/D 转换是数字化测量技术的技术基础,它直接影响到测量的准确度、分辨力、转续速度等重要技术指标。A/D 转换器的分类方法很多,可按原理、速度、精度和位数等分类,但是最常见的还是按位数进行分类。下面介绍三种主要的转换技术:逐次比较型、积分型和并行比较型。

逐次比较型 A/D 转换器,利用一系列的基准电压与要转换的电压进行比较,从高位到

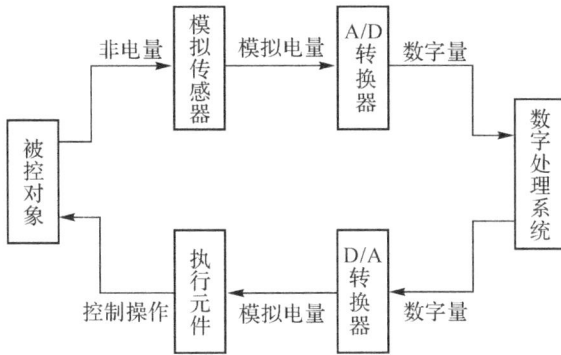

图 5-1　典型的数字处理系统

低位逐位确定转换后的各位数是 1 还是 0,是一种直接 A/D 转换技术,具有转换速度高和精度高的特点。

　　目前常用的单片集成逐次比较型 A/D 转换器的分辨率为 8~16 位,一次转换时间在数微秒至百微秒范围内。广泛应用在中高速数据采集系统、在线自动检测系统、智能仪器仪表和单片机控制的检测系统中。常用的逐次比较型 A/D 转换器有 ADC0809,ADC1143,MAX195,AD574A/AD674A/AD1674,AD1210/ADC1211,AD12451,MAX162/AD7572,MAX197 和 MAX170。

　　逐次比较型 A/D 转换器的结构图如图 5-2 所示。其工作原理类似于一架电子自动平衡的天平,天平所用的砝码相当于基准电压,重物相当于要转换的电压。天平称重时,一个个地增加砝码,从大到小,直到所加砝码与重物重量相等为止,最后得到砝码的重量就是重物的重量。其转换过程为:当启动脉冲加入时,移位寄存器和锁存器均被复位到 0,此时 D/A 转换器输出也为 0。当第 1 个时钟脉冲到达时,移位寄存器的最高位被置 1。这时 D/A 转换器的输入为 10000000,转换后的输出电压为 U_o,即满刻度值的一半,并与输入电压进行比较,当 $U_i>U_o$ 时,锁存器的高位用 1 锁存(否则不锁存),移位寄存器右移 1 位,此时输出为 11000000,转换后的输出电压 U_o 再与输入电压 U_i 进行比较;当 $U_i<U_o$ 时,锁存器的高位不用 1 锁存(否则要锁存),这时移位寄存器又右移 1 位。上述过程重复进行,直至移位寄存器右移溢出为比。这时右移脉冲就能作为 A/D 转换结束信号 EOC,锁存器锁存结果就是 A/D 转换后的结果。

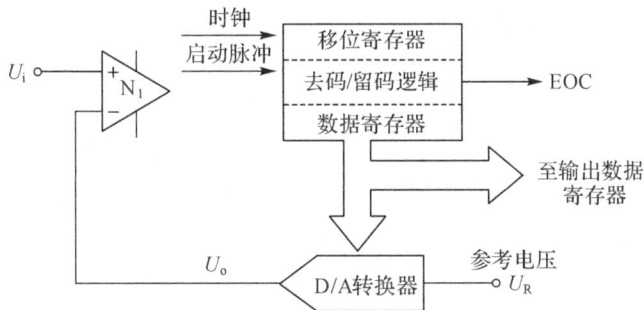

图 5-2　逐次比较型 A/D 转换器结构图

逐次比较型 A/D 转换器使用要点：

（1）在转换过程中，输入电压应保证平稳，即不允许脉动变化，否则有可能出现严重超差。

（2）在转换前，应加一级 S/H，以保证转换过程中输入电压不变化。

（3）在具有 D/A 转换器的逐次比较型 A/D 转换器中，必须使 D/A 转换器的微分非线性误差不超过±1 LSB，否则，可能产生"失码"现象。

（4）集成型的逐次比较型 A/D 转换器可以保证无丢失码性能，这一点是在选择 A/D 转换器时应注意的问题。

积分型 A/D 转换器，又称为斜率型转换，是一种基于间接 A/D 转换的技术，具有转换精度高、抑制干扰能力强、灵敏度高和造价低的特点，在低速数据采集系统、各种数字仪表和非高速过程的单片机输入通道中颇受青睐。根据积分次数，可分为双积分和三积分 A/D 转换器。

双积分型 A/D 转换器又称为双斜型 A/D 转换器，将直流电压与基准电压的比较通过两次积分变换为两个时间段的比较，并由此将模拟电压变换为与其输入电压的平均值（即输入直流电压）成正比的时间段，时间段的长短则由计数器来测定，计数器所得的计数值即 A/D 转换的结果。

双积分型 A/D 转换器的原理框图如图 5-3 所示，输入为负电压时的工作波形如图 5-4 所示。图 5-4 中 $U_i(t)$，$U_o(t)$ 和 $P(t)$ 分别为积分器的输入信号、输出信号和计数脉冲，虚线为输入 U'_i 时的波形，输入为正电压时的工作波形与图示波形方向相反。

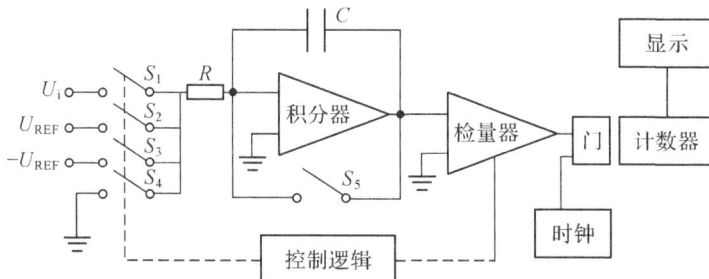

图 5-3　双积分型 A/D 转换器结构图

整个工作过程分为三个阶段：

（1）准备阶段（$t_0 \sim t_1$）：S_5 闭合、S_4 接地，使积分电容 C 完全放电，为取样做准备。

（2）取样阶段（$t_1 \sim t_2$）：S_5 断开、S_1 将积分器的输入端接输入电压 U_i、积分器对 U_i 定时积分。当计数器计数为 N_1，即 t_2 时刻，定时取样完毕。

（3）比较阶段（$t_2 \sim t_3$）：S_5、S_1 断开、S_2 闭合输入与 U_i 极性相反的基准电压 U_{REF} 处，积分器对 U_{REF} 反向定值积分（即反向放电）。当积分器输出电压下降为零，即 t_3 时刻，逻辑控制电路控制计数器停止计数，本次 A/D 转换结束。

显然，电容在 t_2 时刻充上的电荷与 t_3 时刻放去的电荷相等。可见，双积分型 A/D 转换器的取样阶段为定时不定值正向积分，比较阶段为定值（基准电压）不定时反向积分。

双积分型 A/D 转换器无论是要增强转换器的抗干扰能力，还是要提高数字电压表的分

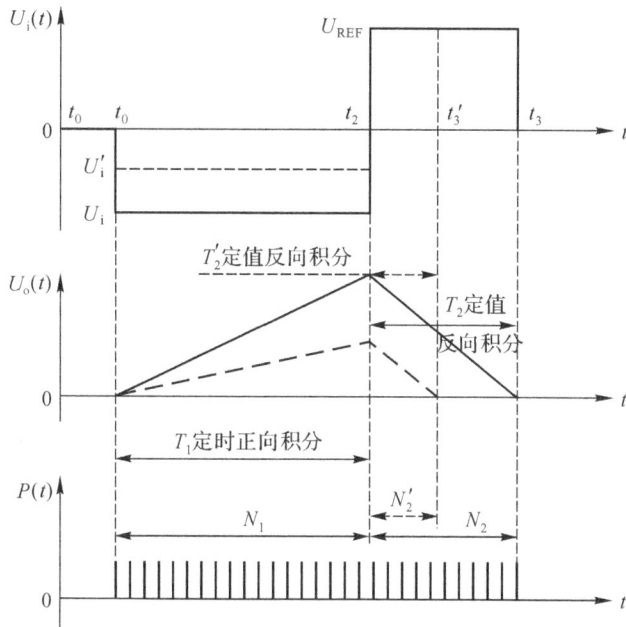

图 5-4　双积分型 A/D 转换器工作波形

辨力,都要延长取样时间,这样就使得双积分型 A/D 转换器的转换速度不可能提高上去,它的转换速度一般低于 20 次/s。为了提高 A/D 转换器的转换速度,对双积分型 A/D 转换器进行改进而出现了三次积分型 A/D 转换器。

三次积分型 A/D 转换器又称为三斜型 A/D 转换器,它是将双积分型 A/D 转换器的第二次积分(定值反向积分)分成两次进行:粗积分、精积分,其目的是加快转换速度,减小转换误差。

> 积分型 A/D 转换器使用注意事项:
> (1)在实际应用中,为消除 A/D 转换器的转换误差,应采取下列措施:选择性能良好的 ADC 芯片;使用高品质的积分电容;选择具有自校零的运算放大器。
> (2)为消除交流干扰,积分时间 T_1 应为电网电压周期的整数倍(如 20ms、40ms 等)。
> (3)为了提高抗工频干扰的能力,抑制周期性的共模干扰,时钟频率 f_{CLK} 必须满足下式要求,即 $f_{CLK} = 50 \text{ (Hz)} * N$,式中的 N 为整数。时钟频率推荐值为 40~50kHz。
> (4)为了提高转换精度,必须选择高性能的基准电压 U_R 和高稳定的时钟频率。
> (5)在信号输入端应加 RC 滤波器,以提高抗常态干扰的能力。
> (6)把 A/D 转换器的模拟地 V_{AG} 和数字地 V_{SS} 隔离,以提高抗共模干扰的能力。

并行比较型 A/D 转换器,又称为瞬时比较编码型 A/D 转换,是一种转换速度最快、转换原理最直观的 A/D 转换技术。这种转换器在数字通信技术、高速数据采样技术及高速单片机系统中得到广泛应用。

并行比较型 A/D 转换器内部结构图如图 5-5 所示。n 位 A/D 转换器需要用 $(2^n + 1)$ 个电阻串联组成分压器,其中上、下两端的电阻阻值为 $R/2$,其余的电阻阻值为 R。当参考电

压 U_R 加到分压器上时,除了上、下两端的两个电阻以外,其余各电阻上的电压降均为 $U_R/2^n$。即分压器把参考电压 U_R 分成了 2^n 个分层的量化电压,上、下两端的两个电阻各分得半层的量化电压(1/2 LSB)。这样的配置结构可使量化误差减小到 $\pm$1/2 LSB。

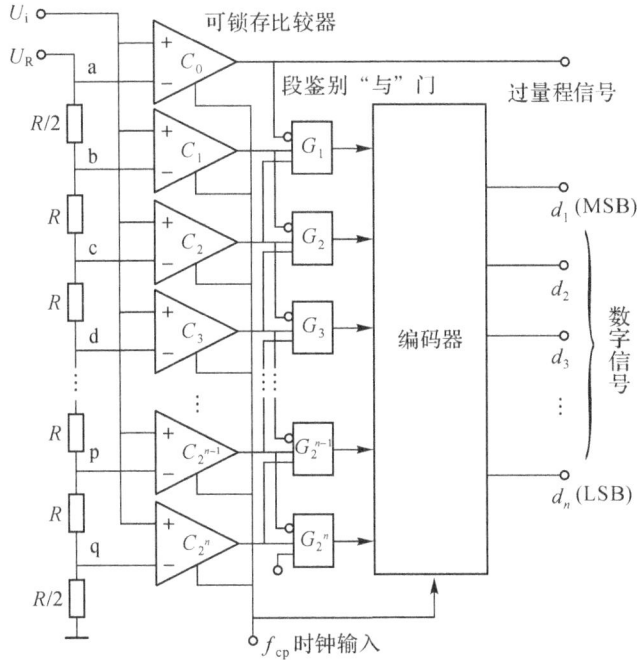

图 5-5　并行比较型 A/D 转换器内部结构图

例如,对于 8 位 A/D 转换器来说,分压器把 U_R 分压成 256 个相等的电压层,其中有一层再分成一半,并分布在上、下两端。分压器上除两端以外,各分段的输出电压(q 到 b)分别为:$1/2(U_R/256)$、$3/2(U_R/256)$、$5/2(U_R/256)$、$\cdots$、$511/2(U_R/256)$ 个量化的参考电压被同时送到 256(即 2^n)个电压比较器 $C_1 \sim C_2^n$,与输入模拟电压 U_i 进行比较,这样就能立即得出 U_i 处在哪一个电压分段。假设 U_i 处在 bc 段电压分层之内,即 $U_b > U_i > U_c$,则 2 号比较器及所有更大序号的比较器输出均为 1,而 1 号和 0 号比较器输出为 0。根据这种状态特征,可用一个专用的编码电路,把它转换成并行二进制数码。

并行 A/D 转换器具有转换速度高的特点,但电路复杂,价格昂贵。为了弥补该转换器的缺点,可使用串、并联结构的 A/D 转换器。这种转换器具有电路简单、速度适中的特点。MAX104 是并行 A/D 转换器的典型产品,而 AD9005A,AD9005A 和 AD578/AD678/AD1678 是串、并 A/D 转换器的通用器件。

> 并行型 A/D 转换器使用中的注意事项:
> (1)为了获得更好的转换性能,模拟输入推荐使用差分输入的结构形式。
> (2)在使用单端正弦波时钟输入时,为了获得最佳的性能,应该使用低噪声和低相位的正弦波信号源。不使用的时钟输入端 CLK 应该通过外接一个 50Ω 电阻与地相连,从而保证适当的直流平衡。为了避免模拟输入信号出现饱和,时钟驱动的最大功率电平应限制在 10 dBm 以下。

（3）在使用单端 ECL 时钟输入时，为了改善芯片的动态性能，不使用的时钟输入端应该连到性能极好的旁路电源 $V_{BB}(-1.3\ V)$上。

（4）在使用交流耦合时钟输入时，不驱动的时钟输入端应与 50Ω 电阻和 $0.01\mu F$ 电容串联电路相连，然后再连到 GND1。这样也能减少噪声的影响，以进一步改善芯片的转换性能。

（5）对于高速 ADC，其时钟输入、模拟输入和数字输出，均推荐使用 50Ω 微型传感线输入和输出，这样才能保证信号无损耗地传输；否则达不到预期的转换效果。

（6）在电路设计时，电源输入线应尽可能宽些，这样就能提供一个低阻抗通道，从而降低电源线上脉冲的影响。

（7）在布线设计时，数字信号和模拟信号严禁交叉和重叠。另外，数字信号线应远离灵敏的输入端（如模拟、参考和时钟输入），这样就能避免对输入端的影响。

要点总结

根据 A/D 转换的工作原理，A/D 转换器可分为逐次比较型、积分型和并行比较型三种。并行比较型 A/D 转换是一种转换速度最快、转换原理最直观的 A/D 转换技术；逐次比较型 A/D 转换是一种转换速度高、精度高的直接 A/D 转换技术；积分型 A/D 转换是一种转换精度高、抑制干扰能力强、灵敏度高和造价低的间接 A/D 转换的技术。

二、A/D 转换器的主要参数

A/D 转换器的电参数是随产品型号、工艺和集成度的不同而变化的，但主要电气参数是相同的，现说明如下。

关键字

分辨率，指 A/D 转换器能够识别的最小模拟输入量，它能说明处理数字码位数的能力，通常以输出二进制数的位数或 BCD 码位数来表示。例如，12 位 ADC 的分辨率为 2^{12} 或 12 位。如果用百分数来表示分辨率，则可用下式计算：

$$1/2^n \times 100\% = 1/2^{12} \times 100\% = 0.0244\%$$

BCD 码输出的 A/D 转换器一般用位数表示分辨率。例如，ICL7135 双积分式 A/D 转换器，分辨率为 41/2 位，满刻度字位为 19999，用百分数表示，其分辨率为：

$$1/19999 \times 100\% = 0.005\%$$

A/D 转换器不同位数的分辨率见表 5-1。

表 5-1　A/D 转换器不同位数的分辨率

位数	分辨率	量化单位(%)	输出状态位(2^n)
8	1/256	0.391	256
10	1/1024	0.0977	1024
12	1/4096	0.0244	4096
14	1/16384	0.0061	16384
16	1/65536	0.000015	65536
18	1/262144	0.0 000038	262144
20	1/1048576	0.00000095	1048576

转换精度,表示这个 A/D 转换器在输入范围内其实际输出与理论输出的差值,这个差值称为绝对精度(或绝对误差)。当它用百分数或 LSB(满度范围/2^n)表示时,就称为相对精度(或相对误差)。例如,ADC0809 为 8 位 A/D 转换器,其不可调整的总误差≤1/4LSB,相对误差表示为 0.1%。

> 不同厂家给出的精度参数可能不完全相同,有的给出总误差,有的给出分项误差。分项误差包括:非线性误差、失调误差(或零点误差)、增益误差(或标度误差)、微分非线性误差和量化误差等。另外,分辨率与精度没有直接关系,不能认为二者是一致的。

转换时间,ADC 完成一次完整转换所需要的时间,通常用 ms 或 μs 表示。

转换速率,指在保证输出数字量跟踪输入模拟量而又不增加误差的条件下,输入信号的最大允许变化率。

对于大多数转换器(假设无明显的附加延迟)来说,转换时间与转换速率是倒数关系,即转换时间等于转换速率的倒数。但是对于简单的采样 ADC,转换速率等于转换时间和采样保持捕获时间之和的倒数。另外,对于一些高速采样转换器,其转换速率比转换时间的倒数要快得多,这是由于采用流水线技术的原因,使得前一次转换完成之前就开始新的转换。

目前转换时间最短的 A/D 转换器为全并行式 A/D 转换器。对于使用高性能比较器设计的全高速、全并行式 A/D 转换器 MAX 104,其转换时间为 1ns,即转换速率为 1000MHz(即 1GHz)。其次是逐次比较型 A/D 转换器,它主要采用双极型制造工艺,转换时间也可能达到 0.4μs,即转换速率为 2.5MHz。

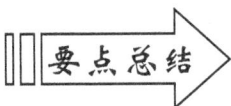

▷▷ 要点总结 ▷

A/D 转换中用转换分辨率来表示 A/D 转换器对输入模拟信号的分辨能力,用转换时间来表示转换的快慢,都是选用 A/D 转换芯片时的一个重要参数指标。

三、并行 A/D 转换器——ADC0808/0809

ADC0808 和 ADC0809 除精度略有差别外(前者精度为 8 位、后者精度为 7 位),其余各方面完全相同。它们都是一种单片 CMOS 器件,包括 8 位的模数转换器、8 路(通道)转换开关和与微处理器兼容的控制逻辑。8 路转换开关能直接连通 8 个单端模拟信号中的任何一个。利用它可直接输入 8 个单端的模拟信号分时进行 A/D 转换,在多点巡回检测和过程控制、运动控制中应用十分广泛。

1. ADC0808/0809 的功能特点

(1)分辨率:8 位。

(2)总的不可调误差:ADC0808 为 $\pm 1/2$ LSB,ADC0809 为 ± 1 LSB。

(3)转换时间:取决于芯片时钟频率,如时钟 640kHz 时,约为 $100\mu s$。(时钟频率范围:$10 \sim 1280$kHz)

(4)单一电源:$+5$V。

(5)模拟输入电压范围:单极性 $0 \sim 5$V;双极性 ± 5V、± 10V(需外加一定电路)。

(6)具有可控三态输出缓存器,输出与 TTL 电平兼容。

(7)启动转换控制为脉冲式(正脉冲),上升沿使所有内部寄存器清零,下降沿使 A/D 转换开始。

(8)使用时不需进行零点和满刻度调节。

(9)功耗:15mW。

2. ADC0808/0809 的内部结构及引脚功能

ADC0808/0809 的外形如图 5-6 所示,内部结构如图 5-7 所示。片内带有锁存功能的 8 路模拟多路开关可对 8 路 $0 \sim 5$V 的输入模拟电压信号分时进行转换,输出具有 TTL 三态锁存缓冲器,可直接连到单片机数据总线上。

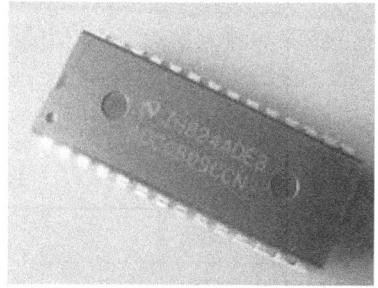

图 5-6　ADC0808/0809 的外形图

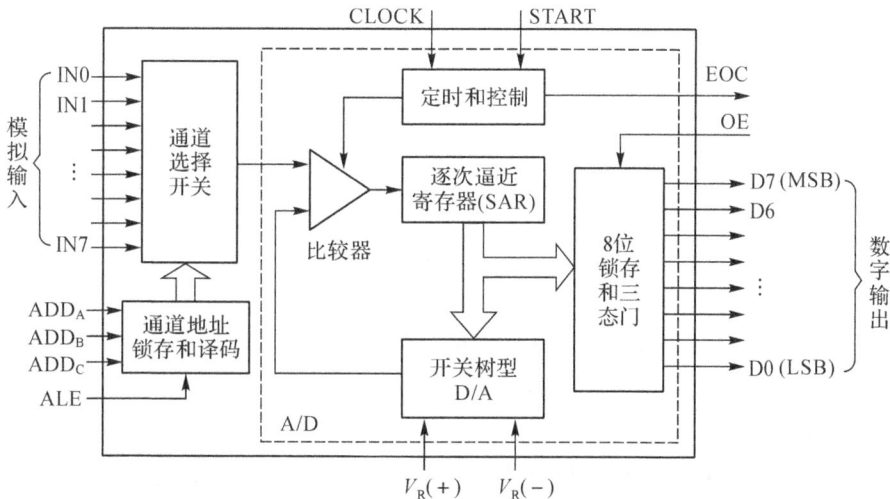

图 5-7　ADC0808/0809 的内部结构

ADC0808/0809 的引脚如图 5-8 所示。各引脚的功能如下:

(1)IN0 ~ IN7:8 路模拟输入,通过 3 根地址译码线 ADD_A、ADD_B、ADD_C 来选通一路。

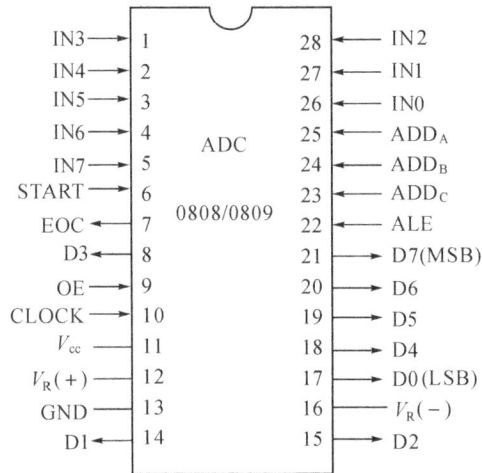

图 5-8 ADC0808/0809 外部引脚图

(2)D7~D0:A/D 转换后的数据输出端,为三态可控输出,故可直接和微处理器数据线连接。8 位排列顺序是 D7 为最高位,D0 为最低位。

(3)ADD_A、ADD_B、ADD_C:模拟通道选择地址信号,ADD_A 为低位,ADD_C 为高位。地址信号与选中通道对应关系如表 5-2 所示。

表 5-2 地址信号与选中通道的关系

地址			选中通道	地址			选中通道
ADD_C	ADD_B	DD_A		ADD_C	ADD_B	ADD_A	
0	0	0	IN0	1	0	0	IN4
0	0	1	IN1	1	0	1	IN5
0	1	0	IN2	1	1	0	IN6
0	1	1	IN3	1	1	1	IN7

(4)$V_R(+)$、$V_R(-)$:正、负参考电压输入端,用于提供片内 DAC 电阻网络的基准电压。在单极性输入时,$V_R(+)=5V$,$V_R(-)=0V$;双极性输入时,$V_R(+)$、$V_R(-)$分别接正、负极性的参考电压。

(5)ALE:地址锁存允许信号,高电平有效。当此信号有效时,A、B、C 三位地址信号被锁存,译码选通对应模拟通道。在使用时,该信号常和 START 信号连在一起,以便同时锁存通道地址和启动 A/D 转换。

(6)START:A/D 转换启动信号,正脉冲有效。在脉冲的上升沿使 A/D 转换器内的逐次逼近寄存器清零,在脉冲的下降沿开始 A/D 转换。如正在进行转换时又接到新的启动脉冲,则原来的转换进程被中止,重新从头开始转换。

(7)EOC:转换结束信号,高电平有效。该信号在 A/D 转换过程中为低电平,其余时间为高电平。该信号可作为被 CPU 查询的状态信号,也可作为对 CPU 的中断请求信号。在需要对某个模拟量不断采样、转换的情况下,EOC也可作为启动信号反馈接到START端,但在刚加电时需由外电路第一次启动。

(8)OE:输出允许信号,高电平有效。当微处理器送出该信号时,ADC0808/0809的输出三态门被打开,使转换结果通过数据总线被读走。在中断工作方式下,该信号往往是CPU发出的中断请求响应信号。

(9)CLOCK:外部时钟输入端(ADC0809的内部没有时钟电路,所需时钟信号由外界提供)。时钟脉冲典型值为640kHz,允许范围为:10~1280kHz。

(10)V_{cc}、GND:分别为电源、地。

3. ADC0808/0809的工作时序与使用说明

ADC0808/0809的工作时序如图5-9所示。工作过程如下:

首先输入3位地址,当通道选择地址有效时,并使ALE=1,地址便马上被锁存。此地址经译码选通8路模拟输入之一到比较器;这时转换启动信号START紧随ALE之后(或与ALE同时)出现。START上升沿将逐次逼近寄存器SAR复位,START至少要有200ns宽的正脉冲信号,START下降沿启动A/D转换;转换时EOC输出信号变低,指示转换正在进行。直到A/D转换完成,EOC变为高电平,指示A/D转换结束,结果数据存入锁存器;使OE为高电平,转换结果(8位数字量)输出到数据总线上,当数据传送完毕后,将OE置为低电平,使ADC0809输出高阻态,让出数据线。

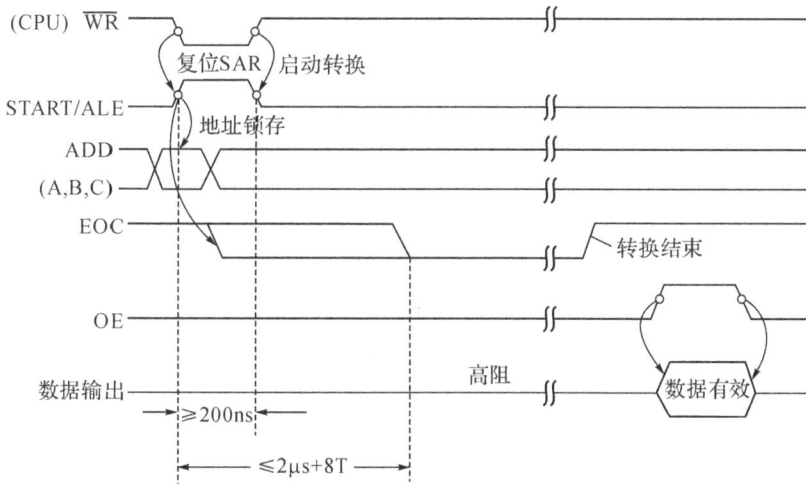

图5-9　ADC 0808/0809工作时序

EOC信号既可用作中断申请又可用作查询。如用EOC信号去产生中断请求,要特别注意EOC的变低相对于启动信号有$2\mu s+8$个时钟周期的延迟,要设法使它不致产生虚假的中断请求。为此,最好利用EOC上升沿产生中断请求,而不是靠高电平产生中断请求。

4. ADC0808/0809与单片机的典型连接

ADC0809典型应用如图5-10所示。由于ADC0809输出含三态锁存,所以其数据输出可以直接连接 MCS-51 的数据总线 P0 口。可通过外部中断或查询方式读取 A/D 转换结果。

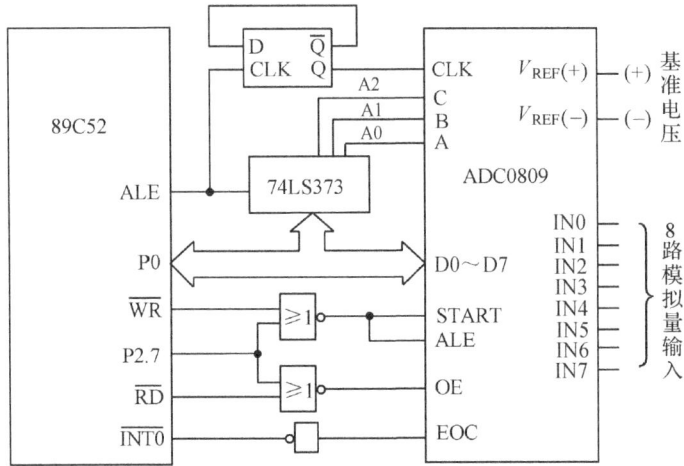

图 5-10　ADC 0808/0809 与单片机接口

　　数据总线：单片机 P0 口提供数据总线。由于 ADC0809 具有输出三态锁存器，故其 8 位数据输出线 D0～D7 可直接与单片机数据总线相连。

　　地址总线：单片机 P0 口提供低 8 位地址总线，P2 口提供高 8 位地址总线。单片机的低 8 位地址信号在 ALE 作用下锁存在 74LS373 中。74LS373 输出的低 3 位信号（A2、A1、A0）分别加到 ADC0809 的通道选择端 A、B、C，作为通道编码。某一高位地址线（如 P2.7）作为片选信号，与 $\overline{WR}$ 进行或非操作得到一个正脉冲，加到 ADC0809 的 ALE 和 START 引脚上。由于 ALE 和 START 连接在一起，因此 ADC0809 在锁存信道地址的同时也可启动转换。

　　控制总线：在读取转换结果时，用单片机的读信号 $\overline{RD}$ 和作为片选信号的高位地址线（如 P2.7）经或非门后产生的正脉冲作为 OE 信号，用以打开三态门输出锁存器。ADC0809 的 EOC 端经反相器连接到单片机的外部中断输入引脚（如 P3.2），作为查询或中断信号。

　　程序设计分两部分：初始化程序，用来对单片机的有关寄存器置初值和启动 0808/0809 进行 A/D 转换；中断服务程序，用来读取转换结果和启动下一次转换。采集 IN0 的模拟信号，并存于 x 的程序如下。

```
# include <absacc.h> //将绝对地址头文件包含在文件中
# include <reg52.h>
unsigned char x; //全局变量
void main(void)
{      EA = 1;   //开总中断
       EX0 = 1;   //外部中断 0 允许
       IT0 = 1;   //外中断 0 下降沿触发
       XBYTE[0x7FF8] = 0;   //启动转换
       while(1);   //无限循环,等待中断
```

```
        }
void int0_fun(void)interrupt 0 using1 //外中断 0 中断服务程序
{     x = XBYTE[0x7FF8];//读转换值
      XBYTE[0x7FF8] = 0;//启动转换
}
```

要点总结

ADC 0808 和 ADC 0809 是 8 位逐次逼近型 A/D 转换器,与单片机的接口程序设计分四步骤:启动 A/D 转换,START 引脚得到下降沿信号;查询 EOC 引脚状态,若 EOC 由 0 变 1,表示 A/D 转换结束;允许读数,将 OE 引脚设置为 1;读取 A/D 转换结果。

四、串行 A/D 转换器——TLC549

TLC549 是美国德州仪器公司生产的 8 位串行 A/D 转换器芯片,它以 8 位开关电容逐次逼近的方法实现 A/D 转换。TLC549 片型小,采样速度快,功耗低,价格便宜,控制简单,适用于低功耗的袖珍仪器上的单路 A/D 或多路并联采样。它能方便地采用三线串行接口方式与各种微处理器连接,构成各种廉价的测控应用系统。

1. TLC549 的技术特性

(1)分辨率:8 位 A/D 转换器,总不可调整误差≤±1/2 LSB。

(2)采用三线串行方式与微处理器接口。

(3)片内提供 4MHz 内部系统时钟,并与操作控制用的外部 I/O CLOCK 相互独立。

(4)有片内采样保持电路,转换时间≤17μs,包括存取与转换时间,转换速率达 40000 次/秒。

(5)采用差分参考电压高阻输入,抗干扰能力强,可按比例量程校准转换范围;差分基准电压输入范围是:1V≤差分基准电压≤V_{cc}+0.2V。

(6)宽电源范围:3~6.5V。

(7)低功耗,当片选信号$\overline{CS}$为低,芯片选中处于工作状态,典型功耗值:6mW。

2. TLC549 的内部结构及引脚功能

TLC549 的内部框图如图 5-11 所示,其内部包含有时钟电路、采样和保持电路、8 位 A/D 转换器、输出数据寄存器以及控制逻辑等单元电路。它采用 CLK、$\overline{CS}$、DO 三根线实现与单片机的串行通信,其中$\overline{CS}$和 CLK 作为输入控制,芯片选择端$\overline{CS}$低电平有效,当$\overline{CS}$为高电平时,CLK 输入被禁止,且 DO 输出处于高阻状态。

TLC549 的引脚如图 5-12 所示,各引脚主要功能如下:

(1)REF+:正基准电压输入端,2.5V ≤REF+≤V_{cc}+0.1V。

(2)REF-:负基准电压输入端,-0.1V≤REF-≤2.5V,且要求 REF+-REF-≥1V。

(3)AIN:模拟信号输入端,0≤AIN≤V_{cc},当 AIN≥REF+时,转换结果为全"1"(FFH),AIN≤REF-时,转换结果为全"0"(00H)。

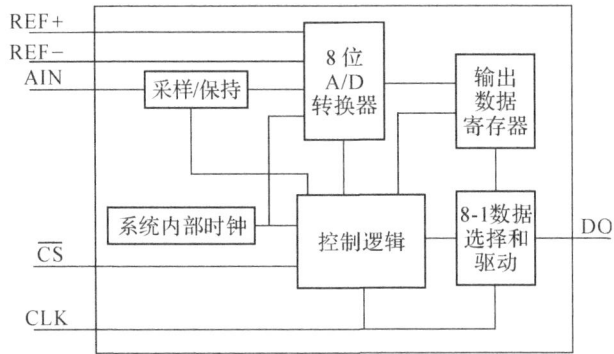

图 5-11　TLC549 的内部框图

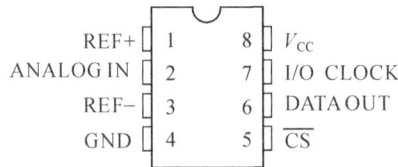

图 5-12　TLC549 的管脚图

(4)GND、V_{cc}:地、电源,3~6.5V。

(5)$\overline{CS}$:芯片选择输入端,低电平有效。

(6)DO:转换结果数据串行输出端,输出时高位在前,低位在后。

(7)CLK:外部时钟输入端,最高频率可达 1.1MHz。

TLC549 可以使用差分基准电压,这是该芯片的重要特性,利用该特性,TLC549 可能测量到的最小量为 1000mV/256,也就是说 0~1V 的信号不经放大也可以得到 8 位的分辨率,因此可以简化电路、节省成本。在要求不高时,也可将 REF－接地,REF＋接 V_{cc}。

3. TLC549 的时序

TLC549 均有片内系统时钟,该时钟与 I/O CLOCK 是独立工作的,无须特殊的速度或相位匹配。TLC549 的时序如图 5-13 所示,一般通常的控制时序为:

(1)将 $\overline{CS}$ 置低。内部电路在测得 $\overline{CS}$ 下降沿后,再等待两个内部时钟上升沿和一个下降沿后,然后确认这一变化,最后自动将前一次转换结果的最高位(D7)位输出到 DATA OUT 端上。

(2)要求自 I/O CLK 端输入 8 个外部时钟信号,前四个 I/O CLOCK 周期的下降沿依次移出上次转换结果第 2、3、4 和第 5 个位(D6、D5、D4、D3),片上采样保持电路在第 4 个 I/O CLOCK 下降沿开始采样本次的模拟输入。

(3)接下来的 3 个 I/O CLOCK 周期的下降沿移出上次转换结果第 6、7、8(D2、D1、D0)个转换位。

(4)最后,片上采样保持电路在第 8 个 I/O CLOCK 周期的下降沿使片内采样/保持电路进入保持状态并启动 A/D 开始转换。保持功能将持续 4 个内部时钟周期,然后开始进行 32 个内部时钟周期的 A/D 转换。第 8 个 I/O CLOCK 后,$\overline{CS}$ 必须为高,或 I/O CLOCK 保持低电平,这种状态需要维持 36 个内部系统时钟周期以等待保持和转换工作的完成。如果 $\overline{CS}$ 为低时 I/O CLOCK 上出现一个有效干扰脉冲,则微处理器/控制器将与器件的 I/O 时序失去同步;若 $\overline{CS}$ 为高时出现一次有效低电平,则将使引脚重新初始化,从而脱离原转换过程。

在 36 个内部系统时钟周期结束之前,实施步骤(1)~(4),可重新启动一次新的 A/D 转换,与此同时,正在进行的转换终止,此时的输出是前一次的转换结果而不是正在进行的转换结果。

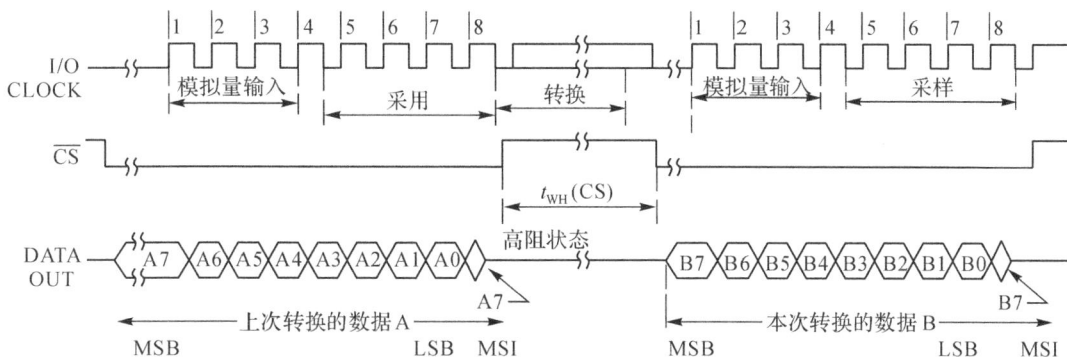

图 5-13　TLC549 的工作时序

(1)若要在特定的时刻采样模拟信号,应使第 8 个 I/O CLOCK 时钟的下降沿与该时刻对应,因为芯片虽在第 4 个 I/O CLOCK 时钟下降沿开始采样,却在第 8 个 I/O CLOCK 的下降沿开始保存。

(2)在 TLC549 的 CLK 端输入 8 个外部时钟信号期间需要完成以下工作:读入前次 A/D 转换结果;对本次转换的输入模拟信号采样并保持;启动本次 A/D 转换。

当 CS 为高时,数据输出(DATA OUT)端处于高阻状态,此时 I/O CLOCK 不起作用。这种 CS 控制作用允许在同时使用多片 TLC549 时,共用 I/O CLOCK,以减少多路(片)A/D 并用时的 I/O 控制端口。

要点总结

TLC549 是 8 位串行 A/D 转换器芯片,它以 8 位开关电容逐次逼近的方法实现 A/D 转换。

五、认识 SPI 总线

SPI 接口的全称是"Serial Peripheral Interface",意为串行外围接口,是由摩托罗拉公司开发的全双工同步串行总线。用来在微控制器和外围设备芯片之间实现数据交换的低成本、易使用接口。与标准的串行接口不同,SPI 是一个同步协议接口,全双工通信,所有的传输都参照一个共同的时钟,这个同步时钟信号由主机产生。接收数据的外设使用时钟对串行比特流的接收进行同步化。其传输速度可达几 Mb/s。它们的传输速度快,抗干扰能力强,简单易用。

SPI 主要使用 4 个信号,即 MISO:Master In Slave Out(主机输入/从机输出),MISO 信号由从机在主机的控制下产生;MOSI:Master Out Slave In(主机输出/从机输入);SCLK:Serial Clock(串行时钟),同步时钟,由主机启动发送并产生,每个时钟的宽度可以不一样;$\overline{SS}$或$\overline{CS}$:Slave Select(外设片选或从机选择),信号用于禁止或使能外设的收发功能。低电平有效,由主机控制。

图 5-14 所示是 SPI 总线系统的一种典型结构。各个从器件是单片机的外围扩展芯片,它们的片选端$\overline{SS}$分别独占单片机的一条通用 I/O 引脚,由单片机分时选通它们建立通信。这样省去了单片机在通信线路上发送地址码的麻烦,但是占用了单片机的引脚资源。当外设器件只有一个时,可以不必选通而直接将$\overline{SS}$端接地即可。

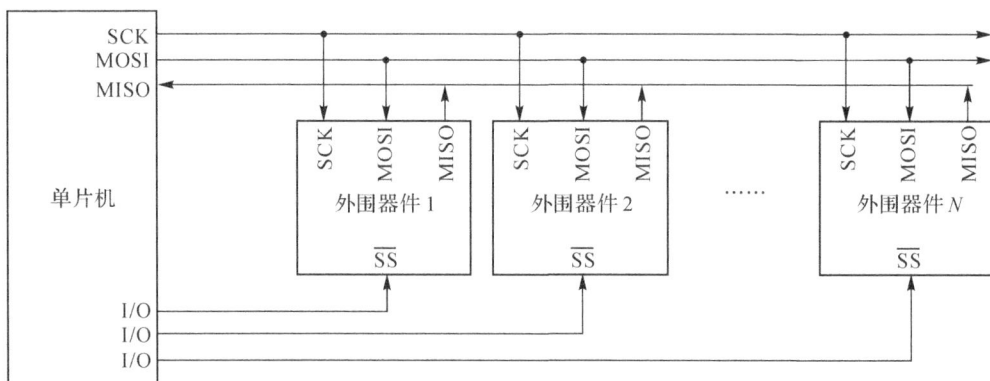

图 5-14　SPI 总线系统的典型结构

要点总结

SPI 接口是全双工同步串行总线,所有的传输都参照一个由主机产生的共同的时钟。

【学习任务】

【任务描述】
A/D 转换器与单片机的连接,设计简易数字电压表。

【任务目标】
(1)第一阶段任务目标:了解一款 A/D 转换器的基本情况。

(2)第二阶段任务目标:掌握 ADC0808 与单片机的接口程序编写的基本方法。

(3)第三阶段任务目标:掌握 TLC549 与单片机的接口程序编写的基本方法。

(4)总体目标:掌握应用 A/D 转换器设计数字电压表的方法。

【知识准备】
(1)了解 A/D 转换器。

(2)并行 A/D 转换器——ADC0808/0809

(3)串行 A/D 转换器——TLC549。

【器材准备】

计算机一台,能上网,安装 Office、Proteus、KEIL 软件。

【任务实施1】介绍 A/D 转换器的选择原则

一、任务分析

通过网络查询或图书查阅,了解 A/D 转换器的基本选型方法。

二、任务实施步骤

(1)查找 A/D 转换器的芯片资料。
(2)以角色扮演的形式介绍 A/D 转换器的选择原则。

三、实施方案设计

不同型号的 A/D 转换器性能指标肯定不同。针对性能指标,确定其适用场合。介绍 A/D 转换器可以采用问答的形式,如扮演 A/D 转换器推销员、客户等。

【任务实施2】基于 ADC0808 的简易电压表

一、任务分析

利用单片机和 ADC0808 组成的系统,测量 0~5V 的模拟电压(测量误差<0.02V),并在数码管上显示出来。

二、任务实施步骤

(1)在 Proteus 中绘制 ADC0808 与单片机的硬件连接的电路图。
(2)利用 KEIL 软件编写接口程序。
(3)编译、调试、运行。

三、硬件电路设计

电路图参见图 5-15。模拟信号由电位器对 5V 电源分压产生,从 IN0 输入 ADC0808。VREF(+)接 5.12V。P2 口接 ADC0808 地址输入线、控制线。转换结束 EOC 输出信号接 P2.0。地址输入端 ADDA、ADDB、ADDC 接 P2.1,P2.2,P2.3。输出允许信号 OE(OUTPUT ENABLE)接 P2.5。启动信号 START、地址锁存允许信号 ALE 接 P2.6。时钟信号输入端 CLOCK 接 P2.7。P1 口接 ADC0809 数据信号输出端。P0 口接共阳数码管的段码,P3 口接共阳数码管的段码。

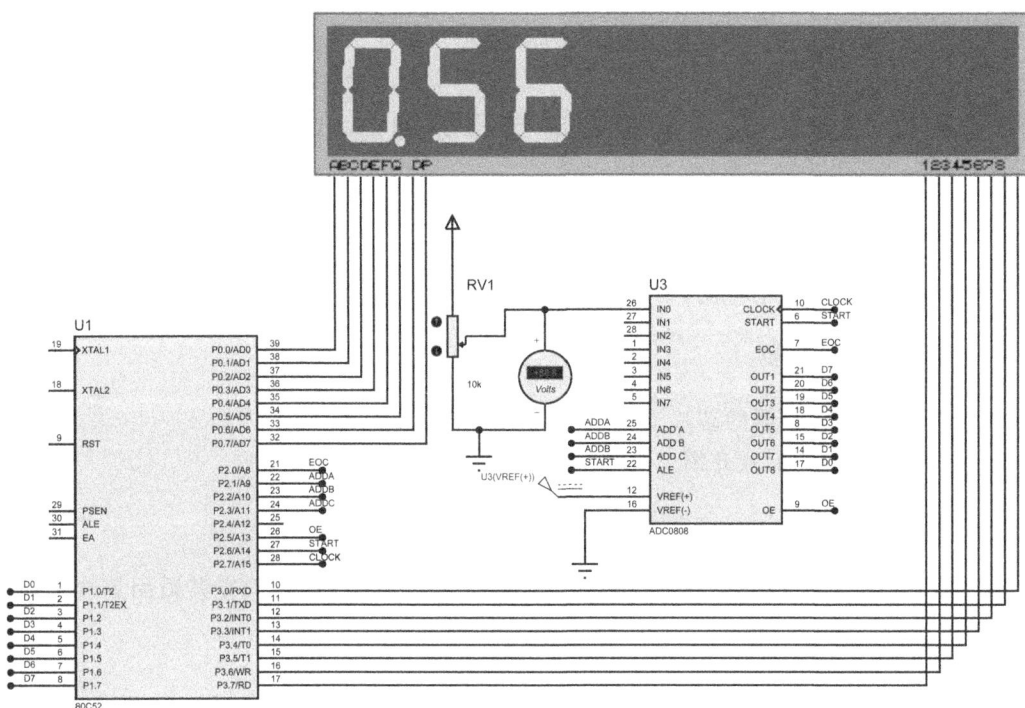

图 5-15　基于 ADC0809 的简易数字钟的电路原理图

四、程序设计

作为一个电压表,其任务就是显示与输入的模拟电压大小相对应的数据,硬件电路已能够将模拟电压转换为单片机可以读取的数字,软件主要完成数据的读入和显示。为了让程序结构清晰,主程序只负责初始化和调用动态显示程序,其他功能都通过中断函数、普通函数的定义和调用来实现。

1. 1s 定时

通过定时器中断服务程序控制 ADC0808 每隔一段时间转换一次,即每隔一段时间变化一次数据。本例中,设置每秒转换一次,采用定时器 T0 硬件定时 10ms＋软件计数 100次来完成 1s 定时。每当 1s 定时到时调用 ADC0808 的控制程序。

2. ADC0808 数据的读取

根据 ADC0808 的时序,可以确定 ADC0808 的操作步骤,参考程序如下:

```
unsigned char ADC0808()
{    unsigned char d;
     ADDC = 0; ADDB = 0; ADDA = 0;//使 ADC0808 选择 IN0
     START = 1; START = 0; //启动 ADC0808
     while(EOC == 0);//等待转换结束,EOC 变为高电平
     OE = 1;//允许 ADC0808 输出
     d = data_point;//读入数据
```

```
            OE = 0; //关闭 ADC0808 输出
            return d; //返回数据
    }
```

3. 数据转换程序

ADC0808 的基准电压使用 5.12V,根据 A/D 转换的公式,每一个数值代表了 0.02V。当输入端输入的电压时 0~5V 时,ADC0808 输出的数据范围将是 0~250。单片机接收到 ADC0808 输出的数据信号后,乘以 0.02V 才能变成对应的模拟信号的电压值。计算后得到的电压值应转换为每一位对应的数字才能通过动态显示程序在数码管上显示出来。参考程序如下:

```
void covert(unsigned char x)
{       disp[0] = dispcode[x/50]; //真实电压值为 x 乘以 0.02V,整数部分相当于 x 除以 50
        disp[0] = disp[0] + 0x80; //显示时加上小数点
        x = (x % 50) * 2; //获得小数部分
        disp[1] = dispcode[x/10]; //第一位小数
        disp[2] = dispcode[x % 10]; //第二位小数
}
```

4. ADC0809 时钟脉冲的产生

由于 Proteus 仿真时,无法模拟 ALE 的信号输出,所以本例中才用定时器 T1 定时输出取反来实现 ADC0808 时钟脉冲的产生。ADC0808 的常用时钟频率为 500kHz,若单片机采用 12MHz 的晶振,可定时 2μs。

```
/* 项目五任务实施 2 示例程序 */
    #include <reg51.h>
    #define data_point P1 //定义数据读入端口
    sbit EOC = P2^0; //定义 ADC0809 的控制引脚
    sbit ADDA = P2^1;
    sbit ADDB = P2^2;
    sbit ADDC = P2^3;
    sbit OE = P2^5;
    sbit START = P2^6;
    sbit CLK = P2^7;
    unsigned char disp[8] = {0,0,0}; //显示数据
    unsigned char t0count = 0; //软件计数变量
    void display(); //动态显示函数
    unsigned char ADC0808(); //通过 ADC0809 读入数据,并通过函数返回
    void covert(unsigned char x); // 数据转换程序
    void main()
    {       TMOD = 0X21; //T0 为方式 1,T1 为方式 2
            TH0 = (65535 - 10000)/256; TL0 = (65535 - 10000) % 256; //T0 设置为 10ms
```

```
        TH1 = 255 - 2;//T1 设置为 2μs
        ET0 = 1; ET1 = 1; EA = 1;//设置中断允许
        TR0 = 1; TR1 = 1;//启动 T0、T1
        OE = 0; START = 0; EOC = 1;//ADC0809 初始化
        while(1) {display();} //调用动态显示函数
    }
void time0()interrupt 1//定时器 0 中断服务程序
{       TH0 = (65535 - 10000)/256; TL0 = (65535 - 10000)%256;//重置 T0 初值
        t0count ++ ;//软件计数器加 1
        if(t0count == 100)//是否到 1s
        {       t0count = 0;//软件计数器清 0
                covert(ADC0808());//从 ADC0809 读入数据并转换为显示数据
        }
}
void time1()interrupt 3 //定时器 1 中断服务程序
{       CLK = ~CLK;  }   //构造 ADC0809 的时钟程序
```

【任务实施 3】基于 TLC549 的简易电压表

一、任务分析

根据 TLC549 的工作时序,编写 TLC549 与单片机的接口程序。

二、任务实施步骤

(1)在 Proteus 中绘制 TLC549 与单片机的硬件连接的电路图。
(2)利用 KEIL 软件编写接口程序。
(3)编译、调试、运行。

三、硬件电路设计

TLC549 与 MCS-51 单片机的接口,见图 5-16。

输入为 0~5V 可调电压,TLC549 的 SCLK 脚与单片机 C52 的 P1.2 相连;TLC549 的 $\overline{CS}$脚与单片机 C52 的 P1.1 相连;TLC549 的 SDO 脚与单片机 C52 的 P1.0 相连。输出以 8 个发光二极管来表示输入电压的大小。

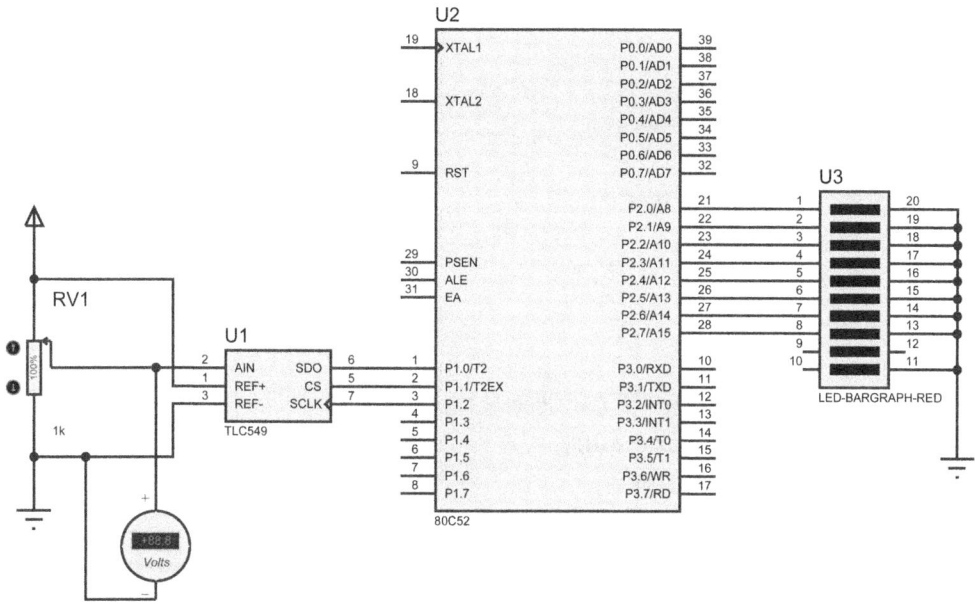

图 5-16   基于 TLC549 的简易电压表的电路原理图

四、程序设计

TLC549 的工作流程图如图 5-17 所示。TLC549ADC()
函数的功能是读取 A/D 转换的数据。参考程序如下：

```
unsigned  char  TLC549ADC(void)
{    unsigned char i;
     CLK = 0;
     DAT = 1;
     CS = 0;
     for(i = 0;i<8;i++)
     {    CLK = 1;
          _nop_(); _nop_();
          ADCdata<< = 1;
          ADbit = DAT;
          CLK = 0;
          _nop_();
     }
     _nop_();     _nop_();
     CS = 1;
     return (ADCdata);
}
```

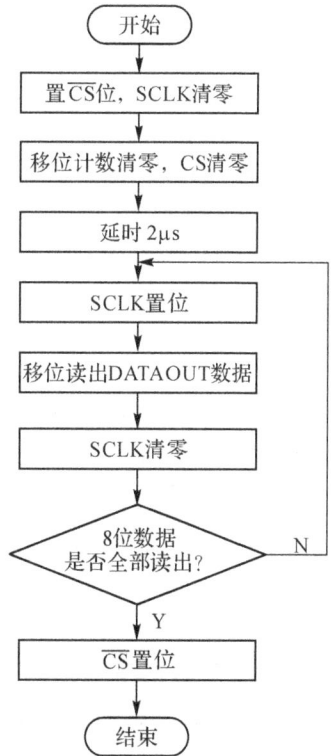

图 5-17   TLC549 工作流程图

```
/*项目五任务实施3示例程序,串行AD转换器TL549进行一路模拟量的测量*/
    #include <reg52.h>
    #include <intrins.h>
    #define uchar unsigned char
    #define uint unsigned int
    //定义TLC549串行总线操作端口
    sbit    CLK = P1^2;
    sbit    DAT = P1^0;
    sbit    CS = P1^1;
    uchar bdata    ADCdata;
    sbit    ADbit = ADCdata^0;     //作为电压转换的最低位
    unsigned char    TLC549ADC(void);
    void main()        //主函数
    {   uchar i;
        uchar AD_DATA = 0;//定义A/D转换数据变量
        while(1)
        {   TLC549ADC();    //启动一次A/D转换
            for(i = 0xff;i>0;i--)   _nop_();    //延时
            AD_DATA = TLC549ADC();    //读取当前电压值A/D转换数据
            P2 = AD_DATA;
        }
    }
```

【项目总结】

对项目五的学习评价可参考表 5-3。专业能力以三个任务实施为单位进行评分,后面两个任务实施可以参照表 5-4 进行评分。

表 5-3　项目五评价成绩表

学号	姓名	专业能力 60%			职业核心能力及职业素养 40%								项目总评
		A/D转换器的选择(20)	ADC0808的应用(40)	TLC549的应用(40)	自我学习(20)	信息处理(10)	数字应用(10)	与人合作(15)	与人交流(15)	解决问题(10)	创新革新(10)	6S执行力(10)	
001													
002													

表 5-4　项目五任务评分表

评价项目	要求	评分标准	配分	自查分	得分
方案设计	1.收集相关资料； 2.制定初步设计方案。	1.资料不全扣 1～2 分； 2.没有初步方案扣 1～3 分。	5		
电路设计	1.电路设计合理、正确； 2.元件放置合理、美观； 3.导线连接规范。	1.电路设计不正确扣 1～5 分； 2.元件放置不正确扣 1～2 分； 3.导线连接不规范扣 1～3 分。	10		
程序设计	1.流程图设计规范、正确； 2.源程序编写正确。	1.流程图设计不正确扣 1～2 分； 2.程序编写不正确扣 1～13 分；	15		
调试运行	1.用 KEIL 软件编译调试； 2.用 Proteus 仿真运行； 3.及时解决调试中的问题。	1.不会用 KEIL 软件扣 1 分； 2.不会用 Proteus 扣 1 分； 3.调试结果不正确扣 1～3 分。	5		
项目总结	1.按时完成设计总结报告； 2.写出设计过程、学习经验。	1.未按时完成报告扣 1～3 分； 2.没有体现个人特色扣 1～2 分。	5		
总分合计			40		

　　项目五数字电压表重点学习单片机与 A/D 转换器的连接、应用。鉴于参考设计内容比较基础，读者可以根据自己所需进一步完善提高。

【思考练习】

　　1.什么是 A/D 转换？在单片机系统中为什么要进行 A/D 转换？

　　2.对于 A/D 转换器有哪些主要技术指标？

　　3.试说明 ADC0809 的工作原理。

　　4.ADC0809 进行 A/D 转换时，其外部时钟脉冲信号的频率范围是多少？可通过哪些方法得到时钟脉冲信号？

　　5.针对本项目任务实施二进行适当修改，用于测量 0～25V 的模拟电压（测量误差＜0.1V）。

　　6.试设计一个 8 路模拟量采集系统，并编写巡回采集程序。

信号发生器

【引言】

信号发生器应用广泛,种类繁多,性能各异,分类也不尽一致。按照频率范围分类可以分为:超低频信号发生器、低频信号发生器、视频信号发生器、高频波形发生器、甚高频波形发生器和超高频信号发生器。按照输出波形分类可以分为:正弦信号发生器和非正弦信号发生器,非正弦信号发生器又包括:脉冲信号发生器,函数信号发生器、扫频信号发生器、数字序列波形发生器、图形信号发生器、噪声信号发生器等。按照信号发生器性能指标可以分为一般信号发生器和标准信号发生器。前者指对输出信号的频率、幅度的准确度和稳定度以及波形失真等要求不高的一类信号发生器。后者是指其输出信号的频率、幅度、调制系数等在一定范围内连续可调,并且读数准确、稳定、屏蔽良好的中、高档信号发生器。

采用单片机系统进行信号发生器的设计,是常用的一种方法。但单片机处理的信息都是数字量,而正弦波、锯齿波这些波形是模拟信号,这就需要将数字量转换为模拟量D/A。因此,D/A 转换是信号发生器不可缺少的一部分。

信号发生器利用 D/A 转换原理,将单片机输出的数字量转换成模拟量。并用模拟方式送给所需的电子设备。

开卷有益

一、了解 D/A 转换器

在 D/A 转换中,要将数字量转换成模拟量,必须先把每一位二进制代码按其"权"的大小转换成相应的模拟量,然后将各分量相加,其总和就是与数字量相应的模拟量,这样所得的总模拟量与数字量成正比,于是便实现了从数字量到模拟量的转换。

实现数模转换器的电路有多种,但比较常用的是电阻网络数模转换器。根据电路形式的不同,有加权电阻网络 D/A 转换器、R-2R T 型网络 D/A 转换器等。

1. 权电阻网络 D/A 转换器

主要由权电阻网络 D/A 转换电路、求和运算放大器和模拟电子开关三部分构成,其中权电阻网络是核心。求和运算放大器构成一个电流、电压转换器,将流过各权电阻的电流相加,并转换成与输入数字量成正比的模拟电压输出。采用运算放大器进行电压转换有两个优点:一是起隔离作用,把负载电阻与电阻网络相隔离,以减小负载电阻对电阻网络的影响;二是可以调节 R_F 控制满刻度值(即输入数字信号为全 1)时输出电压的大小,使 D/A 转换器的输出达到设计要求。

图 6-1 所示的权电阻网络的电阻值是按 4 位二进制数的位权大小取值的。不论模拟开关接到运算放大器的反相输入端(虚地)还是接到地,也就是不论输入数字信号是 1 还是 0,各支路的电流是不变的。

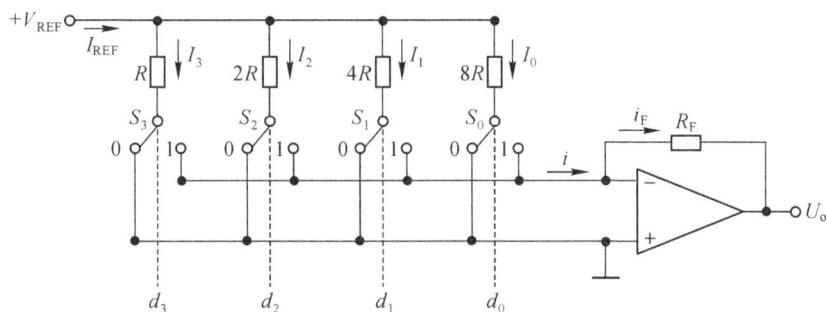

图 6-1　二进制权电阻网络 D/A 转换电路

模拟开关 S 受输入数字信号控制,若 $d=0$,相应的 S 合向同相输入端(地);若 $d=1$,相应的 S 合向反相输入端。图 6-1 中输入端有 4 条支路,当 4 条支路的开关从全部断开到全部闭合,运算放大器可以得到 16 种不同的电流 I 输入。

$$I = I_0 + I_1 + I_2 + I_3$$
$$= \frac{V_{REF}}{2^0 R}d_3 + \frac{V_{REF}}{2^1 R}d_2 + \frac{V_{REF}}{2^2 R}d_1 + \frac{V_{REF}}{2^3 R}d_0$$
$$= \frac{V_{REF}}{2^3 R}(2^3 d_3 + 2^2 d_2 + 2^1 d_1 + 2^0 d_0)$$

这就是说,通过电阻网络,可以把 0000B~1111B 转换成大小不等的电流,从而可以在运算放大器的输出端得到相应大小不同的电压 U_o。

$$U_o = i_F R_F = -i R_F$$
$$= -\frac{V_{REF}R_F}{2_3 R}(2^3 d_3 + 2^2 d_2 + 2^1 d_1 + 2^0 d_0)$$

如果数字 0000B 每次增1,一直变化到 1111B,那么,在输出端就可得到一个 0~V_{REF} 电压幅度的阶梯波形。

> 在 D/A 转换中采用独立的权电阻网络,对于一个 8 位二进制数的 D/A 转换器,就需要 R、$2R$、$4R$、…、$128R$ 共 8 个不等的电阻,最大电阻阻值是最小电阻阻值的 128 倍,而且对这些电阻的精度要求比较高。如果这样的话,从工艺上实现起来是很困难的。所以,n 个如此独立输入支路的方案是不实用的。
>
> 在 DAC 电路结构中,最简单而实用的是采用 T 型电阻网络来代替单一的权电阻网络,整个电阻网络只需要 R 和 $2R$ 两种电阻。在集成电路中,由于所有的组件都做在同一芯片上,电阻的特性可以做得很相近,而且精度与误差问题也可以得到解决

2. R-2R T 型网络 D/A 转换器

主要由 R-2R T 型电阻网络、求和运算放大器和模拟电子开关三部分构成,其中 R-2R 电阻网络是 D/A 转换电路的核心,求和运算放大器构成一个电流、电压转换器,它将与输入数字量成正比的输入电流转换成模拟电压输出。

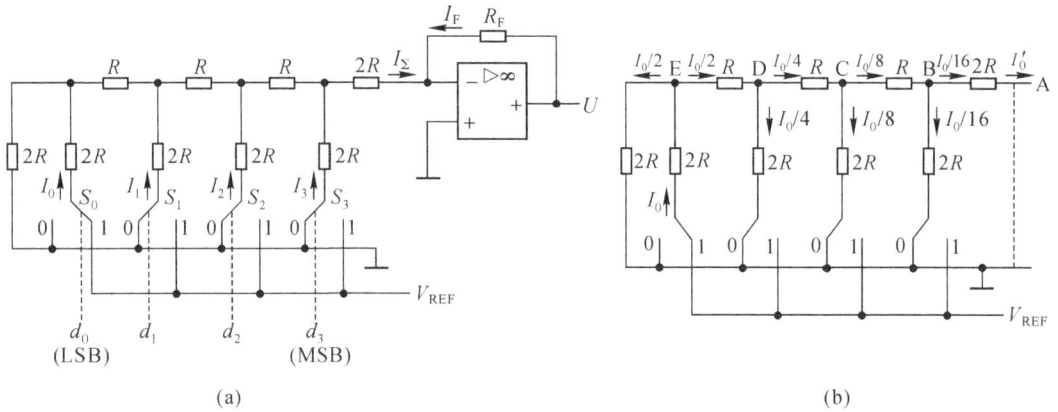

(a)   (b)

图 6-2   R-2RT 型网络 D/A 转换器的电路

当只有一个电子模拟开关 S 合向 1,而其余电子模拟开关 S 均合向 0 时,从该支路的 2R 电阻向左、右看去的等效电阻均为 2R,该电流流向 A 点时,每经过一节 R-2R 电路,电流就减少一半。如只有开关 S_0 合向 1,即对应输入的二进制数为 $d_3d_2d_1d_0 = 0001$ 时,T 形电阻网络的等效电路如图 6-2(b)所示。此时 A 点对应的

$$I_o' = \frac{IO}{16}d_0 = \frac{V_{REF}}{2^4 3R}d_0$$

以此,可知:在输入的二进制数为 $d_3d_2d_1d_0 = 0010$、0100、1000 时,A 点对应的

$$I_1' = \frac{I_1}{8}d_1 = \frac{V_{REF}}{2^3 3R}d_1, \quad I_2' = \frac{I_2}{4}d_2 = \frac{V_{REF}}{2^2 3R}d_2, \quad I_3' = \frac{I_3}{2}d_3 = \frac{V_{REF}}{2^1 3R}d_3$$

依叠加原理,A 点的电流和 I_Σ 为:

$$I_\Sigma = I_0' + I_1' + I_2' + I_3'$$

$$= \frac{V_{REF}}{2^4 3R}d_0 + \frac{V_{REF}}{2^3 3R}d_1 + \frac{V_{REF}}{2^2 3R}d_2 + \frac{V_{REF}}{2^1 3R}d_3$$

$$= \frac{V_{REF}}{2^4 3R}(2^3 d_3 + 2^2 d_2 + 2^1 d_1 + 2^0 d_0)$$

正比于输入的二进制数,实现了数字量到模拟量的转换。

求和运算放大器的输出电压

$$U_o = -I_F R_F = -I_\Sigma R_F$$

输出电压也与输入数字量成正比。

3. R-2R 倒 T 形电阻网络 D/A 转换器

电路如图 6-3 所示,当电子开关都打到"1",即 $D_3D_2D_1D_0 = 1111$ 时,电路如图 6-4 所示。此时流入求和运算放大器的电流为:

$$I_\Sigma = \frac{1}{2}D_3 + \frac{1}{4}D_2 + \frac{1}{8}D_1 + \frac{1}{16}D_0$$

$$= \frac{V_{REF}}{2^4 R}(2^3 D_3 + 2^2 D_2 + 2^1 D_1 + 2^0 D_0)$$

$$U_0 = -I_\Sigma R_F = -\frac{V_{REF}}{2^4 R}(2^3 D_3 + 2^2 D_2 + 2^1 D_1 + 2^0 D_0)R_F$$

如果 $RF=R$，则 $U_o = -\frac{V_{REF}}{2^4}(2^3 D_3 + 2^2 D_2 + 2^1 D_1 + 2^0 D_0)$

这样就实现了数字量到模拟量的转换。

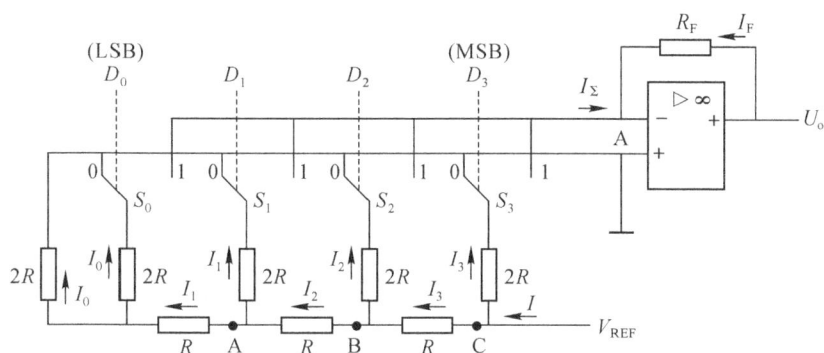

图 6-3　R-2R 倒 T 形电阻网络 D/A 转换器

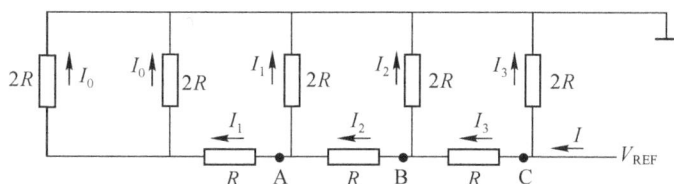

图 6-4　R-2R 倒 T 形电阻网络等效图

要点总结

　　倒 T 形电阻网络由于流过各支路的电流恒定不变,故在开关状态变化时,不需电流建立时间,所以该电路转换速度高,在数模转换器中被广泛采用。

二、D/A 转换器的主要参数

　　D/A 转换器的电参数是随产品型号、工艺和集成度的不同而变化的,但主要是电气参数是相同的。

关键字

　　分辨率,是指 D/A 转换器模拟输出所能产生的最小电压变化量与满刻度输出电压之

比。对于一个 n 位的 D/A 转换器,分辨率可表示为

$$分辨率=\frac{U_{LSB}}{U_{FSR}}=\frac{1}{2^n-1}$$

例如,4 位 DAC 的分辨率为 $1/(23-1)=1/15=6.67\%$(分辨率也常用百分比来表示)。8 位 DAC 的分辨率为 $1/255=0.39\%$。显然,位数越多,分辨率越高。

分辨率与 D/A 转换器的位数有关,位数越多,能够分辨的最小输出电压变化量就越小。

建立时间,又称稳定时间、转换时间。输入二进制数变化量是满量程时,D/A 转换器的输出达到离终值 $\pm1/2$LSB 时所需要的时间。对于输出是电流型的 D/A 转换器来说,稳定时间是很快的,一般在几 ns 到几百 ns 之间,而输出是电压的 D/A 转换器转换较慢,其稳定时间主要取决于运算放大器的响应时间。

转换精度,D/A 转换器的转换精度分绝对精度和相对精度。绝对精度是指输入满刻度数字量时,D/A 转换器的实际输出值与理论值之间的偏差。该偏差用最低有效位 LSB 的分数来表示,如 $\pm1/2$LSB 或 ±1LSB。相对精度是绝对精度与满刻度输出电压(或电流)之比,通常用百分数表示。

线性度和线性误差,当数字量变化时,D/A 转换器输出的模拟量按比例关系变化的程度,称为线性度。理想的 D/A 转换器是线性的,但是实际上是有误差的,模拟输出偏离理想输出的最大值称为线性误差。

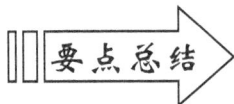

要点总结

D/A 转换器的分辨率、建立时间是 D/A 转换器选型时的两个重要指标。

三、并行 D/A 转换器——DAC0832

DAC0832 是美国国家半导体公司生产的 DAC0830 系列(DAC0830/32)产品中的一种,是 8 位 CMOS、电流输出型 D/A 转换器。芯片内带有两级数据锁存器,可与数据总线直接相连。电路有极好的温度跟随性,使用了 CMOS 电流开关和控制逻辑而获得低功耗、低输出的泄漏电流误差。DAC0832 逻辑输入满足 TTL 电平,可直接与 TTL 电路或微机电路连接。

1. DAC0832 的功能特点

(1)分辨率:8 位。

(2)电流建立时间:1μs。

(3)数据输入:双缓冲、单缓冲或直通方式。

(4)输出电流线性度:满量程下调节。

(5)逻辑电平:TTL 电平兼容。

(6)单一电源:$+5$V$\sim+15$V。

(7)低功耗:20mW。

2. DAC0832 的内部结构及引脚功能

DAC0832 是采用 CMOS 工艺制成的 DIP20 封装、直流输出型 8 位数/模转换器。它由倒 T 型 R-2R 电阻网络、模拟开关、运算放大器和参考电压 VREF 四大部分组成。

D/A 集成芯片 DAC0832(DAC0830、DAC0831)的内部结构如图 6-5 所示,由 8 位输入锁存器、8 位 DAC 寄存器和 8 位 D/A 转换器三大部分组成。芯片采用 R-2R T 型电阻网络,对参考电流进行分流完成 D/A 转换。转换结果 D/A 转换结果以一组差动电流 I_{OUT1} 和 I_{OUT2} 输出。若需要相应的模拟电压信号,可通过一个高输入阻抗的线性运算放大器实现。运放的反馈电阻可通过 R_{FB} 端引用片内固有电阻,也可外接。

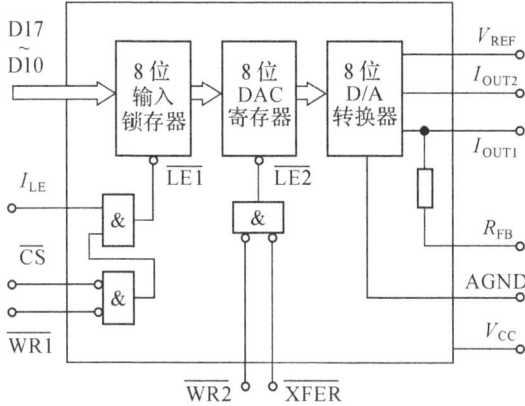

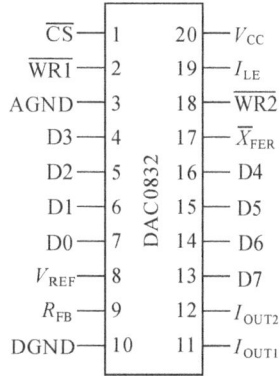

图 6-5　DAC8032 内部结构图　　　　　图 6-6　DAC8032 管脚图

DAC0832 各引脚的功能如下:

(1)D10~D17:8 位数据输入端。TLL 电平。

(2)$\overline{CS}$:片选信号,和允许锁存信号 ILE 组合来决定 $\overline{WR1}$ 是否起作用。

(3)ILE:数据锁存允许控制信号输入线,高电平有效。

(4)$\overline{WR1}$:写信号 1,作为第一级锁存信号,将输入资料锁存到输入寄存器(此时,$\overline{WR1}$ 必须和 $\overline{CS}$、ILE 同时有效)。

(5)$\overline{WR2}$:写信号 2,将锁存在输入寄存器中的资料送到 DAC 寄存器中进行锁存(此时,传输控制信号 $\overline{XFER}$ 必须有效)。

(6)$\overline{XFER}$:数据传送控制信号输入线,用来控制 $\overline{WR2}$。

(7)I_{OUT1}:模拟电流输出端 1。当 DAC 寄存器中全为 1 时,输出电流最大,当 DAC 寄存器中全为 0 时,输出电流为 0。

(8)I_{OUT2}:模拟电流输出端 2。$I_{OUT1} + I_{OUT2} =$ 常数。

(9)R_{FB}:反馈电阻引出端。DAC0832 内部已经有反馈电阻,所以,R_{FB} 端可以直接接到外部运算放大器的输出端。相当于将反馈电阻接在运算放大器的输入端和输出端之间。

(10)V_{REF}:参考电压输入端。可接电压范围为 $-10V\sim+10V$。外部标准电压通过 V_{REF} 与 T 型电阻网络相连。

(11)V_{CC}:芯片供电电压端。范围为 $+5V\sim+15V$,最佳工作状态是 $+15V$。

(12)AGND:模拟地,即模拟电路接地端。

(13)DGND:数字地,即数字电路接地端。

3. DAC0832 的工作时序与工作方法

图 6-7 为 DAC0832 的工作时序,当 ILE 为高电平时,通过 $\overline{CS}$ 和 $\overline{WR1}$ 将数据写入 8 位输入

寄存器,通过$\overline{WR2}$和$\overline{XFER}$将数据从输入寄存器写入 8 位 DAC 寄存器,同时进行 D/A 转换。

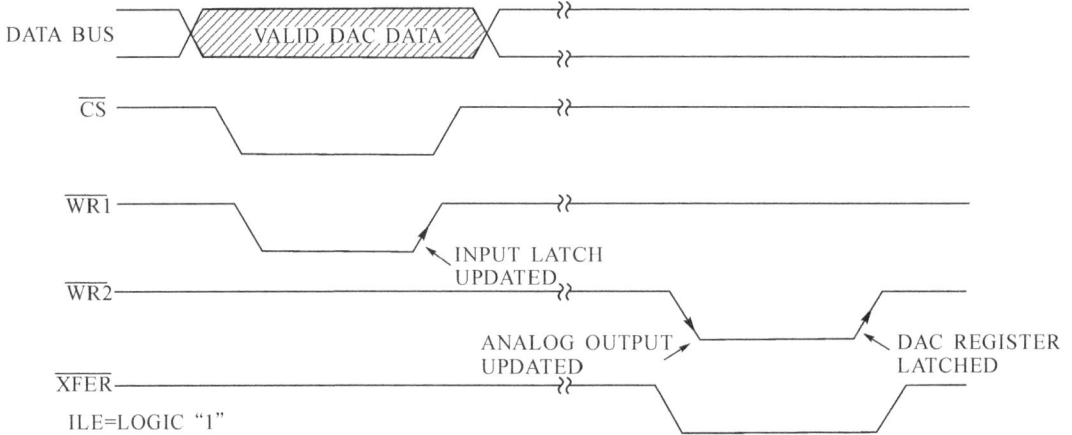

图 6-7   DAC0832 工作时序

根据 DAC0832 的工作时序可知:进行 D/A 转换,可以采用两种方法对数据进行锁存。

第一种方法是使输入寄存器工作在锁存状态,而 DAC 寄存器工作在直通状态。具体地说,就是使$\overline{WR2}$和$\overline{XFER}$都为低电平,DAC 寄存器的锁存选通端得不到有效电平而直通;此外,使输入寄存器的控制信号 ILE 处于高电平、$\overline{CS}$处于低电平,这样,当$\overline{WR1}$端来一个负脉冲时,就可以完成 1 次转换。

第二种方法是使输入寄存器工作在直通状态,而 DAC 寄存器工作在锁存状态。就是使$\overline{WR1}$和$\overline{CS}$为低电平,ILE 为高电平,这样,输入寄存器的锁存选通信号处于无效状态而直通;当$\overline{WR2}$和$\overline{XFER}$端输入 1 个负脉冲时,使得 DAC 寄存器工作在锁存状态,提供锁存数据进行转换。

根据上述对 DAC0832 的输入寄存器和 DAC 寄存器不同的控制方法,DAC0832 有如下 3 种工作方式:

(1)单缓冲方式。单缓冲方式是控制输入寄存器和 DAC 寄存器同时接收资料,或者只用输入寄存器而把 DAC 寄存器接成直通方式。此方式适用只有一路模拟量输出或几路模拟量异步输出的情形。

(2)双缓冲方式。双缓冲方式是先使输入寄存器接收资料,再控制输入寄存器的输出资料到 DAC 寄存器,即分两次锁存输入资料。此方式适用于多个 D/A 转换同步输出的情节。

(3)直通方式。直通方式是资料不经两级锁存器锁存,即$\overline{WR1}$、$\overline{WR2}$、$\overline{XFER}$、$\overline{CS}$均接地,ILE 接高电平。此方式适用于连续反馈控制线路,不过在使用时,必须通过另加 I/O 接口与 CPU 连接,以匹配 CPU 与 D/A 转换。

4. DAC0832 与单片机的典型连接

(1)单缓冲工作方式。此方式适用于只有一路模拟量输出或几路模拟量非同步输出的情形。方法是控制输入寄存器同时接收数据,或者只用输入寄存器而把 DAC 寄存器接成直通方式。

单缓冲方式是指 DAC0832 内部的两个数据缓冲器有一个处于直通方式,另一个处于受单片机控制的方式。如图 6-8 所示 ILE 接+5V,片选信号及数据传输信号都与地址选择线 P2.7 相连,地址为 7FFFH,两级寄存器的写信号都由 CPU 的 $\overline{WR}$ 端控制。数字量可以直接从 MCS-52 的 P0 口送入 DAC0832。当地址选择线选择好 DAC0832 后,只要输出控制信号,DAC0832 就能一次完成数字量的输入锁存和 D/A 转换输出。

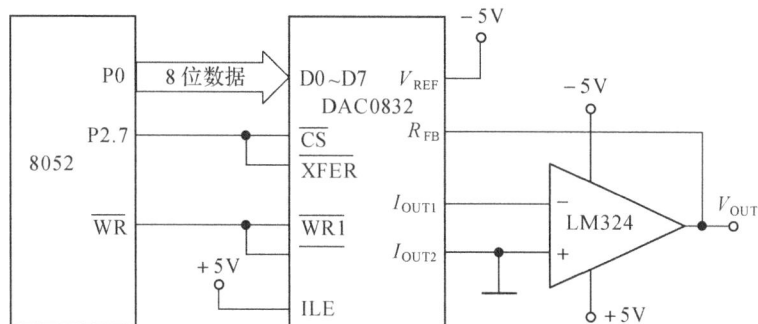

图 6-8 DAC0832 的单缓冲方式接口

(2)双缓冲工作方式。对于多路 D/A 转换,若要求同步进行 D/A 转换输出时,则必须采用双缓冲方式。方法是先分别使这些 DAC0832 的输入寄存器接收数据,再控制这些 DAC0832 同时传送数据到 DAC 寄存器以实现多个 D/A 转换同步输出。如图 6-9 所示。

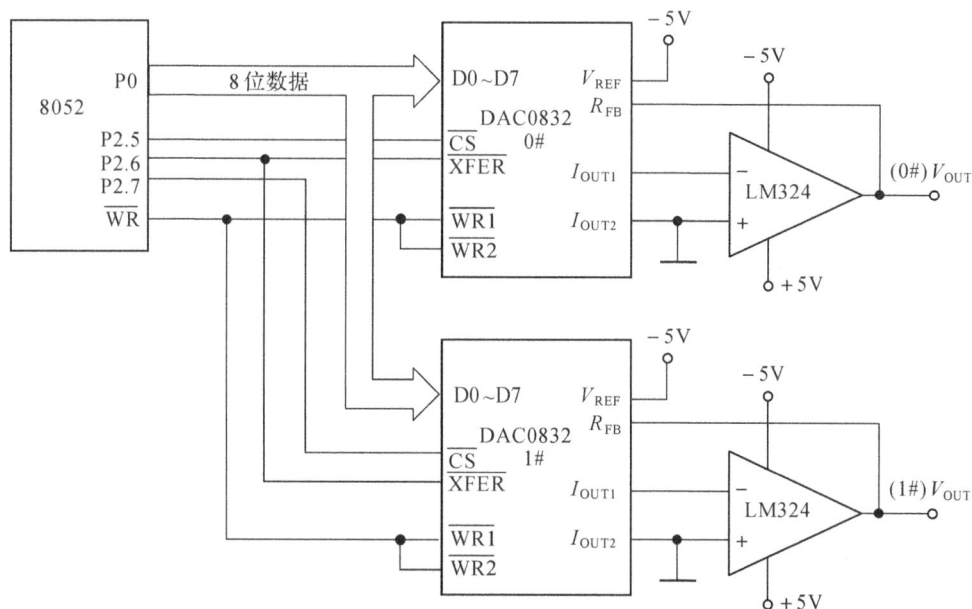

图 6-9 DAC0832 的双缓冲方式

(3)直通工作方式。此方式适用于连续反馈控制线路中。方法是:数据不通过缓冲器,即 $\overline{WR1}$、$\overline{WR2}$、$\overline{XFER}$、$\overline{CS}$ 均接地,ILE 接高电平。数据一旦输入,就直接进入 DAC 寄存器,进行 D/A 转换。此时必须通过 I/O 接口与微处理器连接,以匹配微处理器与 D/A 的转换。如图 6-10 所示。

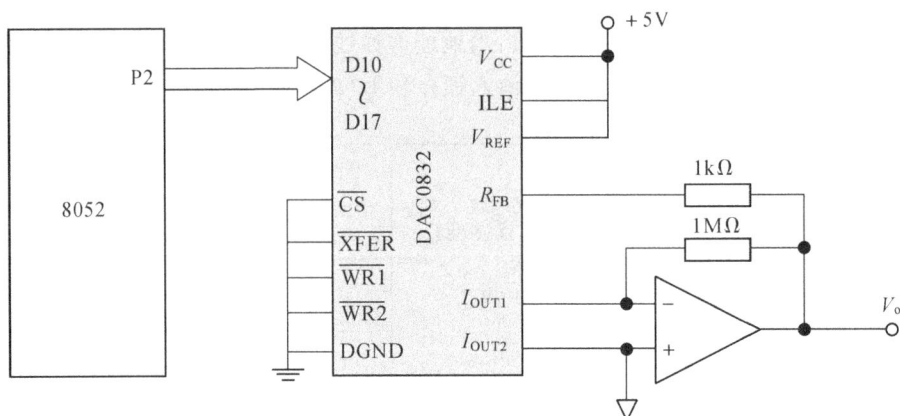

图 6-10　DAC0832 的直通工作方式

要点总结

DAC0832 是最常见的 D/A 转换芯片,它是 8 位分辨率,建立时间是 $1\mu s$,具有直通、单缓冲、双缓冲三种工作方式。

四、串行 D/A 转换器——TLC5615

TLC5615 为美国德州仪器公司 1999 年推出的产品,是具有串行接口的数模转换器,其输出为电压型,最大输出电压是基准电压值的两倍。带有上电复位功能,即把 DAC 寄存器复位至全零。性能比早期电流型输出的 DAC 要好。只需要通过 3 根串行总线就可以完成 10 位数据的串行输入,易于和工业标准的微处理器或微控制器(单片机)接口,适用于电池供电的测试仪表、移动电话,也适用于数字失调与增益调整以及工业控制场合。

1. TLC5615 的主要技术特性

(1)10 位 CMOS 电压输出 DAC。

(2)5V 单电源供电。

(3)与 CPU 三线串行接口。

(4)高阻抗基准输入端。

(5)DAC 输出最大电压为 2 倍基准输入电压。

(6)上电时内部自动复位。

(7)建立时间 $12.5\mu s$。

(8)微功耗,最大功耗为 1.75mW。

(9)转换速率快,更新率为 1.21MHz。

2. TLC5615 的内部结构及引脚功能

TLC5615 的内部功能框图如图 6-11 所示,它主要由以下几部分组成:10 位 DAC 电路;一个 16 位移位寄存器,接受串行输入的二进制数,并且有一个级联的数据输出端 DOUT;并行输入输出的 10 位 DAC 寄存器,为 10 位 DAC 电路提供待转换的二进制数据;电压跟随器为参考电压端 REFIN 提供很高的输入阻抗,大约 10MΩ;x 2 电路提供最大值为 2 倍于 REFIN 的输出;上电复位电路和控制电路。

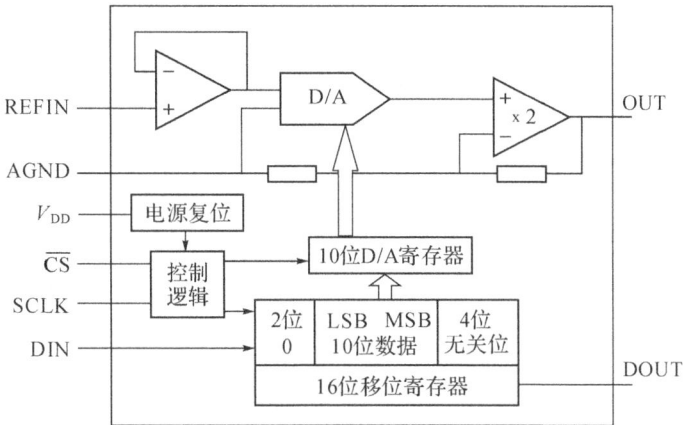

图 6-11 TLC5615 的内部功能框图

TLC5615 的引脚如图 6-12 所示。

(1)DIN:串行二进制数输入端。

(2)SCLK:串行时钟输入端。

(3)$\overline{CS}$:芯片选择,低有效。

(4)DOUT:用于级联的串行数据输出。

(5)AGND:模拟地。

(6)REFIN:基准电压输入端。

(7)OUT:DAC 模拟电压输出端。

(8)V_{DD}:正电源电压端。

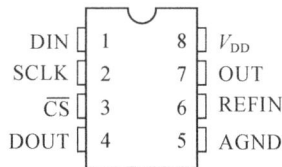

图 6-12 TLC5615 管脚图

推荐工作条件:

V_{DD}:4.5～5.5V,通常取 5V。

高电平输入电压:不小于 2.4V。

低电平输入电压:不高于 0.8V。

基准电压的大小:2V～(V_{DD}-2)V,通常取 2.048V。

负载电阻:不小于 2kΩ。

3. TLC5615 的工作时序和工作方式

(1)TLC5615 的工作时序

TLC5615 工作时序如图 6-13 所示,可以看出:当片选$\overline{CS}$为低电平时,输入数据 DIN 由时钟 SCLK 同步输入或输出,而且最高有效位在前,低有效位在后。输入时 SCLK 的上升沿把串行输入数据 DIN 移入内部的 16 位移位寄存器,SCLK 的下降沿输出串行数据 DOUT,片选$\overline{\text{CS}}$的上升沿把 16 位移位寄存器的 10 位有效数据传送至 10 位 DAC 寄存器,供 DAC 电路进行转换;当片选$\overline{\text{CS}}$为高电平时,串行输入数据 DIN 不能由时钟同步送入移位寄存器;输出数据 DOUT 保持最近的数值不变而不进入高阻状态。由此要想串行输入数据和输出数据必须满足两个条件:第一时钟 SCLK 的有效跳变;第二片选$\overline{\text{CS}}$为低电平。这里,为了使时钟的内部馈通最小,当片选$\overline{\text{CS}}$为高电平时,输入时钟 SCLK 应当为低电平。

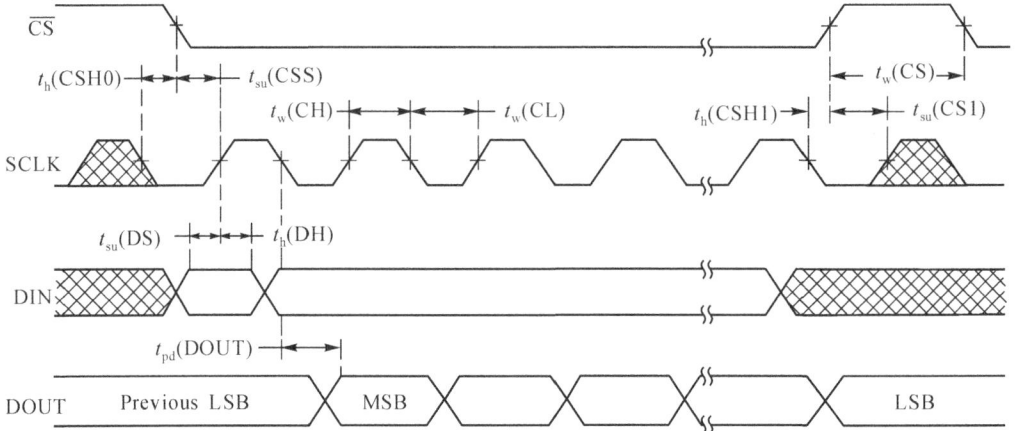

图 6-13　TLC5615 工作时序

(2)TLC 5615 的工作方式

第一种方式(12 位数据序列):在单片 TLC5615 工作时,DIN 只需输入 12 位数据。DIN 输入的 12 位数据中,前 10 位为 TLC5615 输入的 D/A 转换数据,且输入时高位在前,低位在后,后两位必须写入数值为零的低于 LSB 的位,因为 TLC5615 的 DAC 输入锁存器为 12 位宽。

第二种方式为级联方式(16 位数据序列),来自 DOUT 的数据需要输入 16 位时钟下降沿,因此完成一次数据输入需要 16 个时钟周期,输入的数据也应为 16 位。输入的数据中,前 4 位为高虚拟位,中间 10 位为 D/A 转换数据,最后 2 位为低于 LSB 的位即零。

输出电压为:$V_{\text{out}} = V_{\text{REFIN}} \times N/1024$

其中:V_{RFFTN}为参考电压,N 为输入的二进制数。

---

　　　　　(1) TLC5615 转换精度 10bit,转换后输出为电压,最大输出电压比芯片工作电压 V_{DD} 小 0.4V,逻辑电压输入 5V($\pm 5\%$),若采用 5V 的逻辑电平,其最大输入电压为 4.6V,故参考电压 V_{ref} 输入必须在 0~2.3V 范围之内,一般取 $V_{\text{ref}} = 2.048$V。

　　　　　(2)输出电压计算式:$V_{\text{out}} = V_{\text{REFIN}} \times N/1024$。

　　　　　(3)TLC5615 面向 CPU 的接口采用 SPI 串行传输,其最大传输速度为 1.21MHz,DA 转换时间为 12.5μs,故一次写入数据($\overline{\text{CS}}$引脚从低电平至高电平跳跃)后,必须延时 15μs 左右才可第二次刷入数据再次启动 DA 转换。

(4)DOUT 引脚作为 MISO 引脚或者多个 TLC5615 级联的串行数据输出。

(5)写入转换数据可为 12bits 格式或者 16bits 格式(当级联输出时),数据传输高位先发。

要点总结

TLC5615 是十位串行 D/A 转换器,具有 12 位数据序列、16 位数据序列两种工作方式。

【学习任务】

【任务描述】

D/A 转换器与单片机的连接,设计简易信号发生器。

【任务目标】

(1)第一阶段任务目标:了解一款 D/A 转换器的基本情况。

(2)第二阶段任务目标:掌握 DAC0832 与单片机的接口程序编写的基本方法。

(3)第三阶段任务目标:掌握 TLC5615 与单片机的接口程序编写的基本方法。

(4)第三阶段任务目标:利用 TLC5615 实现可调信号发生器。

(5)总体目标:掌握应用 D/A 转换器设计信号发生器的方法。

【知识准备】

(1)了解 D/A 转换器。

(2)并行 D/A 转换器——DAC0832。

(3)串行 D/A 转换器——TLC5615。

【器材准备】

计算机一台,能上网,安装 Office、Proteus、KEIL 软件。

【任务实施 1】介绍 D/A 转换器的选择原则

一、任务分析

通过网络查询或图书查阅,了解 D/A 转换器的基本选型方法。

二、任务实施步骤

(1)查找 D/A 转换器的芯片资料。

(2)以角色扮演的形式介绍 D/A 转换器的选择原则。

三、实施方案设计

不同型号的 D/A 转换器性能指标肯定不同。针对性能指标,确定其适用场合。介绍 D/A 转换器可以采用问答的形式,如扮演 D/A 转换器推销员、客户等。

【任务实施 2】基于 DAC0832 的简易信号发生器

一、任务分析

根据 D/A 转换器的工作时序，编写 D/A 转换器与单片机的接口程序。

二、任务实施步骤

(1)在 Proteus 中绘制 D/A 转换器与单片机的硬件连接的电路图。
(2)利用 KEIL 软件编写接口程序。
(3)编译、调试、运行。

三、硬件电路设计

选择 DAC0832 作为 D/A 转换器，根据 DAC0832 的工作原理及工作时序图，选择直通工作方式与单片机相连。硬件电路如 6-14 所示。

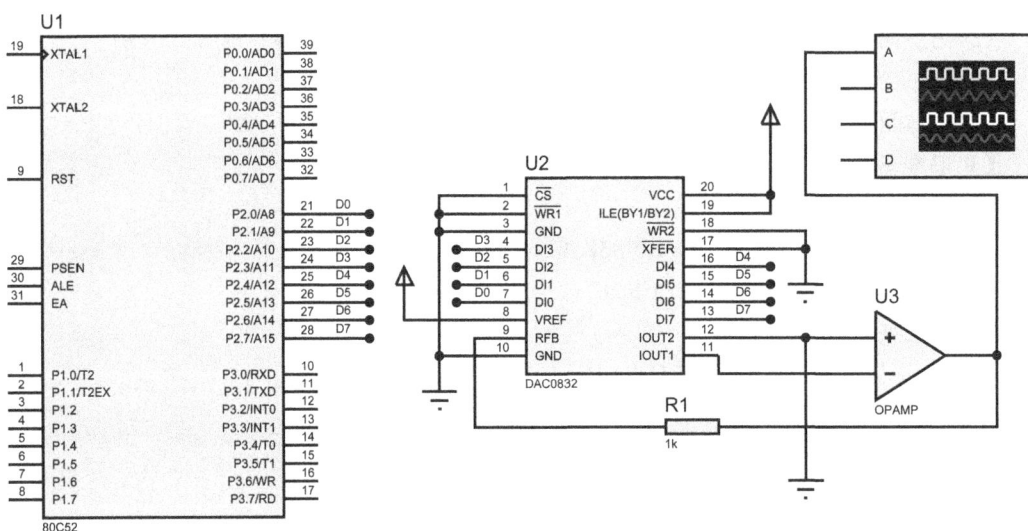

图 6-14 基于 DAC0832 的简易信号发生器的电路原理图

单片机 P2 口输出连续变化的数字量送入 DAC0832 的数据输入端，由于只有一路模拟量输出，DAC0832 采用直通工作方式（即 $\overline{WR1}$、$\overline{WR2}$、$\overline{XFER}$、$\overline{CS}$ 接地，ILE 接高电平），由于 DAC0832 是电流输出型，故要输出电压的话在输出端接放大电路，把电流转化为电压。DAC0832 的参考电压 V_{REF} 接 5V，即当输入的数字量为 11111111 时，对应的输出模拟量是 5V。

四、程序设计

在三角波的半个周期内,数字量从 00000000 逐步变化到 11111111,模拟量从 0 升高到 5V,即变化 1 个数字量,模拟量变化 $5/256=0.0195$V。输出 $V_{out}=DIN\times0.0195$(V),DIN $=0$ 时,$V_{out}=0$V;DIN 每增加 1,V_{out} 增加 0.0195V;DIN 是 255 时,V_{out} 达到最大值。虽然不是线性变化,但当电压的变化量很小时,可以看作线性变化。流程图如图 6-15 所示。

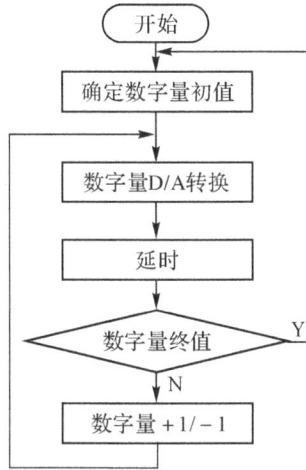

图 6-15 D/A 转换流程图

```
/*项目六任务实施 2 示例程序,DAC0832 的三角波输出*/
    #include <reg52.h>
    #include<intrins.h>
    void main(void)
    {   unsigned char i;
        while(1)
        {   for(i=0;i<255;i++)      //三角波上升沿
            {   P2=i;  _nop_();_nop_(); }
            for(i=255;i>0;i--)      //三角波下降沿
            {   P2=i;_nop_();_nop_(); }
        }
    }
```

【任务实施 3】基于 TLC5615 的简易信号发生器

一、任务分析

根据 TLC5615 的工作时序,编写 TLC5615 与单片机的接口程序,产生一个三角波,频率随意。

二、任务实施步骤

(1)在 Proteus 中绘制 TLC5615 与单片机的硬件连接的电路图。

(2)利用 KEIL 软件编写接口程序。

(3)编译、调试、运行。

三、硬件电路设计

根据 TLC5615 的工作原理及上述工作时序图,设计与 MCS-51 单片机的接口如图 6-16 所示。

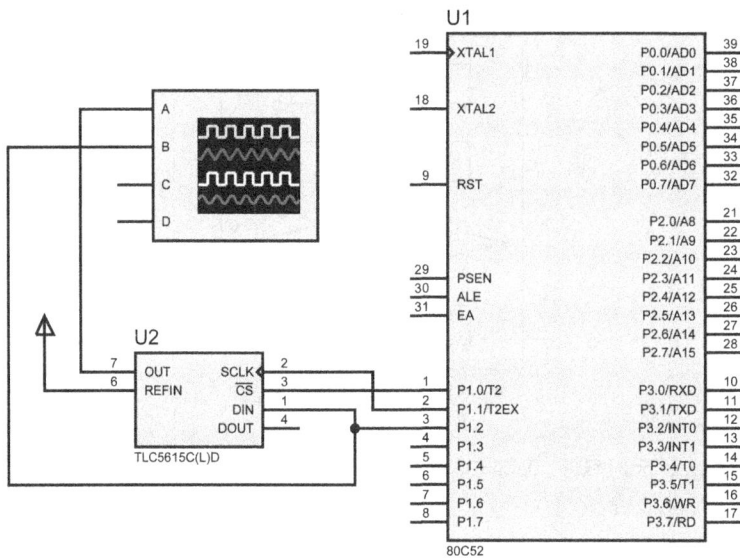

图 6-16　基于 TLC5615 的简易信号发生器的电路原理图

输入为 0～5V 可调电压,TLC5615 的 SCLK 脚与单片机 C52 的 P1.1 相连;TLC5615 的 $\overline{CS}$ 脚与单片机 C52 的 P1.0 相连;TLC5615 的 DIN 脚与单片机 C52 的 P1.2 相连,通过示波器观察 TLC5615 输出电压的大小。

四、程序设计

为产生三角波,数字量从 0 开始,每次加 1,加到 n 后每次减 1,直至到 0,每次加减 1 后由 TLC5615 转换为相应的电压值输出。这样就实现了一周期的转换。

```
/* 项目六任务实施 3 示例程序,DA 转换器 TLC5615 的三角波输出 */
#include<reg52.h>
#include<intrins.h>
#define uint unsigned int
#define uchar unsigned char
sbit din = P1^2;          //串行数据输入
sbit sck = P1^1;
```

```
sbit cs = P1^0;
void delay(uint z)
{    uint x,y;
     for(x = z;x>0;x--)
         for(y = 64;y>0;y--);
}
void DA(uint j)    //D/A 转换
{    uint i;
     cs = 1;                    //初始化片选信号为高
     sck = 0;                   /初始化时钟为低
     cs = 0;                    //选中 TLC5615
     for(i = 0;i<12;i++)
     {    j = j<<1;             //将最高位移入进位位 CY
          din = CY;            //将数据送到 DIN 引脚
          sck = 1;             //sck 产生上升沿
          _nop_();
          sck = 0;             //sck 恢复为低
     }
     cs = 1;                    //片选信号恢复为高
}
void main()
{    uint i;
     while(1)
     {    for(i = 0;i<255;i++)  //三角波的上升沿
          {    DA(i<<2);
               //    delay(10);
          }
          for(i = 255;i>0;i--)  //三角波的下降沿
          {    DA(i<<2);
               //    delay(10);
          }
     }
}
```

【任务实施 4】基于 TLC5615 的可调信号发生器

一、任务分析

用 TLC5615 设计信号发生器,产生频率、幅度可调的三角波、方波和正弦波,其中方波的占空比可调。

二、任务实施步骤

(1)在 Proteus 中绘制电路图。

(2)利用 KEIL 软件编写控制程序。

(3)编译、调试、运行。

三、硬件电路设计

单片机 P1.0、P1.1、P1.2 分别接 TLC5615 的 $\overline{CS}$、SCLK、DIN，P3.0 是波形选择器，默认为三角波，按一次为方波，按两次为正弦波；P3.1 和 P3.2 是频率调整键，P3.1 是频率减小键，P3.2 是频率增加键；P3.3 和 P3.4 是三角波和方波的幅度增减键；P3.5 是正弦波的幅度切换键；P3.6 和 P3.7 是方波占空比增减键。

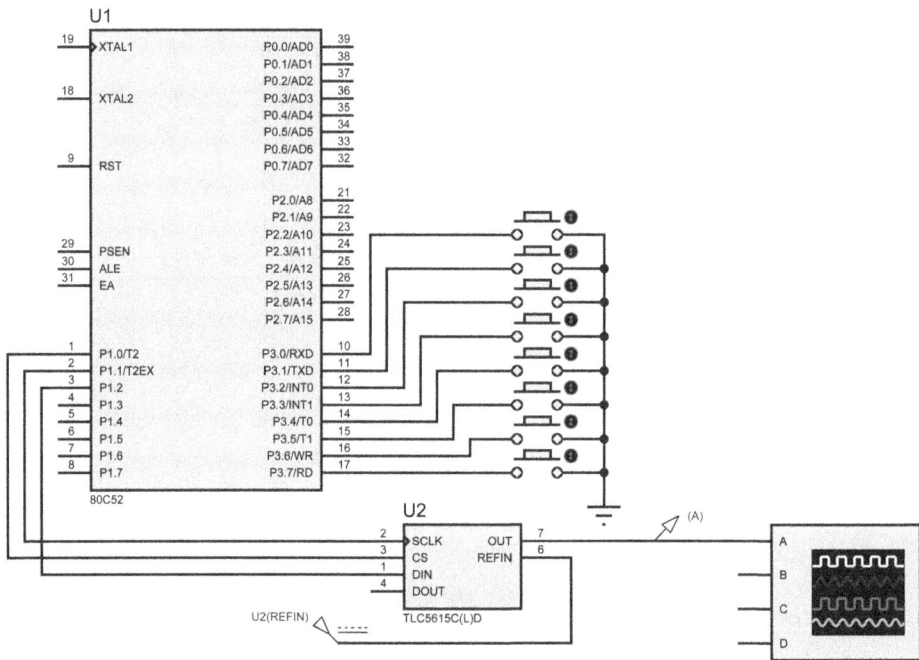

图 6-17　电路图

四、程序设计

```
/* 项目六任务实施4,DA 转换器 TLC5615 实现可调波 */
#include <at89x52.h>
#define uchar unsigned char
#define uint unsigned int
#define NOKEY   0xff
#define KEY_WOBBLE_TIME 3     //去抖动时间(待定)
#define KEY_OVER_TIME 100     //等待进入连击时间(待定),该常数要比正常
//按键时间要长,防止非目的性进入连击模式
```

```
#define KEY_QUICK_TIME 1000   //等待按键抬起的连击时间
#define KEY_P P3               //定义按键 P 口
/*      模块级变量申明    */
sbit CS = P1^0;
sbit SCL = P1^1;
sbit SDA = P1^2;
static void TLC5615_Write_12Bits();
uchar key_val = 0xff;          // 用于保存按键扫描返回的键值
uchar wave_flag = 0;           //波形选择标志,默认输出的是三角波
uchar time;                    //用于 timer1 计数
uchar time0;                   //timer1 计数限制
/* * * * * * * * * * * * 产生三角波的参数定义 * * * * * * * * * * * * * */
bit  bdata  mode_bit1 = 0;     //三角波幅度递增或递减标志变量,为 0 时上坡,为 1 下坡
uchar count1 = 0;              //三角波的半周期计数器
float vouta = 0;               //三角波瞬态电压值存储变量
float ampl_tri_add;            //三角波幅度增加值
/* * * * * * * * * * * * 产生方波的参数定义 * * * * * * * * * * * * * * */
uchar count0 = 50;             //方波占空比
uchar count2 = 0;              //方波的半周期计数器
uchar voutb = 0;               //方波瞬态电压值存储变量
uchar ampl;                    //方波输出幅度值
/* * * * * * * * * * * * 产生正弦波的参数定义 * * * * * * * * * * * * * */
uchar countsin;                //正弦波形选择标志
uchar voutc = 0;               //正弦波瞬态电压值存储变量
uchar sine_index = 0;          //正弦波表的下标
uchar code sin_tab[] = {       //正弦波表
    64,67,70,73,76,79,82,85,88,91,94,96,99,102,104,106,
    109,111,113,115,117,118,120,121,123,124,125,126,126,
    127,127,127,127,127,127,127,126,126,125,124,123,121,
    120,118,117,115,113,111,109,106,104,102,99,96,94,91,
    88,85,82,79,76,73,70,67,64,60,57,54,51,48,45,42,39,
    36,33,31,28,25,23,21,18,16,14,12,10,9,7,6,4,3,2,1,
    1,0,0,0,0,0,0,0,1,1,2,3,4,6,7,9,10,12,14,16,18,21,23,
    25,28,31,33,36,39,42,45,48,51,54,57,60};
uint config;                   //送往 DA 转换器的配置参数
/* * * * * * * * * * * * * * 子函数定义 * * * * * * * * * * * * * * * * *
* * * 函 数 名:static void TLC5615_Write_12Bits()
* * * 功能描述:一次向 TLC 中写入 12bit 数据;
* * * 全局变量:gBitMsb:待转换 10bit 高两位;gBitLsb:10bits 的低 8 位;
* * * 输    入:NO !
```

```
* * * 输     出：NO！
* * * 函数说明：内部函数；
* * * * * * * * * * * * * * * * * * * * * * * * * * * * * * * * * */
static void TLC5615_Write_12Bits(uchar gBitMsb,uchar gBitLsb)
{    uchar i;
     SCL = 0;                    //置零 SCL,为写 bit 做准备
     CS = 0;
     for(i = 0;i<2;i ++ )   //循环 2 次,发送高两位
     {    if(gBitMsb&0x80)                  //高位先发
          {    SDA = 1;    //将数据送出
               SCL = 1;    //提升时钟,写操作在时钟上升沿触发
               SCL = 0;    //结束该位传送,为下次写作准备
          }
          else
          {    SDA = 0;    SCL = 1;SCL = 0;    }
          gBitMsb << = 1;
     }
     for(i = 0;i<8;i ++ )//循环八次,发送低八位
     {    if(gBitLsb&0x80)
          {    SDA = 1;    SCL = 1;    SCL = 0;    }
          else
          {    SDA = 0;    SCL = 1;    SCL = 0;    }
          gBitLsb << = 1;
     }
     for(i = 0;i<2;i ++ )//循环 2 次,发送两个虚拟位
     {    SDA = 0;    SCL = 1;    SCL = 0;    }
     CS = 1;SCL = 0;
     }
/* * * * * * * * * * * * * * * * * * * * * * * * * * * * * * * * * *
* * * 函 数 名：extern void TLC5615_Start(int16u dacDat)
* * * 功能描述：启动 DAC 转换；
* * * 全局变量：gBitMsb:待转换 10bit 高两位;gBitLsb：10bits 的低 8 位;
* * * 输     入：dacDat：int16u;
* * * 输     出：NO！
* * * 函数说明：外部函数；
* * * * * * * * * * * * * * * * * * * * * * * * * * * * * * * * * */
extern void TLC5615_Start(uint dacDat)
{    uchar gBitMsb;
     uchar gBitLsb;
     dacDat << = 2;
```

```
        dacDat & = 0x03ff;
        gBitMsb = dacDat>>8;
        gBitLsb = dacDat&0xff;
        gBitMsb <<= 6;
        TLC5615_Write_12Bits(gBitMsb,gBitLsb);
}
void  triangular(void)            //周期三角波生成函数
{    TLC5615_Start((uint)vouta);  }
void  square(void)                //周期方波生成函数
{     TLC5615_Start((uint)voutb);   }
void sine()    //正弦波
{     if(sine_index<128)
{        if(countsin == 0)
              voutc = sin_tab[sine_index];
          else if(countsin == 1)
              voutc = 1.4 * sin_tab[sine_index];
          TLC5615_Start((uint)voutc);
    }
    else
        sine_index = 0;
}
/ * * * * * * * * * * * * * * *按键扫描定义* * * * * * * * * * * * * * * * * * * /
uchar Read_Key()
{    static uchar LastKey = NOKEY ;         //LastKey用于保存上一次的键值
     static uint KeyCount = 0 ;         //KeyCount按键延时计数器
     static uint KeyOverTime = KEY_OVER_TIME ; //KeyOverTime按键抬起时间
     uchar KeyTemp = NOKEY ;              //KeyTemp临时保存读到的键值
     KeyTemp = KEY_P & 0xff ;               //读键值
     if( KeyTemp == 0xff )
         {    KeyCount = 0 ;
              KeyOverTime = KEY_OVER_TIME ;
              return NOKEY ;            //无键按下返回NOKEY
         }
     else
     {    if( KeyTemp == LastKey )    //是否第一次按下
          {    if( ++ KeyCount == KEY_WOBBLE_TIME )  //不是第一次按下,则去抖动
               {    return KeyTemp ;    }             //去抖动结束,返回键值
               else
               {    if( KeyCount > KeyOverTime)
                    {    KeyCount = 0;
```

```
                         KeyOverTime = KEY_QUICK_TIME ;
                    }
                 return NOKEY;
            }
        }
    else    //是第一次按下则保存键值,以便下次执行此函数时与读到的键值作比较
        {   LastKey = KeyTemp ;              //保存第一次读到的键值
            KeyCount = 0 ;                   //延时计数器清零
            KeyOverTime = KEY_OVER_TIME ;
            return NOKEY;
        }
    }
}
void system_init()
{   TMOD = 0x11;
    TH0 = (65535 - 100)/256;    TL0 = (65535 - 100) % 256;        // 用于输出波形
    TH1 = (65535 - 5000)/256;    TL1 = (65535 - 5000) % 256;      //用于按键扫描
    TR1 = 1;    ET1 = 1;    TR0 = 1;  ET0 = 1;      EA = 1;
    time0 = 15;   time = 0;
    wave_flag = 0;
    ampl = 50;
    ampl_tri_add = 1.8;
    countsin = 0;
    sine_index = 0;
}
void   main(void)
{   system_init();
    while(1)    //周期地进行转换,形成三角波和方波的周期信号
    {   switch(wave_flag)
            {   case 0: triangular();   break;      //控制通道 A 输出三角波
                case 1: square();   break;      //控制通道 A 输出方波
                case 2: sine();   break;        //控制通道 A 输出正弦波
}   }   }
void timer0 () interrupt 1       //用于输出波形
{   TH0 = (65535 - 100)/256; TL0 = (65535 - 100) % 256;
    switch(wave_flag)
        //flag = 0 时输出三角波,flag = 1 时输出方波,flag = 2 时输出正弦波
    {   case 0:{    time ++ ;
                if(time> = time0)
              //防止 time0 减小时,time 计数大于 time0,time =  = time0 造成的错误
```

```
                    {    time = 0; count1 ++ ;
                         if(count1<50)
                         {    if(!mode_bit1)
                //判断处于上坡还是下坡状态以决定是继续上升还是继续下降
                             {    vouta = vouta + ampl_tri_add;
                                  if(vouta> = 0xf0) vouta = 0x30;
                             }
                             else
                             {    vouta = vouta – ampl_tri_add;
                                  if(vouta< = 0x00) vouta = 0x30;
                             }
                         }
                         else
                         {    count1 = 0; mode_bit1 = ~mode_bit1;}
                         //如果已经达到峰点(或谷点)则改变幅度递增或递减标志
                         }
                    }break;
         case 1:{    time ++ ;
                    if(time> = time0)
                    {    time = 0;
                    count2 ++ ;
                    if(count2<count0) {    voutb = ampl;    }
                    //根据方波幅度高低电平标志变量决定是输出高电平还是低电平
                         else    voutb = 0;
                    //如果已经达到改变电平状态的时刻则改变方波幅度标志变量
                         if(count2> = 100) {    count2 = 0;    }
                         }
                    }break;
         case 2:{    time ++ ;
                    if(time> = time0) { time = 0; sine_index ++ ; }
                    }break;
         }
    }
}
void timer_1() interrupt 3        //用于按键扫描
{    TH1 = (65535 – 5000)/256;    TL1 = (65535 – 5000) % 256;
    key_val = Read_Key();
    if(key_val == 0xff) return; //减少无效按键判断,以提高效率
    switch(key_val)
    {    case 0xfe:{    //"1"号键,用于选择波形
            wave_flag ++ ;    if(wave_flag> = 3) wave_flag = 0;    }break;
```

```
case 0xfd:{      //"2"号键,周期增大
    time0 = time0 + 5;if(time0 == 200) time0 = 100;      }break;
case 0xfb:{      //"3"号键,周期减小
    time0 = time0 - 5;if(time0 < 1) time0 = 1;      }break;
    case 0xf7:{      //"4"号键,幅度增加
    if(wave_flag == 1)      //方波时
    {      ampl ++ ; if(ampl >= 120) ampl = 50;  }
            if(wave_flag == 0)            //当为三角波时
    {      ampl_tri_add = ampl_tri_add + 0.1;
            if(ampl_tri_add >= 1.8) ampl_tri_add = 1.8;  }
    }break;
case 0xef:{      //"5"号键,幅度减少
    if(wave_flag == 1){   ampl -- ; if(ampl < 1) ampl = 1; } //方波时
    if(wave_flag == 0)      //当为三角波时
    {      ampl_tri_add = ampl_tri_add - 0.1;
            if(ampl_tri_add <= 0.5) ampl_tri_add = 0.5;   }
    }break;
case 0xdf:{      //"6"号键,正弦波形幅度切换
    countsin = ! countsin;      }break;
case 0xbf:{      //"7"号键,增加占空比
    if(wave_flag == 1)      // 当为方波时
    {      count0 = count0 + 1;
            if(count0 >= 100) { count0 = 100; }   }
    }break;
case 0x7f:{      //"8"号键,减小方波的占空比
    if(wave_flag == 1)      //当为方波时
    {      count0 = count0 - 1;
            if(count0 == 0) {   count0 = 1; }   }
    }break;
default : break;
}
}
```

【项目总结】

对项目六的学习评价可参考表 6-1。专业能力以四个任务实施为单位进行评分,后面两个任务可以参照表 6-2 进行评分。

表 6-1　项目六评价成绩表

学号	姓名	专业能力 60%				职业核心能力及职业素养 40%								项目总评
		A/D转换器的选择(10)	ADC0832的应用(30)	TLC5615的应用(30)	可调发生器(30)	自我学习(20)	信息处理(10)	数字应用(10)	与人合作(15)	与人交流(15)	解决问题(10)	创新革新(10)	6S执行力(10)	
001														
002														

表 6-2　项目六任务评分表

评价项目	要求	评分标准	配分	自查分	得分
方案设计	1.收集相关资料； 2.制定初步设计方案。	1.资料不全扣 1~2 分； 2.没有初步方案扣 1~3 分。	5		
电路设计	1.电路设计合理、正确； 2.元件放置合理、美观； 3.导线连接规范。	1.电路设计不正确扣 1~3 分； 2.元件放置不正确扣 1 分； 3.导线连接不规范扣 1 分。	5		
程序设计	1.流程图设计规范、正确； 2.源程序编写正确。	1.流程图设计不正确扣 1~2 分； 2.程序编写不正确扣 1~8 分；	10		
调试运行	1.用 KEIL 软件编译调试； 2.用 Proteus 仿真运行； 3.及时解决调试中的问题。	1.不会用 KEIL 软件扣 1 分； 2.不会用 Proteus 扣 1 分； 3.调试结果不正确扣 1~3 分。	5		
项目总结	1.按时完成设计总结报告； 2.写出设计过程、学习经验。	1.未按时完成报告扣 1~3 分； 2.没有体现个人特色扣 1~2 分。	5		
总分合计			30		

项目六信号发生器重点学习单片机与 D/A 转换器的连接、应用。鉴于参考设计内容比较基础，读者可以根据自己所需进一步完善提高。

【思考练习】

1.什么是 D/A 转换？在单片机应用系统中，D/A 转换的目的是什么？

2.对于 D/A 转换器有哪些主要技术指标？

3.试说明 DAC0832 的工作原理及工作方式。

4.DAC0832 有几种工作方式？各有什么特点？

5.如何将 D/A 转换输出的电流信号转换为电压信号？

6.针对本项目任务实施二进行适当修改，分别实现下列要求：

(1)生成锯齿波、正弦波、矩形波、梯形波等。

(2)使 DAC0832 工作于单缓冲方式。

智能寻迹小车

【引言】

智能寻迹小车由传感检测系统、控制系统、驱动系统等几部分组成,它是集光、机、电于一体的项目。本项目从单片机控制智能小车的两个轮子全速旋转,单片机控制智能小车前行、左转、右转和后退,单片机控制智能小车沿白底黑线的轨迹行走等方面对任务进行了分解。通过简单的例子,通俗地讲解了小车的寻迹原理和控制方式。

任务一 电机控制

开卷有益

一、电机基础知识

关键字

伺服电机(servo motor),是指在伺服系统中控制机械元件运转的发动机,是一种补助马达间接变速装置,如图 7-1 所示。伺服电机可使控制速度,位置精度非常准确,可以将电压信号转化为转矩和转速以驱动控制对象。伺服电机转子转速受输入信号控制,并能快速反应,在自动控制系统中,用作执行元件,且具有机电时间常数小、线性度高、始动电压等特性,可把所收到的电信号转换成

图 7-1 伺服电机

电动机轴上的角位移或角速度输出。分为直流和交流伺服电动机两大类,其主要特点是,当信号电压为零时无自转现象,转速随着转矩的增加而匀速下降。

舵机(steering gear),是一种位置(角度)伺服的驱动器,适用于那些需要角度不断变化并可以保持的控制系统。目前在高档遥控玩具,如航模,包括飞机模型,潜艇模型;遥控机器人中已经使用得比较普遍。舵机是一种俗称,其实是一种伺服马达。其工作原理是:控制信号由接收机的通道进入信号调制芯片,获得直流偏置电压。它内部有一个基准电路,产生周期为 20ms,宽度为 1.5ms 的基准信号,将获得的直流偏置电压与电位器的电压比较,获得电压差输出。最后,电压差的正负输出到电机驱动芯片决定电机的正反转。当电机转速一定时,通过级联减速齿轮带动电位器旋转,使得电压差为 0,电机停止转动。

步进电机(Stepper motor),是将电脉冲信号转变为角位移或线位移的开环控制元步进电机件,如图 7-2 所示。在非超载的情况下,电机的转速、停止的位置只取决于脉冲信号的频率和脉冲数,而不受负载变化的影响,当步进驱动器接收到一个脉冲信号,它就驱动步进电机按设定的方向转动一个固定的角度,称为“步距角”,它的旋转是以固定的角度一步一步运行的。可以通过控制脉冲个数来控制角位移量,从而达到准确定位的目的;同时可以通过控制脉冲频率来控制电机转动的速度和加速度,从而达到调速的目的。

直流电机(Dc motor),是指能将直流电能转换成机械能(直流电动机)或将机械能转换成直流电能(直流发电机)的旋转电机,如图 7-3 所示。它是能实现直流电能和机械能互相转换的电机。当它作电动机运行时是直流电动机,将电能转换为机械能;作发电机运行时是直流发电机,将机械能转换为电能。

图 7-2 步进电机   图 7-3 直流电机   图 7-4 交流电机

交流电机(AC motor),是用于实现机械能和交流电能相互转换的机械,如图 7-4 所示。由于交流电力系统的巨大发展,交流电机已成为最常用的电机。交流电机与直流电机相比,由于没有换向器(见直流电机的换向),因此结构简单,制造方便,比较牢固,容易做成高转速、高电压、大电流、大容量的电机。交流电机功率的覆盖范围很大,从几瓦到几十万千瓦、甚至上百万千瓦。20 世纪 80 年代初,最大的汽轮发电机已达 150 万千瓦。

编码器(encoder),是将信号(如比特流)或数据进行编制、转换为可用以通讯、传输和存储的信号形式的设备,如图 7-5 所示。编码器把角位移或直线位移转换成电信号,

图 7-5 编码器

前者称为码盘,后者称为码尺。按照读出方式编码器可以分为接触式和非接触式两种;按照工作原理编码器可分为增量式和绝对式两类。增量式编码器是将位移转换成周期性的电信号,再把这个电信号转变成计数脉冲,用脉冲的个数表示位移的大小。绝对式编码器的每一个位置对应一个确定的数字码,因此它的示值只与测量的起始和终止位置有关,而与测量的中间过程无关。

二、脉宽调制技术

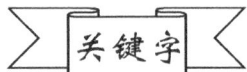

关键字

PWM,即脉冲宽度调制,是英文"Pulse Width Modulation"的缩写,是一种利用数字输出来对模拟电路进行控制的一种的技术,广泛应用在测量、通信等许多领域中。

脉冲宽度调制是一种模拟控制方式,其根据相应载荷的变化来调制晶体管基极或 MOS 管栅极的偏置,来实现晶体管或 MOS 管导通时间的改变,从而实现开关稳压电源输出的改变。这种方式能使电源的输出电压在工作条件变化时保持恒定,是利用微处理器的数字信号对模拟电路进行控制的一种非常有效的技术。

脉宽调制的实质就是利用对数字脉冲占空比的调节来控制可控元件的通断,从而达到对单位时间里受控负载的输入功率的控制。占空比是在一串数字脉冲中,高电平的持续时间与脉冲周期的比值。图 7-6 为几种占空比不同的脉冲的波形。

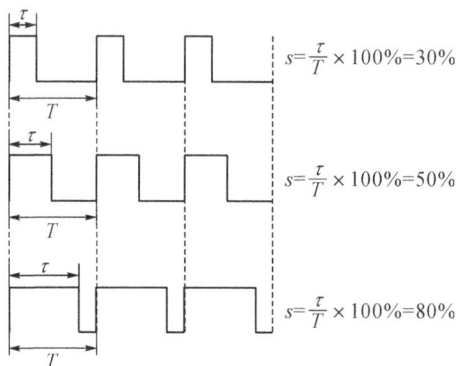

$$s=\frac{\tau}{T}\times100\%=30\%$$

$$s=\frac{\tau}{T}\times100\%=50\%$$

$$s=\frac{\tau}{T}\times100\%=80\%$$

图 7-6   几种占空比不同的脉冲的波形图

改变占空比的方法有三种:

(1)定宽调频法:不改变高电平的维持时间,仅改变低电平的维持时间,这样调制频率也随之改变。

(2)调宽调频法:不改变低电平的维持时间,仅改变高电平的维持时间,这样调制电压频率也被改变。

(3)定频调宽法:同时改变高低电平的维持时间,而两个维持时间的总和不变,即调制电压频率不变。在实际运用中,多采用定频调宽法。

【学习任务】

【任务描述】
用单片机控制四相步进电机、直流电机转动。

【任务目标】
(1)第一阶段任务目标:用单片机控制四相步进电机转动。

(2)第二阶段任务目标:用单片机控制直流电机转动。

(3)总体目标:熟悉步进电机、直流电机的工作原理、驱动电路的设计及编程方法。

【知识准备】
(1)1s 定时

(2)电机基础知识

(3)脉宽调制技术

【器材准备】
计算机一台,安装 KEIL、Proteus 软件。

【任务实施 1】控制四相步进电机

一、任务分析

四相步进电机有三种工作方式:单相四拍、双相四拍、单双相八拍。选用不同的通电方式,可使步进电机具有不同的工作性能,如减小步距、提高定位精度和工作稳定性等等。单相四拍与双相四拍的步距角相等,但单相四拍的转动力矩小。单双相八拍的步距角是单相/双相的一半,因此既能保持较高的转动力矩,又可以提高控制精度。

步进电机旋转方向与内部绕组的通电顺序相关。设四相步进电机的控制端为 A、B、C、D。单相就是 A、B、C、D 相轮流通电,通电顺序为 A→B→C→D 时正转,为 D→C→B→A 时反转。双相就是 A、B、C、D 相每次有两相通电,通电顺序为 AB→BC→CD→DA 时正转,为 AD→DC→CB→BA 时反转。单双相就是一次单相通电和一次双相通电间隔进行,通电顺序为 A→AB→B→BC→C→CD→D→DA 时正转,为 AD→D→DC→C→CB→B→BA→A 时反转。通电时间决定电机转动的速度,每拍的通电时间越短,电机转动速度越快;通电时间越长,电机转动越慢。

二、任务实施步骤

(1)在 Proteus 中绘制单片机控制四相步进电机的电路图。

(2)利用 KEIL 软件编写四相步进电机控制程序。

(3)编译、调试、运行。

三、硬件电路设计

四相步进电机控制电路如图 7-7 所示,使用了 ULN2004 驱动模块以驱动电机工作,单片机 P2.0～P2.3 分别接 A、B、C、D 四相控制端,并用示波器观察控制信号的波形。Proteus 中,步进电机名为 MOTOR-STEPPER。

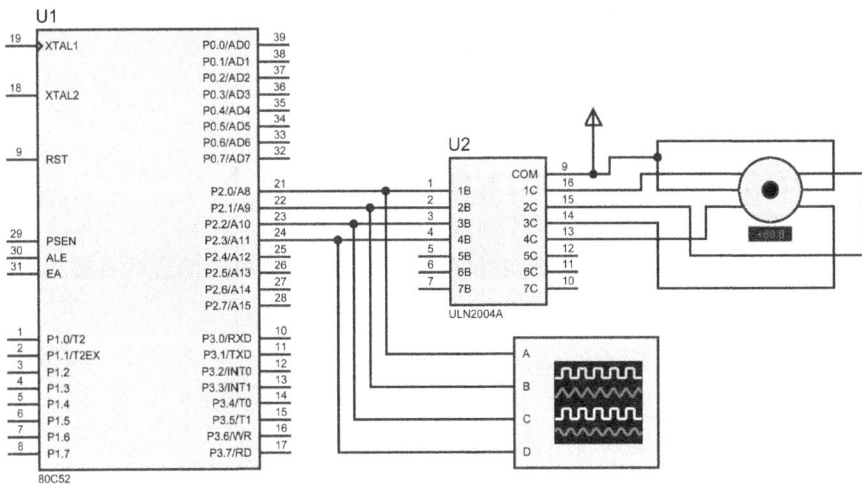

图 7-7   四相步进电机控制电路图

四、程序设计

四相步进电机三种工作方式的程序编写方法类似,下面以双相正转为例进行说明。四相步进电机双相正转时,A、B、C、D 四相的控制端波形图如图 7-8 所示。

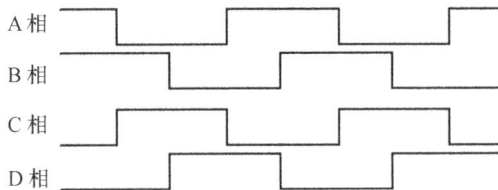

图 7-8   四相步进电机双相正转控制端波形图

```
/* 项目七任务一任务实施 1 示例程序,四相步进电机双相正转 */
#include <reg51.h>
#define uchar unsigned char
uchar Table[4] = {0x03,0x06,0x0C,0x09}; //定义双相正转带电顺序数组
void delay(uchar n) //延时函数,采用 T1,工作方式 1,晶振 12MHz 时延时 n×10ms
{   TMOD = 0X10;   //T1 定时 方式 1
    TR1 = 1;   //启动 T1
    while(n--)
    {    TH1 = (65536-10000)/256; TL1 = (65536-10000)%256; //设置 T1 计数初值
         while(! TF1); //等待定时时间到
         TF1 = 0; //清除 T1 中断溢出标志
}  }
void main()
```

```
{   uchar i;
    while(1)
    {   for(i = 0;i<4;i++)   //四拍
        {   P2 = Table[i];   //端口输出,控制带电情况
            delay(10);//调用延时函数,控制电机转动的速度
}}}
```

【任务实施 2】控制直流电机

一、任务分析

直流电机可采用电压调速和脉宽调速。电压调速是通过升高或降低电枢电压来调整电机的转速。脉宽调速是通过改变电枢通电的时间来调整电机的转速。对于小型直流电机常采用脉宽调速,其通电时间长转速升高,通电时间短转速降低。改变通电的方向,可改变电机转动的方向。

二、任务实施步骤

(1)在 Proteus 中绘制单片机控制直流电机的电路图。
(2)利用 KEIL 软件编写直流电机控制程序。
(3)编译、调试、运行。

三、硬件电路设计

单片机由 P2.0 和 P2.1 输出控制脉冲信号,控制状态如表 7-1 所示。由于单片机的I/O口驱动能力有限,设计中采用了 H 桥驱动电路。直流电机控制电路如图 7-9 所示。Proteus中,直流电机名为 MOTOR。

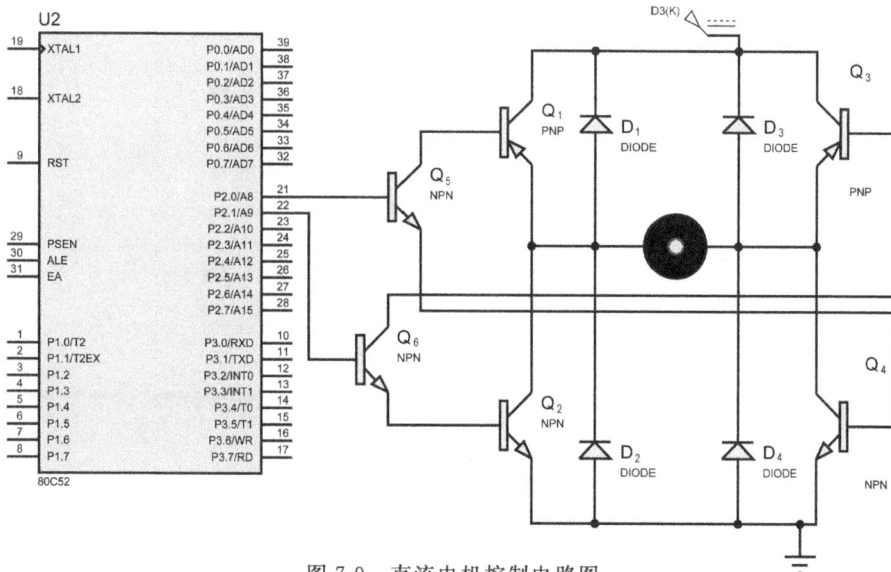

图 7-9　直流电机控制电路图

表 7-1　直流电机控制状态表

电机状态	正转	反转	滑行	刹车
P2.1	1	0	0	1
P2.0	0	1	0	1

四、程序设计

```
/* 项目七任务一任务实施 2 示例程序,直流进电机反转 */
    # include <reg51.h>
    # define PWM 100          //PWM 计数器的上限值
    # define T0_count 100     //定时器 T0 的计数值
    sbit IN0 = P2^0;          //脉冲输入引脚
    sbit IN1 = P2^1;          //脉冲输入引脚
    int pwm = 0;              //转速计数器
    int init_pwm = 50;        //PWM 占空比的初始值
    void main()
    {    TMOD = 0X01;          //T0 定时 方式 1
         TH0 = (65536 - T0_count)/256; TL0 = (65536 - T0_count)%256; // T0 初值设置
         EA = 1;   ET0 = 1;    //T0 中断允许设置
         TR0 = 1;              //启动 T0
         IN1 = 0; IN0 = 1;     //P2.1 = 0 P2.0 = 1 电机反转
         while(1);
    }

    void time0(void)interrupt 1 //T0 中断服务程序
    {    TH0 = (65536 - T0_count)/256; TL0 = (65536 - T0_count)%256; //重置 T0 初值
         pwm ++ ;  //PWM 定时周期计数加 1
         if(pwm < init_pwm) //判断高电平时间是否结束
             { IN1 = 0;   IN0 = 1; }  //P2.1 = 0 P2.0 = 1 电机反转
         else   //剩下的为低电平时间
             { IN1 = 0;   IN0 = 0; }  //P2.1 = 0 P2.0 = 0 电机滑行
         if(pwm >= PWM)   //判断一个周期是否结束
             pwm = 0;   //PWM 计数回 0
    }
```

任务二　智能小车控制

一、传感器基础知识

　　霍尔传感器（Hall senso），是根据霍尔效应制作的一种磁场传感器，如图7-10所示。霍尔效应是磁电效应的一种，这一现象是霍尔（A. H. Hall，1855—1938）于1879年在研究金属的导电机构时发现的。后来发现半导体、导电流体等也有这种效应，而半导体的霍尔效应比金属强得多，利用这现象制成的各种霍尔元件，广泛地应用于工业自动化技术、检测技术及信息处理等方面。霍尔效应是研究半导体材料性能的基本方法。通过霍尔效应实验测定的霍尔系数，能够判断半导体材料的导电类型、载流子浓度及载流子迁移率等重要参数。

图 7-10　霍尔传感器　　　　　　　　图 7-11　光电传感器

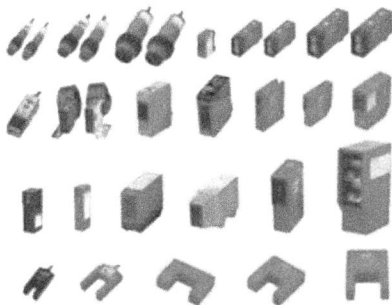

　　光电传感器（Photoelectric sensor），是采用光电元件作为检测元件的传感器，如图7-11所示。

　　光电传感器一般由光源、光学通路和光电元件三部分组成。它首先把被测量的变化转换成光信号的变化，然后借助光电元件进一步将光信号转换成电信号。

　　光电检测方法具有精度高、反应快、非接触等优点，而且可测参数多，传感器的结构简单，形式灵活多样，因此，光电式传感器在检测和控制中应用非常广泛。

二、智能寻迹小车电路分析

1. 智能寻迹小车控制电路原理图

　　智能寻迹小车控制电路原理图如图7-12所示。

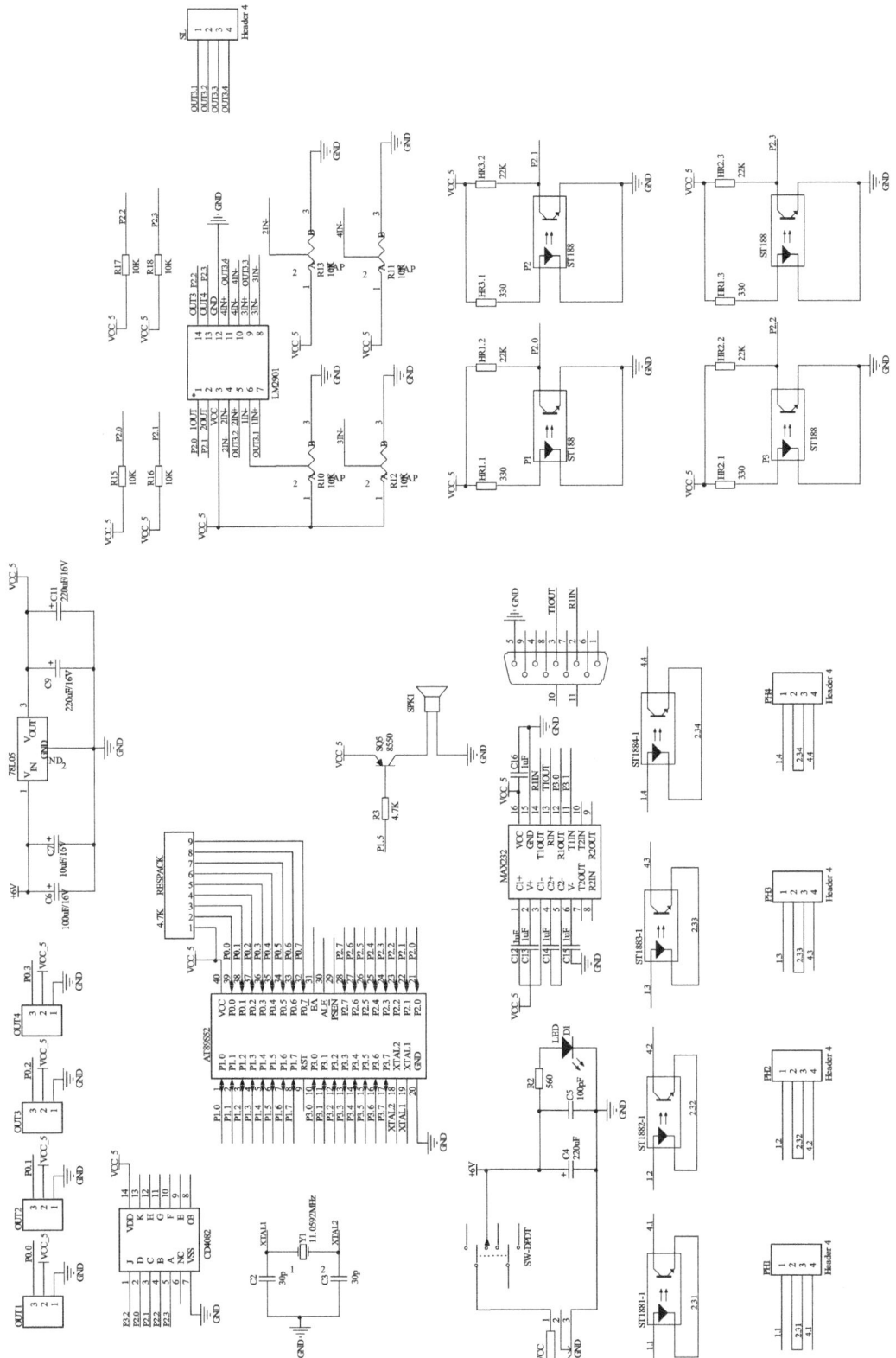

图 7-12 智能寻迹小车控制电路原理图

2.智能寻迹小车电路工作原理介绍

智能寻迹小车控制电路由单片机 STC89C52(AT89S52)、红外光电传感器 ST188、比较器 LM2901、四输入与门 CD4082、串口通信芯片 MAX232 等主要器件组成。其中红外光电传感器 ST188、比较器 LM2901 组成黑白线检测电路,其电路原理图如图 7-13 所示。

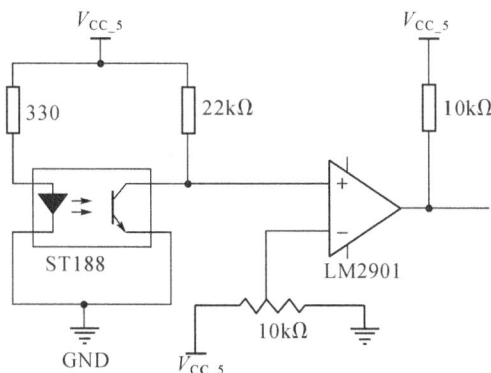

图 7-13　黑白线检测电路图

当检测到黑线时,比较器 LM2901 输出为高电平;当检测到白线时,比较器 LM2901 输出为低电平。串口通信芯片 MAX232 在本电路中的主要作用将应用程序的 HEX 文件烧写到单片机 STC89S52 中。四输入与门 CD4082 的输出与单片机的外部中断 0 相连接,其作用是当四个黑白线检测电路都检测到黑线时,为单片机提供一个中断控制信号。单片机 STC89S52 是本电路的核心控制芯片,它的 P0.0 连接伺服电机的左轮,P0.1 连接着伺服电机的右轮,P2.0、P2.1、P2.2、P2.3 分别与四路黑白线检测电路相连接。因此,单片机的主要作用是根据检测到的黑白线的信号去控制伺服电机的工作,完成小车前进、后退、左转及右转的动作,实现小车的寻迹功能。

【学习任务】

【任务描述】
用单片机控制智能小车,让它沿着规定的轨迹行走。

【任务目标】
(1)第一阶段任务目标:单片机控制智能小车的两个轮子全速旋转。

(2)第二阶段任务目标:单片机控制智能小车前行、左转、右转和后退。

(3)第三阶段任务目标:单片机控制智能小车沿白底黑线的轨迹行走。

(4)总体目标:掌握单片机程序下载、PWM 控制方法、应用程序的编写方法。

【知识准备】
(1)电机控制。

(2)传感器基础知识。

(3)智能寻迹小车电路分析。

【器材准备】

计算机一台,并安装 KEIL 软件;外光电传感器 ST188;比较器 LM2901;伺服电机(舵机);小车;编程下载工具。

【任务实施1】智能小车的两个轮子全速旋转

一、任务分析

该小车有两个车轮,分别安装在小车的左右两边,每一个轮子由一个伺服电机控制,因此,让两个伺服电机全速运转就能够实现小车的两个轮子全速旋转。伺服电机由单片机 P0.0 和 P0.1 控制,具体情况是 P0.0 连接伺服电机的左轮,P0.1 连接着伺服电机的右轮,所以本任务就是用单片机如何去控制伺服电机的运转与停止。

二、任务实施步骤

(1)根据电路原理图将红外光电传感器、控制电路板、小车和伺服电机用杜邦线连接好。
(2)利用 KEIL 软件编写控制程序。
(3)编译、调试、运行。

三、程序设计

1. 舵机的控制方式

本任务的智能小车中的伺服电机为舵机,它是通过脉冲序列进行控制的,当单片机发出高电平持续 1.5ms,低电平持续 20ms 的脉冲序列时,舵机停止不会运转;当单片机发出高电平持续 1.3ms,低电平持续 20ms 的脉冲序列时,舵机顺时针全速旋转;当单片机发出高电平持续 1.7ms,低电平持续 20ms 的脉冲序列时,舵机逆时针全速运转。

2. 舵机顺时针全速旋转的程序设计

由舵机的控制方式可知,实现全速顺时针旋转只需要单片机发出高电平持续 1.3ms,低电平持续 20ms 的脉冲序列即可,因此,我们需要设置两个延时函数,一个延时函数以 $10\mu s$ 为单位,一个延时函数以 1ms 为单位就能够实现高电平 1.3ms 与低电平 20ms 的精确延时。右舵机顺时针全速旋转的程序代码如下:

```
sbit left_motor = P0^0;//定义左舵机
sbit right_motor = P0^1;//定义右舵机
while(1)
{      right_motor = 1;//输出高电平
       delay_us(130);//延时 1.3ms
       right_motor = 0;//输出低电平
       dealy_ms(20);//延时 20ms
}
```

说明,延时函数在前面的章节中已有过介绍,这里不作说明。

3.舵机逆时针全速旋转的程序设计

由舵机的控制方式可知,实现逆时针全速旋转只需要单片机发出高电平持续 1.7ms,低电平持续 20ms 的脉冲序列即可。左舵机逆时针全速旋转的程序代码如下:

```
left_motor = 1;//输出高电平
delay_us(170);//延时 1.7ms
left_motor = 0;//输出低电平
dealy_ms(20);//延时 20ms
```

4.舵机停止运转的程序设计

由舵机的控制方式可知,实现舵机停止运转只需要单片机发出高电平持续 1.5ms,低电平持续 20ms 的脉冲序列即可。左舵机停止运转的程序代码如下:

```
left_motor = 1;//输出高电平
delay_us(150);//延时 1.5ms
left_motor = 0;//输出低电平
dealy_ms(20);//延时 20ms
```

5.智能小车的两个轮子全速运转的程序设计

由舵机的控制方式可知,实现两个轮子全速运转只需要单片机的两个舵机控制引脚上发出高电平持续 1.7ms 或 1.3ms,低电平持续 20ms 的脉冲序列即可。其程序代码如下:

```
left_motor = 1; right_motor = 1;//输出高电平
delay_us(170);//延时 1.7ms
left_motor = 0; right_motor = 0; //输出低电平
dealy_ms(20);//延时 20ms
```

【任务实施 2】智能小车向前行走、左转、右转和后退

一、任务分析

图 7-14 定义了智能小车的前、后、左、右四个方向:当小车向前走时,它将走向本页纸的右下角;当向后走时,会走向纸的左上角;当向左转时,会走向本页纸的右上角;向右转会转向本页纸的左下角。由图 7-14 可知,智能小车有三个车轮,前两个车轮由两个独立的伺服电机驱动,后一个车轮只起支撑的作用,因此,控制小车的前行、左转、右转和后退只需要控制两个前轮的运转即可。

二、任务实施步骤

(1)根据电路原理图将红外光电传感器、控制电路板、小车和伺服电机用杜邦线连接好。
(2)利用 KEIL 软件编写控制程序。
(3)编译、调试、运行。

图 7-14   智能小车及前进方向的定义图

三、程序设计

1. 智能小车前行程序设计

按照图 7-14 前进方向的定义,智能小车前行时,从小车的左边看,它向前走时轮子是逆时针旋转的;从右边看另一个轮子则是顺时针旋转的。由任务一可知,单片机发给伺服电机的高电平的时间决定了小车行走的速度及方向。所以小车向前行走时,左轮伺服电机的高电平时间为 1.7ms,右轮伺服电机的高电平时间为 1.3ms。智能小车向前行走的程序如下:

```
void forward(void)//智能小车向前行走的函数
{      left_motor = 1;//左轮逆时针旋转
       delay_us(170);//延时 1.7ms
       left_motor = 0;
       right_motor = 1;//右轮顺时针旋转
       delay_us(130);//延时 1.3ms
       right_motor = 0;
       dealy_ms(20);//延时 20ms
}
```

2. 智能小车后退程序设计

按照图 7-14 后退方向的定义,智能小车后退时,从小车的左边看,它向前走时轮子是顺时针旋转的;从右边看另一个轮子则是逆时针旋转的。所以小车后退的程序与小车前行的程序刚好相反,智能小车后退的程序如下:

```
void goBack(void) //智能小车后退的函数
{      left_motor = 1;//左轮顺时针旋转
       delay_us(130);//延时 1.3ms
       left_motor = 0;
```

```
right_motor = 1;//右轮逆时针旋转
delay_us(170);//延时 1.7ms
right_motor = 0;
dealy_ms(20);//延时 20ms
}
```

3.智能小车向左转的程序设计

按照图 7-14 左转的定义,智能小车向左转时,小车的两个车轮都是顺时针旋转的。智能小车向左转的程序如下:

```
void left(void)//智能小车向左转的函数
{       left_motor = 1;//左轮顺时针旋转
        delay_us(130);//延时 1.3ms
        left_motor = 0;
        right_motor = 1;//右轮逆时针旋转
        delay_us(130);//延时 1.3ms
        right_motor = 0;
        dealy_ms(20);//延时 20ms
}
```

4.智能小车向右转的程序设计

按照图 7-14 右转的定义,智能小车向右转时,小车的两个车轮都是逆时针旋转的。智能小车向右转的程序如下:

```
void right(void) //智能小车向右转的函数
{       left_motor = 1;//左轮逆时针旋转
        delay_us(170);//延时 1.7ms
        left_motor = 0;
        right_motor = 1;//右轮逆时针旋转
        delay_us(170);//延时 1.7ms
        right_motor = 0;
        dealy_ms(20);//延时 20ms
}
```

将上述智能小车向前、向后、向左转、向右转的基本动作组合在一起就可以实现智能小车的前、后、左、右四个方向的运动,程序如下。当然读者也可以对程序进行修改,实现自己想要的功能。

```
#include<carBoot.h>//文件中有延时等功能函数
#include<reg52.h>
sbit left_motor = P0^0;//定义左舵机
sbit right_motor = P0^1;//定义右舵机
#define uchar unsigned char
```

```
#define uint unsigned int
void forward(void);//智能小车向前行走的函数
void goBack(void);//智能小车后退的函数
void left(void);//智能小车向左转的函数
void right(void);//智能小车向右转的函数
void  main( void)
{    uint counter = 0;
     for(counter = 0; counter< = 100; counter ++ ) forward();//向前
     for(counter = 0; counter< = 30; counter ++ ) right ();//向右
     for(counter = 0; counter< = 100; counter ++ ) goBack();//向后
     for(counter = 0; counter< = 30; counter ++ ) left ();//向左
     while(1);
}
```

【任务实施 3】智能小车沿白底黑线的轨迹行走

一、任务分析

本次的任务是智能小车从站点 1 出发,沿图 7-15 所示的轨迹行走,到达站点 3。由任务可知,智能小车首先要检测白底黑线,再根据检测到的信号控制伺服电机进行相应的工作。由智能小车外形图图 7-14 可知,检测白底黑线的任务由 P1～P4 四个红外线光电传感器完成,具体情况是,中间两个红外线光电传感器 P2、P3 检测行走轨迹,P1、P2、P3 和 P4 四个红外线光电传感器同时检测站点。

图 7-15　智能小车行走轨迹示意图

当 P2、P3 同时检测到白底色时,智能小车直线行驶;当 P2 检测到黑线,P3 检测到白底色时,智能小车向左偏转;当 P2 检测白底色,P3 检测到黑线,智能小车向右偏转;当 P1、P2、P3 和 P4 同时检测到黑线时,表示到了一个站点。当经过了第三个站点时,智能小车停止行走。

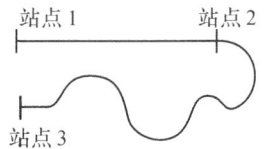

二、任务实施步骤

(1)根据电路原理图将红外光电传感器、控制电路板、小车和伺服电机用杜邦线连接好。
(2)利用 KEIL 软件编写控制程序。
(3)编译、调试、运行。

三、程序设计

1.智能寻迹小车的程序流程图设计

根据任务分析所得,智能寻迹小车的程序流程图如图 7-16 所示。

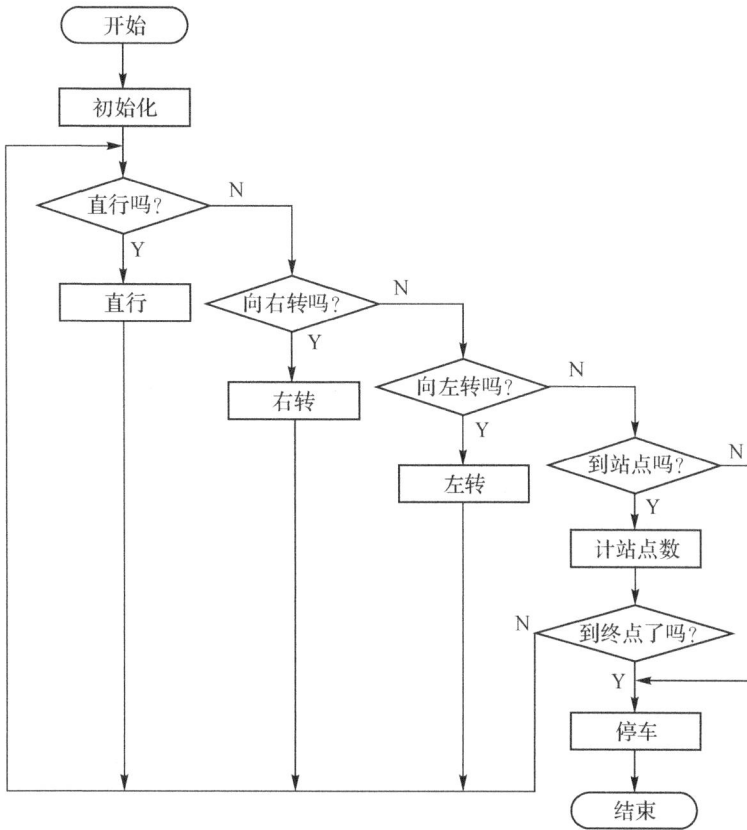

图 7-16   智能寻迹小车的程序流程图

2.程序代码

```
#include<carBoot.h>//文件中有延时等功能函数
#include<reg52.h>
#define uchar unsigned char
#define uint unsigned int
sbit left_motor = P0^0;//定义左舵机
sbit right_motor = P0^1;//定义右舵机
sbit sensorP1 = P2^0;//红外光电传感器 1－4
sbit sensorP2 = P2^1;//
sbit sensorP3 = P2^2;//
sbit sensorP4 = P2^3;//
//说明:如果小车的速度过快或过慢请修改函数中的延时时间
void forward(void);//智能小车向前行走的函数
void goBack(void);//智能小车后退的函数
void left(void);//智能小车向左转的函数
void right(void);//智能小车向右转的函数
```

```c
void stop(void) //智能小车停止的函数
{       left_motor = 1;
        delay_us(150);
        left_motor = 0;
        right_motor = 1;
        delay_us(150);
        right_motor = 0;
        dealy_ms(20);
}
void   main( void)
{       int station = 0;
        while(1)
        {       if(sensorP2 == 0&& sensorP3 == 0) forward();//向前
                else if(sensorP2 == 0&& sensorP3 == 1) right();//向右
                else if(sensorP2 == 1&& sensorP3 == 0) left();//向左
                else if(sensorP1 == 1&& sensorP2 == 0&& sensorP3 == 1&& sensorP4 == 1)
                {       station = station + 1;//站点
                        if(station == 3) stop();//停止
                }
                else
                stop();
        }
}
```

【项目总结】

对项目七的学习评价可参考表 7-2。专业能力以两个任务、五个任务实施为单位进行评分,每个任务实施可以参照表 7-3 进行评分。

表 7-2　项目七评价成绩表

学号	姓名	专业能力 60%					职业核心能力及职业素养 40%								项目总评
		电机控制		智能小车控制			自我学习 (20)	信息处理 (10)	数字应用 (10)	与人合作 (15)	与人交流 (15)	解决问题 (10)	创新革新 (10)	6S执行力 (10)	
		步进电机 (20)	直流电机 (20)	全速旋转 (20)	前后左右 (20)	黑线轨迹 (20)									
001															
002															

表 7-3　项目七任务实施评分表

评价项目	要求	评分标准	配分	自查分	得分
方案设计	1.收集相关资料； 2.制定初步设计方案。	1.资料不全扣1分； 2.没有初步方案扣1～2分。	3		
电路设计	1.电路设计合理、正确； 2.元件放置合理、美观，导线连接规范/用电路板等装接电路。	1.电路设计不正确扣1分； 2.元件放置不正确，导线连接不规范/电路装接不规范扣1～2分。	3		
程序设计	1.流程图设计规范、正确； 2.源程序编写正确。	1.流程图设计不正确扣1分； 2.程序编写不正确扣1～7分；	8		
调试运行	1.用 KEIL 软件编译调试； 2.用 Proteus 仿真运行/用下载软件烧录程序； 3.及时解决调试中的问题。	1.不会用 KEIL 软件扣1分； 2.不会用 Proteus 扣1分/不会下载程序扣1分； 3.调试结果不正确扣1分。	3		
项目总结	1.按时完成设计总结报告； 2.写出设计过程、学习经验。	1.未按时完成报告扣1～2分； 2.没有体现个人特色扣1分。	3		
总分合计			20		

　　本次智能寻迹小车的学习项目是一个由单片机、传感器、伺服电机等组成的应用系统，本项目的知识较多，包括了单片机控制技术、传感器检测技术、伺服控制技术等。为了降低学习的难度，先设计了较简单的关于步进电机、直流电机的控制任务，又将智能寻迹小车分成了三个基本任务，每一个任务层层递进，由简单到复杂，要能顺利完成本学习项目主要在于多思考、多练习。当然，由于篇幅的关系，本项目只讲解了智能寻迹小车的基本控制技术，仅仅起到一个抛砖引玉的作用，当读者掌握了智能寻迹小车的基本控制技术之后，可以编写更多有趣的程序，让智能小车完成更多有趣的项目。

【思考练习】

　　1.针对项目七任务一任务实施一进行适当修改，实现下列要求：
　　(1)用一个开关控制四相步进电机的启动/停止。
　　(2)用一个开关控制四相步进电机的正转/反转。
　　(3)用三个开关控制四相步进电机的工作方式(单相、双相、单双相)。
　　2.步进电机单相通电方式的控制程序的编写方法很多，你一共能用几种方法实现？先画出每种方法的流程图，再编写相应的程序。
　　3.针对项目七任务一任务实施二进行适当修改，实现下列要求：
　　(1)用一个开关控制直流电机的启动/停止。
　　(2)用一个开关控制直流电机的正转/反转。
　　(3)用一个按键控制直流电机逐步加速。
　　(4)用一个按键控制直流电机逐步减速。
　　4.设计呼吸灯。所谓呼吸灯就是 LED 逐渐地由暗到亮、再由亮到暗的周期性变化。可以用 PWM 波形来驱动 LED,通过不停地改变 PWM 波形的占空比,实现呼吸灯的效果。

　　5.如何改变智能小车的运行速度?

　　6.如何实现智能小车以一个轮子为支点旋转?

　　7.智能小车行走轨迹如图 7-15 所示,在站点 1 与站 2 之间以最快的速度行驶,在站点 2 与站点 3 之间以中速行驶。在站点 1 时,蜂鸣器响一声;在站点 2 时,蜂鸣器响两声;在站点 3 时,蜂鸣器响三声。

项目八

超声波测距仪

【引言】

超声波在气体、液体及固体中以不同速度传播,定向性好、能量集中、传输过程中衰减较小、反射能力较强。超声波能以一定速度定向传播、遇障碍物后形成反射,利用这一特性,通过测定超声波往返所用时间就可计算出实际距离,从而实现无接触测量物体距离。超声波测距迅速、方便,且不受光线等因素影响,广泛应用于水文液位测量、建筑施工工地的测量、现场的位置监控、振动仪、车辆倒车障碍物的检测、移动机器人探测定位等领域。本项目从利用超声波简易测量两点之间的距离和精确测量两点之间的距离进行了项目分解,通过简单、通俗易懂的例子说明了超声波测距的原理及程序设计方法。

开卷有益

一、超声波基础知识

1.什么是超声波传感器

关键字

超声波,是指频率高于 20 kHz 的机械波,由换能晶片在电压的激励下发生振动产生的,它具有频率高、波长短、绕射现象小,特别是方向性好、能够成为射线而定向传播等特点。超声波对液体、固体的穿透本领很大,尤其是在阳光不透明的固体中,它可穿透几十米的深度。超声波碰到杂质或分界面会产生显著反射形成回波,碰到活动物体能产生多普勒效应。因此超声波检测广泛应用在工业、国防、生物医学等方面。

超声波传感器,是利用超声波的特性研制而成的传感器。

超声波探头主要由压电晶片组成,既可以发射超声波,也可以接收超声波。

小功率超声探头多作探测作用。它有许多不同的结构,可分直探头(纵波)、斜探头(横

图 8-1　超声波传感器

波)、表面波探头(表面波)、兰姆波探头(兰姆波)、双探头(一个探头反射、一个探头接收)等。

2.超声波传感器的主要性能指标

工作频率:压电晶片的共振频率。当加到它两端的交流电压的频率和晶片的共振频率相等时,输出的能量最大,灵敏度也最高。

工作温度:由于压电材料的居里点一般比较高,特别是诊断用超声波探头使用功率较小,所以工作温度比较低,可以长时间地工作而不失效。医疗用的超声探头的温度比较高,需要单独的制冷设备。

灵敏度:主要取决于制造晶片本身。机电耦合系数大,灵敏度高;反之,灵敏度低。

指向性:超声波源发出的波束以一定角度逐渐向外扩散,在中轴线上,其强度最大,且随指向角的增大而缩小。若超声波波长一定,波源直径越大,其指向角越小,指向性也越尖锐。若波源直径一定,超声波波长越大,其指向角越大,指向性也越差。

3.超声波脉冲法测距原理

声波在其传播介质中被定义为纵波。当声波受到尺寸大于其波长的目标物体阻挡时就会发生反射,反射波称为回声。假如声波在介质中传播的速度是已知的,而且声波从声源到达目标然后返回声源的时间可以测量得到,那么就可以计算出从声波到目标的距离。这就是本系统的测量原理。这里声波传播的介质为空气,采用不可见的超声波。假设室温下声波在空气中的传播速度是 340m/s,测量得到的声波从声源到达目标然后返回声源的时间是 $t\,\text{s}$,则距离 d 可以由下列公式计算:

$$d = 34000(\text{cm/s}) \times t(\text{s})　　　　　　　　　　　　(8\text{-}1)$$

因为声波经过的距离是声源与目标之间距离的两倍,声源与目标之间的距离应该是 $d/2$。

$$d=(34000(\text{cm/s})\times t(\text{s}))/2=0.017(\text{cm/}\mu\text{s})\times t(\mu\text{s}) \tag{8-2}$$

考虑到环境温度对超声波传播速度的影响,通过温度补偿的方法对传播速度予以校正,以提高测量精度。计算公式为:

$$V=331.5+0.607T \tag{8-3}$$

式中:V 为超声波在空气中传播速度;T 为环境温度,单位为摄氏度。

$$S=V\times t/2=V\times(t_1-t_0)/2 \tag{8-4}$$

式中:S 为被测距离;t 为发射超声脉冲与接收其回波的时间差;t_1 为超声回波接收时刻;t_0 为超声脉冲发射时刻。利用 MCU 的捕获功能可以很方便地测量 t_0 时刻和 t_1 时刻,根据以上公式,用软件编程即可得到被测距离 S。

二、温度传感器 DS18B20

1. DS18B20 的主要特性

(1)适应电压范围更宽,电压范围为 3.0～5.5V,在寄生电源方式下可由数据线供电。

(2)独特的单线接口方式,DS18B20 在与微处理器连接时仅需要一条线即可实现微处理器与 DS18B20 的双向通讯。

(3)DS18B20 支持多点组网功能,多个 DS18B20 可以并联在唯一的三线上,实现组网多点测温。

(4)DS18B20 在使用中不需要任何外围元件,全部传感元件及转换电路集成在形如一只三极管的集成电路内。

(5)温度范围为 -55℃～+125℃,在 -10～+85℃时精度为 ±0.5℃。

(6)可编程的分辨率为 9～12 位,对应的可分辨温度分别为 0.5℃、0.25℃、0.125℃ 和 0.0625℃,可实现高精度测温。

(7)在 9 位分辨率时最多在 93.75ms 内把温度转换为数字,12 位分辨率时最多在 750ms 内把温度值转换为数字,速度更快。

(8)测量结果直接输出数字温度信号,以"一线总线"串行传送给 CPU,同时可传送 CRC 校验码,具有极强的抗干扰纠错能力。

(9)负压特性:电源极性接反时,芯片不会因发热而烧毁,但不能正常工作。

2. DS18B20 的外形和内部结构

DS18B20 内部结构主要由四部分组成(如图 8-2 所示):64 位光刻 ROM、温度灵敏元件、温度报警触发器 TH 和 TL、配置寄存器。

DS18B20 的外形如图 8-3 所示,管脚排列如图 8-4 所示。

DS18B20 引脚定义:

(1)DQ 为数字信号输入/输出端;

(2)GND 为电源地;

(3)V_{DD} 为外接供电电源输入端(在寄生电源接线方式时接地)。

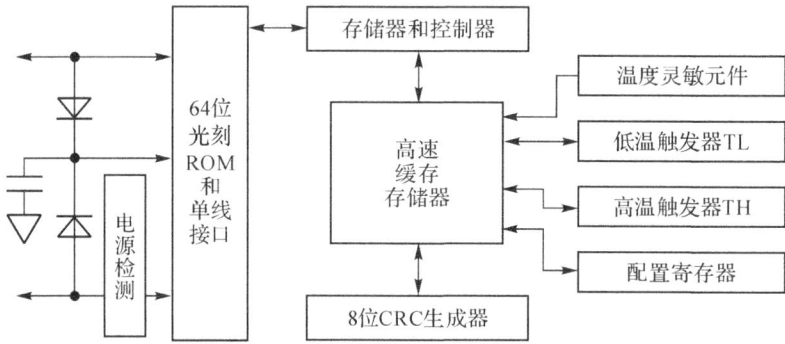

图 8-2　DS18B20 内部结构

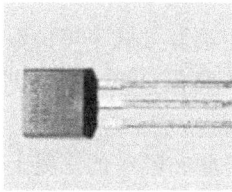

图 8-3　DS18B20 的外形

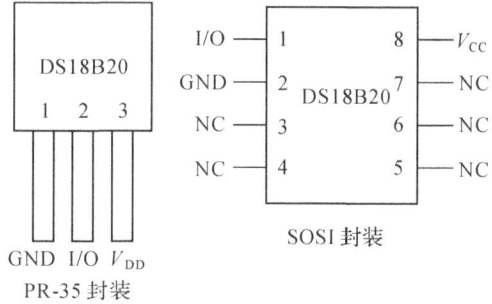

图 8-4　DS18B20 的管脚排列

3. DS18B20 工作原理

DS18B20 的读写时序和测温原理与 DS1820 相同,只是得到的温度值的位数因分辨率不同而不同,且温度转换时的延时时间由 2s 减为 750ms。DS18B20 测温原理如图 8-5 所示。图中低温度系数振荡器的振荡频率受温度影响很小,用于产生固定频率的脉冲信号送给计数器 1。高温度系数振荡器随温度变化其振荡率明显改变,所产生的信号作为计数器 2 的脉冲输入。计数器 1 和温度寄存器被预置在−55℃所对应的一个基数值。计数器 1 对低温度系数振荡器产生的脉冲信号进行减法计数,当计数器 1 的预置值减到 0 时,温度寄存器的值将加 1,计数器 1 的预置将重新被装入,计数器 1 重新开始对低温度系数振荡器产生的脉冲信号进行计数,如此循环直到计数器 2 计数到 0 时,停止温度寄存器值的累加,此时温度寄存器中的数值即为所测温度。图 8-5 中的斜率累加器用于补偿和修正测温过程中的非线性,其输出用于修正计数器 1 的预置值。

(1)光刻 ROM 中的 64 位序列号是出厂前被光刻好的,它可以看作是该 DS18B20 的地址序列码。64 位光刻 ROM 的排列是:开始 8 位(28H)是产品类型标号,接着的 48 位是该 DS18B20 自身的序列号,最后 8 位是前面 56 位的循环冗余校验码。(CRC＝X8＋X5＋X4＋1)。光刻 ROM 的作用是使每一个 DS18B20 都各不相同,这样就可以实现一根总线上挂接多个 DS18B20 的目的。

(2)DS18B20 中的温度传感器可完成对温度的测量,以 12 位转化为例:用 16 位符号扩展的二进制补码读数形式提供,以 0.0625℃/LSB 形式表达,其中 S 为符号位。DS18B20 温

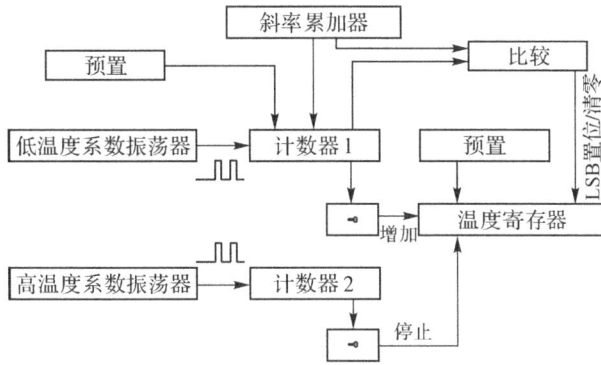

图 8-5 DS18B20 测温原理图

度值格式表如表 8-1 所示。

表 8-1 DS18B20 温度值格式表

LS Byte	bit 7	bit 6	bit 5	bit 4	bit 3	bit 2	bit 1	bit 0
	2^3	2^2	2^1	2^0	2^{-1}	2^{-2}	2^{-3}	2^{-4}
MS Byte	bit 7	bit 6	bit 5	bit 4	bit 3	bit 2	bit 1	bit 0
	S	S	S	S	S	2^6	2^5	2^4

这是 12 位转化后得到的 12 位数据,存储在 18B20 的两个 8 比特的 RAM 中,二进制中的前面 5 位是符号位,如果测得的温度大于 0,这 5 位为 0,只要将测到的数值乘以 0.0625 即可得到实际温度;如果温度小于 0,这 5 位为 1,测到的数值需要取反加 1 再乘以 0.0625 即可得到实际温度。例如＋125℃的数字输出为 07D0H,＋25.0625℃的数字输出为 0191H,－25.0625℃的数字输出为 FE6FH,－55℃的数字输出为 FC90H。如表 8-2 所示。

表 8-2 DS18B20 温度数据表

温度	数字输出(二进制)	十六进制	温度	数字输出(二进制)	十六进制
＋125℃	0000 0111 1101 0000B	07D0H	0℃	0000 0000 0000 0000B	0000H
＋85℃	0000 0101 0101 0000B	0550H	－55℃	1111 1100 1001 0000B	FC90H
＋25.0625℃	0000 0001 1001 0001B	0191H	－25.0625℃	1111 1110 0110 1111B	FE6FH
＋10.125℃	0000 0000 1010 0010B	00A2H	－10.125℃	1111 1111 0101 1110B	FF5EH
＋0.5℃	0000 0000 0000 1000B	0008H	－0.5℃	1111 1111 1111 1000B	FFF8H

(3)DS18B20 温度传感器的存储器

DS18B20 温度传感器的内部存储器包括一个高速暂存 RAM 和一个非易失性的可电擦除的 EEPRAM,后者存放高温度和低温度触发器 TH、TL 和结构寄存器。

(4)配置寄存器

该字节各位的意义如表 8-3 所示。

表 8-3　配置寄存器结构

bit 7	bit 6	bit 5	bit 4	bit 3	bit 2	bit 1	bit 0
0	R1	R0	1	1	1	1	1

低五位一直都是"1",bit 7 是测试模式位,用于设置 DS18B20 在工作模式还是在测试模式。在 DS18B20 出厂时该位被设置为 0,用户不要去改动。R1 和 R0 用来设置分辨率,如表 8-4 所示:(DS18B20 出厂时被设置为 12 位)。

表 8-4　温度分辨率设置表

R1	R0	分辨率	温度最大转换时间
0	0	9 位	93.75ms
0	1	10 位	187.5ms
1	0	11 位	375ms
1	1	12 位	750ms

4.高速暂存存储器

高速暂存存储器由 9 个字节组成,其分配如表 8-5 所示。当温度转换命令发布后,经转换所得的温度值以二字节补码形式存放在高速暂存存储器的第 0 和第 1 个字节。单片机可通过单线接口读到该数据,读取时低位在前,高位在后,数据格式如表 8-5 所示。对应的温度计算:当符号位 $S=0$ 时,直接将二进制位转换为十进制;当 $S=1$ 时,先将补码变为原码,再计算十进制值。表 8-2 是对应的一部分温度值。第九个字节是冗余检验字节。

表 8-5　DS18B20 暂存寄存器分布

寄存器内容	字节地址	寄存器内容	字节地址	寄存器内容	字节地址
温度值低位（LS Byte）	0	低温限值(TL)	3	保留	6
温度值高位（MS Byte）	1	配置寄存器	4	保留	7
高温限值(TH)	2	保留	5	CRC 校验值	8

根据 DS18B20 的通讯协议,主机(单片机)控制 DS18B20 完成温度转换必须经过三个步骤:每一次读写之前都要对 DS18B20 进行复位操作,复位成功后发送一条 ROM 指令,如表 8-6 所示,最后发送 RAM 指令,如表 8-7 所示,这样才能对 DS18B20 进行预定的操作。复位要求主 CPU 将数据线下拉 500 微秒,然后释放,当 DS18B20 收到信号后等待 16～60μs 左右,后发出 60～240μs 的存在低脉冲,主 CPU 收到此信号表示复位成功。

表 8-6　ROM 指令表

指令	约定代码	功能
读 ROM	33H	读 DS1820 温度传感器 ROM 中的编码(即 64 位地址)
符合 ROM	55H	发出此命令之后,接着发出 64 位 ROM 编码,访问单总线上与该编码相对应的 DS1820 使之作出响应,为下一步对该 DS1820 的读写作准备
搜索 ROM	0F0H	用于确定挂接在同一总线上 DS1820 的个数和识别 64 位 ROM 地址。为操作各器件作好准备

指令	约定代码	功能
跳过 ROM	0CCH	忽略 64 位 ROM 地址，直接向 DS1820 发温度变换命令。适用于单片工作
告警搜索命令	0ECH	执行后只有温度超过设定值上限或下限的片子才做出响应

表 8-7　RAM 指令表

指令	约定代码	功能
温度变换	44H	启动 DS1820 进行温度转换，12 位转换时最长为 750ms(9 位为 93.75ms)。结果存入内部 9 字节 RAM 中
读暂存器	0BEH	读内部 RAM 中 9 字节的内容
写暂存器	4EH	发出向内部 RAM 的 3、4 字节写上、下限温度数据命令，紧跟该命令之后，是传送两字节的数据
复制暂存器	48H	将 RAM 中第 3、4 字节的内容复制到 EEPROM 中
重调 EEPROM	0B8H	将 EEPROM 中内容恢复到 RAM 中的第 3、4 字节
读供电方式	0B4H	读 DS1820 的供电模式。寄生供电时 DS1820 发送"0"，外接电源供电 DS1820 发送"1"

5. DS18B20 的应用电路

DS18B20 测温系统具有测温系统简单、测温精度高、连接方便、占用口线少等优点。下面就是 DS18B20 几个不同应用方式下的测温电路图：

DS18B20 寄生电源供电方式电路图如图 8-6 所示，在寄生电源供电方式下，DS18B20 从单线信号线上汲取能量：在信号线 DQ 处于高电平期间把能量储存在内部电容里，在信号线处于低电平期间消耗电容上的电能工作，直到高电平到来再给寄生电源(电容)充电。

独特的寄生电源方式有三个好处：(1)进行远距离测温时，无需本地电源；(2)可以在没有常规电源的条件下读取 ROM；(3)电路更加简洁，仅用一根 I/O 口实现测温。

要想使 DS18B20 进行精确的温度转换，I/O 线必须保证在温度转换期间提供足够的能量，由于每个 DS18B20 在温度转换期间工作电流达到 1mA，当几个温度传感器挂在同一根 I/O 线上进行多点测温时，只靠 4.7kΩ 上拉电阻就无法提供足够的能量，会造成无法转换温度或温度误差极大。

因此，图 8-6 电路只适应于单一温度传感器测温情况下使用，不适宜采用电池供电系统中。并且工作电源 V_{cc} 必须保证在 5V，当电源电压下降时，寄生电源能够汲取的能量也降低，会使温度误差变大。

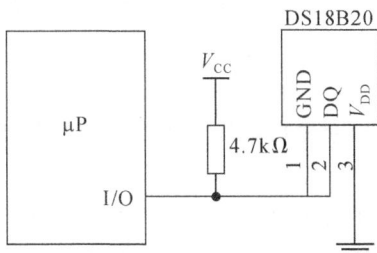

图 8-6　DS18B20 寄生电源供电方式电路图　　　图 8-7　外部供电方式单点测温电路

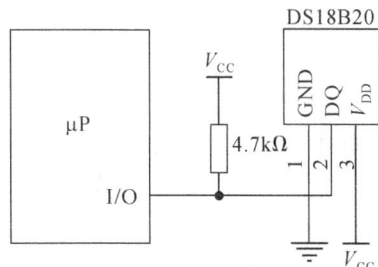

（2）DS18B20 的外部电源供电方式

单点测温如图 8-7 所示，在外部电源供电方式下，DS18B20 工作电源由 V_{DD} 引脚接入，此时 I/O 线不需要强上拉，不存在电源电流不足的问题，可以保证转换精度，同时在总线上理论可以挂接任意多个 DS18B20 传感器，组成多点测温系统，如图 8-8 所示。注意：在外部供电的方式下，DS18B20 的 GND 引脚不能悬空，否则不能转换温度，读取的温度总是 85℃。

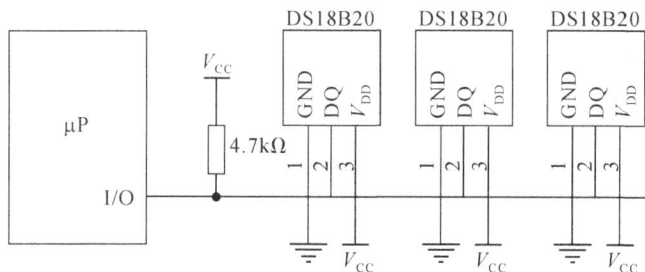

图 8-8　外部供电方式的多点测温电路图

外部电源供电方式是 DS18B20 最佳的工作方式，工作稳定可靠，抗干扰能力强，而且电路也比较简单，可以开发出稳定可靠的多点温度监控系统。推荐大家在开发中使用外部电源供电方式，毕竟比寄生电源方式只多接一根 V_{cc} 引线。在外接电源方式下，可以充分发挥 DS18B20 宽电源电压范围的优点，即使电源电压 V_{cc} 降到 3V 时，依然能够保证温度量精度。

DS18B20 虽然具有测温系统简单、测温精度高、连接方便、占用口线少等优点，但在实际应用中也应注意以下几方面的问题：

（1）较小的硬件开销需要相对复杂的软件进行补偿，由于 DS18B20 与微处理器间采用串行数据传送，因此，在对 DS18B20 进行读写编程时，必须严格地保证读写时序，否则将无法读取测温结果。在使用 PL/M、C 等高级语言进行系统程序设计时，对 DS18B20 操作部分最好采用汇编语言实现。

（2）在 DS18B20 的有关资料中均未提及单总线上所挂 DS18B20 数量问题，容易使人误认为可以挂任意多个 DS18B20，在实际应用中并非如此。当单总线上所挂 DS18B20 超过 8 个时，就需要解决微处理器的总线驱动问题，这一点在进行多点测温系统设计时要加以注意。

（3）连接 DS18B20 的总线电缆是有长度限制的。试验中，当采用普通信号电缆传输长度超过 50m 时，读取的测温数据将发生错误。当将总线电缆改为双绞线带屏蔽电缆时，正常通讯距离可达 150m，当采用每米绞合次数更多的双绞线带屏蔽电缆时，正常通讯距离进一步加长。这种情况主要是由总线分布电容使信号波形产生畸变造成的。因此，在 DS18B20 进行长距离测温系统设计时要充分考虑总线分布电容和阻抗匹配问题。

（4）在 DS18B20 测温程序设计中，向 DS18B20 发出温度转换命令后，程序总要等待 DS18B20 的返回信号，一旦某个 DS18B20 接触不好或断线，当程序读该 DS18B20 时，将没有返回信号，程序进入死循环。这一点在进行 DS18B20 硬件连接和软件设计时也要给予一定的重视。测温电缆线建议采用屏蔽 4 芯双绞线,其中一对线接地线与信号线,另一组接 V_{CC} 和地线,屏蔽层在源端单点接地。

三、液晶显示器 12864

液晶显示器(LCM)是一种低功耗显示器件,能够显示一些汉字、字符、图形信息。根据显示图案的不同,可分为笔段型 LCD、字符型 LCD 和点阵图形型 LCD 三种。12864 液晶是一块 128×64 点阵的 LCD 显示模块,通常来说其自带两种字号的二级汉字库,并且自带基本绘图 GUI 功能,包括画点、直线、矩形、圆形等;此外还自带两字号的 ADCII 码西文字库。

1.12864 液晶模块的特点

(1)低电源电压(V_{DD}:+3.0~+5.5V);

(2)显示分辨率:128×64 点;

(3)内置汉字字库,提供 8192 个 16×16 点阵汉字(简繁体可选);

(4)内置 128 个 16×8 点阵字符;

(5)2MHz 时钟频率;

(6)显示方式:STN、半透、正显;

(7)驱动方式:1/32DUTY,1/5BIAS;

(8)视角方向:6 点;

(9)背光方式:侧部高亮白色 LED,功耗仅为普通 LED 的 1/5~1/10;

(10)通讯方式:串行、并口可选;

(11)内置 DC-DC 转换电路,无需外加负压;

(12)无需片选信号,简化软件设计;

(13)工作温度:0~+55℃,存储温度:−20~+60℃。

2.12864 液晶的引脚封装

12864 的实物图如图 8-9 所示,引脚图如图 8-10 所示。各引脚的功能详细说明如表 8-8。

图 8-9　12864 液晶模块的实物图

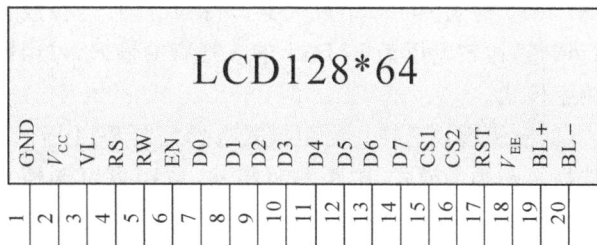

图 8-10　12864 液晶模块的引脚封装图

表 8-8　12864 液晶的引脚功能表

引脚号	引脚符号	功能描述	
		并口	串口
1	GND	电源负极,接地	
2	V_{CC}	电源正极,接 5V±10% 供电电源	
3	VL	液晶显示的偏压信号,一般接一个电位器,用于调节偏压	
4	RS(CS)	数据/指令选择端。RS=1 代表数据;RS=0 代表指令	片选,低电平有效
5	RW(SID)	读/写操作选择端。R/W=1 代表读操作;R/W=0 代表写操作	串行口数据口
6	EN(SCLK)	使能信号端。高电平使能	串行时钟信号端
7—14	D0~D7	并行 8 位数据口。DB7 是最高位,DB0 是最低位	/
15	CS1	片选输入端	
16	CS2	片选输入端	
17	RST	复位端,低电平有效	
18	V_{EE}	液晶驱动电压输出端	
19	BL+	背光正极	
20	BL−	背光负极	

四、超声波电路分析

超声波电路原理图如图 8-11 所示。它由单片机小系统、液晶显示模块、超声波处理模块和电源等部分组成。超声波处理模块由超声波发射部分与超声波接收部分组成,下面重点讲解一下超声波处理模块的工作原理。

(1)超声波谐振频率调理电路。超声波谐振频率调理电路如图 8-12 所示,由单片机产生 40kHz 的方波,并通过模组接口送到模组的 CD4049,而后面的 CD4049 则对 40kHz 频率信号进行调理,以使超声波传感器产生谐振。

(2)超声波回波接收处理电路。超声波回波接收处理部分电路如图 8-13 所示,前级采用 NE5532 构成 10000 倍放大器,对接收信号进行放大;后级采 LM311 比较器对接收信号进行调整,比较电压为 LM311 的 3 管脚的输入,可由跳线选择不同的比较电压以选择不同的测距模式。

(3)测距模式选择。测距模式选择如图 8-14 所示,模组提供了测距模式选择跳线 J1,可以选择短距测量模式、中距测量模式,或距离可调模式。跳线选择 LOW 时为近距测量模式,选择 HIG 时为中距测量模式;选择 SET 时为距离可调模式。

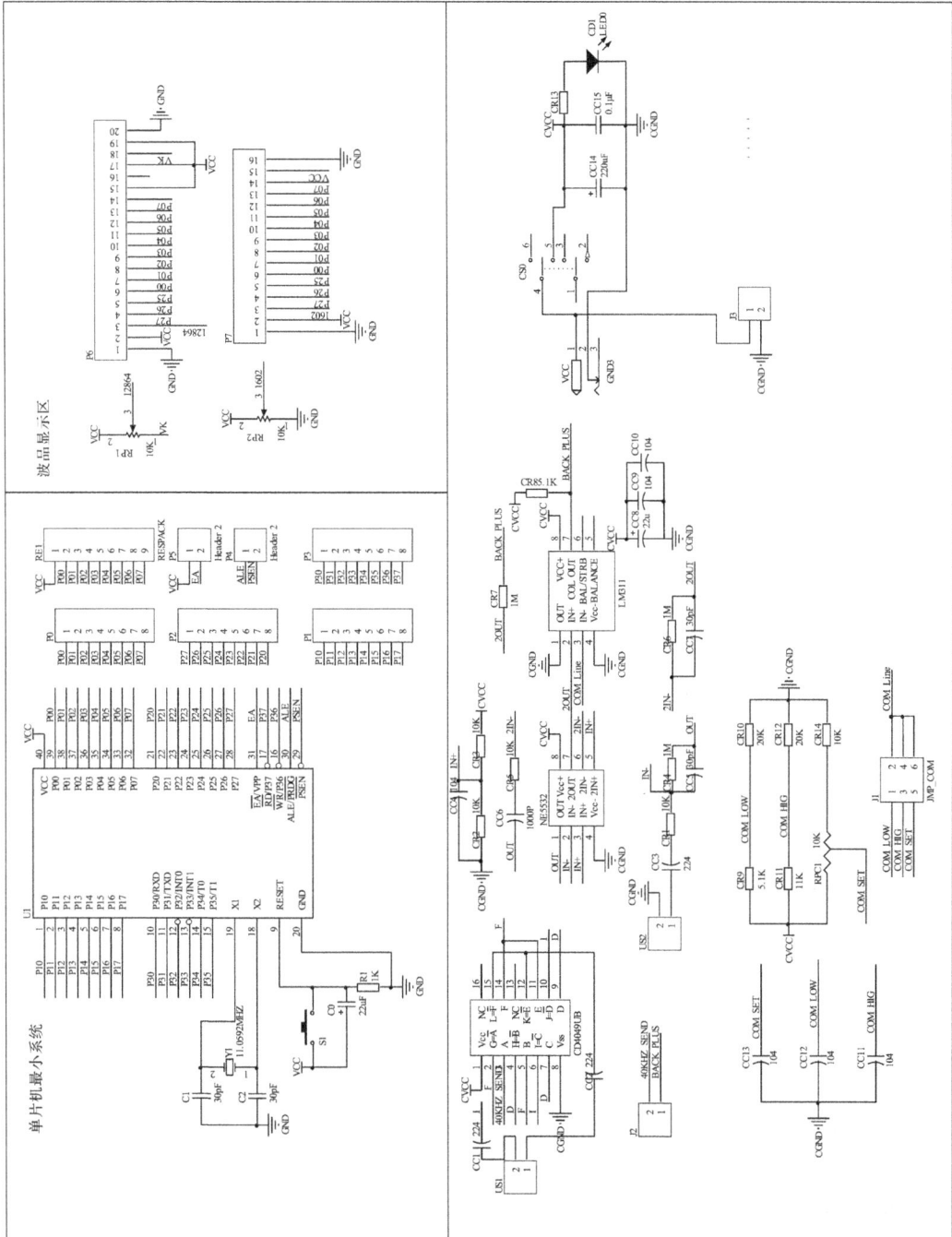

图 8-11 超声波测距电路原理图

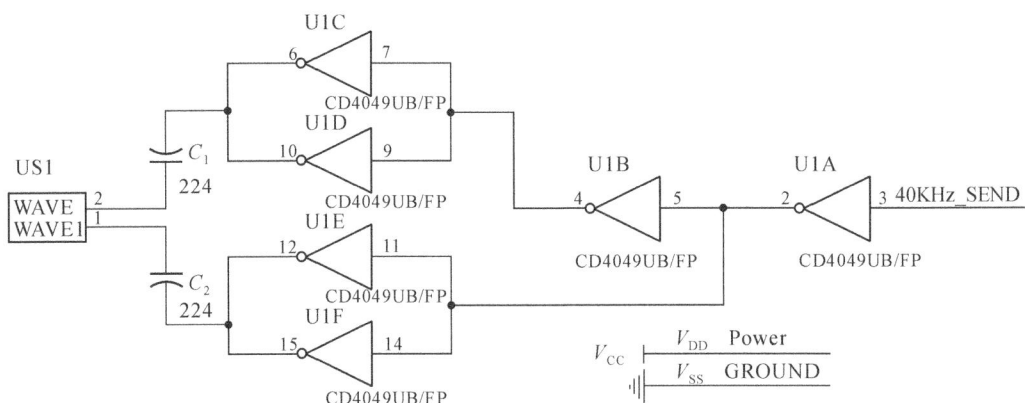

图 8-12   超声波谐振频率调理电路

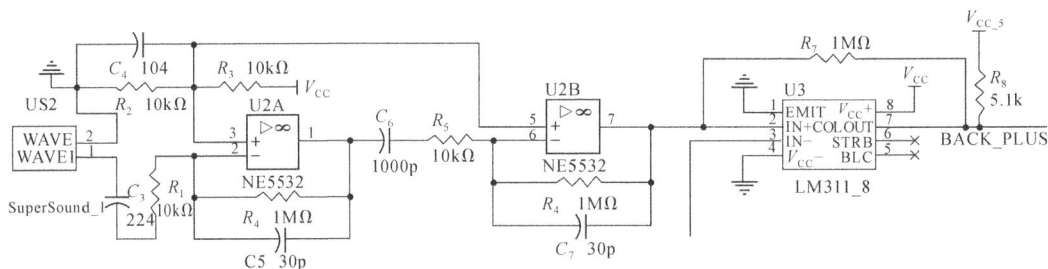

图 8-13   超声波接收处理电路

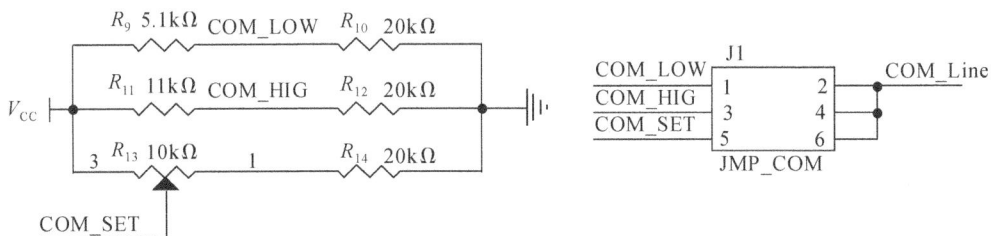

图 8-14   测距模式选择电路

【学习任务】

【任务描述】

用超声波测量物体的距离。

【任务目标】

(1)第一阶段任务目标:简易测量两点之间的距离。

(2)第二阶段任务目标:精确测量两点之间的距离。

(3)总体目标:掌握 KEIL 的编程方法;掌握单片机程序下载方法;掌握超声波的测距方法;掌握应用程序的编方法。

【知识准备】

（1）超声波基础知识。

（2）温度传感器 DS18B20。

（3）超声波电路分析。

【器材准备】

计算机一台，并安装 KEIL 软件；单片机小系统；超声波测距模块；编程下载工具。

【任务实施 1】简易测量两点之间的距离

一、任务分析

本任务是用超声波简单的测量两个物体之间的距离，超声波发射电路与单片机的 P3.7 相连接，超声波回波接收电路与单片机的 P3.2 相连接。其基本思想是用单片机产生 40kHz 的方波信号，通过超声波发射电路发送出去，在发送超声波的同时进行计时。当单片机接收到超声波的回波信号时停止计时，求得超声波发射到物体及物体返回超声波的时间，然后根据式 8-2 求得两个物体之间的距离。

二、任务实施步骤

（1）根据电路原理图将超声波模块、液晶显示屏、电源、按键与单片机相连。

（2）利用 KEIL 软件编写控制程序。

（3）编译程序，生成 HEX 文件。

（4）将 HEX 文件通过串口下载到单片机 STC89C52 中。

（5）调试并运行。

三、软件设计

1. 测距软件设计的基本思想

程序采用的是脉冲测量法，由单片机控制超声波模组发出 40kHz 的脉冲信号，每次测量发射的脉冲数至少要 12 个完整的 40kHz 脉冲。同时发射信号前打开计数器，进行计时；等计时到达一定值后再开启检测回波信号，以避免余波信号的干扰。采用外部中断对回波信号进行检测（回波信号送到单片机的为一序列方波脉冲）。接收到回波信号后，马上读取计数器中的数值，此数据即为需要测量的时间差数据。

2. 启动超声波测量函数设计

该函数主要完成控制定时器、发送超声波、去余波干扰和开启回波检测等功能。程序代码如下：

```
void tran(void)
{    uchar i;
     TH0 = 0;
     TL0 = 0;//清定时
```

```
TR0 = 1;//开定时
for(i = 12;i>0;i--)        /* 开始发送 40kHz 的超声波 */
{      CNT = !CNT;
       nop; nop; nop; nop; nop; nop; nop; nop;
}
CNT = 1;
delay_nms(5);// 去余波干扰
EX0 = 1;//开中断,开启回波检测
}
```

3. 测距计算与显示函数设计

测距计算与显示函数的功能是,当接收到回波信号后,先计算测距所用总的时间,然后根据式 8-2 计算距离,最后显示距离。程序代码如下:

```
void display()
{      float temp;
       if(flag == 1)   //中断标志位置,说明有回波
       {      temp = high_time * 256 + low_time;        //求时间
              dis = temp * 0.017 ;   //计算距离
              dis = (unsigned int)dis;
              flag = 0;
       }
       if((dis> = 130||dis< = 4)&&flag == 0)//测距范围
       {      Display_ABC_LCD12864(2,4,"---");      //超出测距范围时数据无效
       }
       else //显示正确距离
       {      cache[0] = dis/100 + 0X30;
              cache[1] = dis%100/10 + 0X30;
              cache[2] = dis%100%10 + 0X30;
              Display_Array_LCD12864(2,4,cache,3);
       }
}
```

4. 中断函数设计

中断函数的功能是,检测到回波信号后,停止计时。程序代码如下:

```
void TT( ) interrupt 0
{      TR0 = 0;//关定时器
       flag = 1; //置位标志位
       high_time = TH0;//把计时值放入缓冲
       low_time = TL0;
}
```

5.测距应用程序设计

测距应用程序中应该包含系统初始化、液晶显示、延时、中断处理、启动超声波测量、测量结果计算与显示等部分组成。主函数主要完成系统初始化、液晶屏显示初始化、循环启动超声波测量与计算显示距离等。参考程序如下：

```c
#include<AT89X52.H>
#include<intrins.h>
#include "LCD12864.h"
/* * * * * * * * * * * * * * 定义 * * * * * * * * * * * * * * * * * */
#define uchar unsigned char
#define uint unsigned int
#define nop _nop_()
/* * * * * * * * * * * * * 标志位 * * * * * * * * * * * * * * * * */
uchar flag = 0;
/* * * * * * * * * * * * * 存储区 * * * * * * * * * * * * * * * * */
uchar high_time,low_time,m = 0;   //存放计数值
uint dis;      //距离值
uchar cache[3] = {0x30,0x30,0x30};
/* * * * * * * * * * * * * 引脚定义 * * * * * * * * * * * * * * * */
sbit CNT = P3^7;    //发射超声波端口
void tran(void) ;//启动超声波测量函数
void TT() interrupt 0;//中断函数
void display();//计算显示函数
void   delay100us()
{    uchar i;
     for(i = 0;i<50;i++);
}
void init(void) //初始化函数
{    TMOD = 0x01;         /* 定时器方式 1 */
     TH0 = 0;    TL0 = 0;     /* 设定 T0 计数初值 */
     ET0 = 1;    EA = 1;     /* 中断允许设置 */
     IT0 = 1;             /* 下降沿有效,左传感器 */
}
void delay_nms(uint n) //延时函数,入口参数:n
{    uchar i;
     while(n--)
     {    for(i = 123;i>0;i--);  }
}
void main(void) //主函数
{    init();
```

```
    Init_LCD12864();
    Display_ABC_LCD12864(1,3,"超声波测距");
    Display_ABC_LCD12864(2,1,"距离:");
    Display_ABC_LCD12864(2,6,"CM");
    while(1)              //循环测量并显示
    {   tran();           //发送超声波信号测距
        display();        //计算并显示距离
        dis = 0;
    }
}
```

【任务实施 2】精确测量两点之间的距离

一、任务分析

本任务是用超声波精确的测量两个物体之间的距离,在任务实施一中,我们选取超声波在空气中的传播速度为 340m/s。由物理学可知,声波在空气中的传播速度与环境温度有非常紧密的关系,其传播速度并不是 340m/s,而是 $331.5+0.607T$ m/s,T 就是环境温度。因此,任务实施二只要在任务实施一的基础上增加环境温度检测模块,检测出当时的环境温度,然后根据式(8-4)精确求得两个物体之间的距离。

二、任务实施步骤

(1)根据电路原理图将超声波模块、液晶显示屏、测温模块 DS18B20、电源、按键与单片机相连。

(2)利用 KEIL 软件编写控制程序。

(3)编译程序,生成 HEX 文件。

(4)将 HEX 文件通过串口下载到单片机 STC89C52 中。

(5)调试并运行。

三、软件设计

1. 测距软件设计的基本思想

任务实施二的测距软件的编程思想及实现方法与任务实施一基本相同,相同部分是:程序采用的是脉冲测量法,由单片机控制超声波模组发出 40kHz 的脉冲信号,每次测量发射的脉冲数至少要 12 个完整的 40kHz 脉冲。同时发射信号前打开计数器,进行计时;等计时到达一定值后再开启检测回波信号,以避免余波信号的干扰。采用外部中断对回波信号进行检测(回波信号送到单片机的为一序列方波脉冲)。接收到回波信号后,马上读取计数器中的数值,此数据即为需要测量的时间差数据。不同部分是:一是增加温度测量函数,二是测距的计算公式由式(8-2)变为式(8-4)。

2.精确测距的应用程序设计

精确测距应用程序中应该包含系统初始化、温度测量、液晶显示、延时、中断处理、启动超声波测量、测量结果计算与显示等部分组成,其应用程序详细代码如下:

```c
#include"reg52.h"
#include"intrins.h"
#include"math.h"
#define uchar unsigned char
#define uint  unsigned int
#define Lcd_Data  P0 //定义 LCD 数据端口
uchar code dispbuf[33] = {"Temperature: 'CDistance:    mm "}; //定义显示缓冲
uchar numcode[10] = {'0','1','2','3','4','5','6','7','8','9'};
uint num[29] = {0};
uchar jsh,jsl;                    //计数器的高低位
uchar count = 0;                  //10 秒计次数
uint distance;                    //距离
sbit  RS = P2^0;                  //LCD  RS
sbit  RW = P2^1;                  //LCD RW
sbit  E = P2^2;                   //LCD E
sbit  Busy = P0^7;                //LCD 忙
uchar bdata flag;                 //DS18B20 存在标准
sbit DQ = P2^7;                   //DS18B20 数字端口
uint temp;                        //温度变量
void delay(void);                 //延时函数
void Init_LCD(void);              //初始化 LCD
void Write_Comm(uchar);           //写入 LCD 命令
void Write_Data(uchar);           //写入 LCD 数据
void Read_Busy(void);             //检查 LCD 是否忙
void  Init_18B20(void);           //初始化 18B20
uchar ReadOneChar(void);          //读取一个字节
void  WriteOneChar(uchar dat);    //写入一个字节
void testtemp(void);              //启动温度转换,启动后 750ms 才能读取到温度
uint wd(void);                    //读取温度
void Delay(uint time);            //延时函数
sbit sta_flag = flag^0;           //10ms 到标准位
sbit fuhao    = flag^1;           //温度的符号位
sbit START    = P1^0;             //启动测距
sbit CNT      = P2^5;             //发射超声波端口
sbit CSBIN    = P2^6;             //返回信号
sbit BUZZER = P3^7;
```

```c
        void timer1(void) ;
        void delay1ms(void);              //延时 1ms
        void sys_init(void);              //系统初始化
        void display(void);               //显示函数
        void computer(void);              //计算
        void hextobcd();//转换成 BCD
        void bm(void);                    //求补码
        void delay15(uchar us);           //延时 15μs
        void main(void) /* 系统主函数 */
        { uchar i,j;
          for(i = 0;i<255;i ++ )
            for(j = 0;j<255;j ++ );       //延时
        sys_init();                       //初始化
        display();                        //显示
        sta_flag = 0;                     //标准复位
        waitforstarting:                  //检测按键
        while(START);
        for(i = 0;i<20;i ++ ) delay1ms();
        if(START) goto waitforstarting;
        BUZZER = 0;                       //蜂鸣器鸣音提升按键按下
        i = 100000;
        while(i -- );
        BUZZER = 1;
        i = 100000;
        while(i -- );
        TR0 = 1;                          //启动定时器 0
        ET0 = 1;
        testtemp();                       //启动温度转换
        while(1)
        {    if(sta_flag)                 //10ms 到了
            {    while(0 == CSBIN);       //收到回波
                TR1 = 0;
                jsh = TH1; jsl = TL1;
                if(15 == count)           //900ms 到检测温度
                {    temp = wd();         //读取温度
                    count = 0;
                    testtemp();           //重新启动转换
                    display();            //刷新显示
                }
                computer();               //就算距离
```

```
                hextobcd();              //转换成 BCD 码
                sta_flag = 0;
                }
            }
}
//* * * * * * * * * * * * * * 定时器 1 溢出 * * * * * * * * * * * * * * *
void timer1(void)interrupt 2 using 1
{TR1 = 0;}
/*    定时器 0 溢出中断函数,每 60mS 溢出    */
void timer0(void)interrupt 1 using 0
{    TH0 = 0x15; TL0 = 0xA0;
     TH1 = 0; TL1 = 0;
     sta_flag = 1;
     count ++ ;
     _nop_();_nop_(); _nop_(); _nop_();        //开始发送 40kHz 的超声波
     CNT = 1;
     _nop_(); _nop_(); _nop_(); _nop_(); _nop_(); _nop_();
     _nop_(); _nop_(); _nop_(); _nop_(); _nop_(); _nop_();
     CNT = 0;
     _nop_(); _nop_(); _nop_(); _nop_();
     TR1 = 1;
     delay15(50);                //延时避开直达信号
}
void sys_init(void)                /*    系统初始化    */
{    uchar i;
     for(i = 0;i<29;i ++ )        //显示清零
         {    num[i] = 0;}
     TMOD = 0x11;
     TH0 = 0x15; TL0 = 0xA0;
     P0 = 0;
     CNT = 0;
     CSBIN = 1;
     EA = 1;
}
void computer(void)    /*    距离计算    */
{    float c,d,s;
     uint t;
     if(temp<0x8000) c = 331.4 + 0.61 * temp * 0.0625;
     else    c = 331.3 - 0.61 * temp * 0.0625;
         t = jsh * 256 + jsl - 120;//计算计数值
```

```
        d = (c * t * 0.001)/2;
        d * = d;
        s = d - 7.98;
        distance = sqrt(s);          //修正后的值
}
void hextobcd(void)                  /*      数据转换函数   */
{     float tp;
      unsigned long int tmp;
      fuhao = 0;
      if(temp<0x8000) tp = temp * 0.0625;
      else                 //测得温度为负值时,要先将补码转换成原码再计算十进制
      {     bm();
            tp = temp * 0.0625;
            fuhao = 1;
      }
      tp * = 10;
      tmp = tp;
      num[12] = tmp/100;
      if(fuhao) num[12] = num[12]|0x80;      //加上符号位
      num[13] = tmp/9 - (tmp/100) * 10;
      tmp = distance;
      num[25] = tmp/1000;
      tmp % = 1000;
      num[26] = tmp/100;
      tmp % = 100;
      num[27] = tmp/10;
      tmp % = 10;
      num[28] = tmp/1;
}
/* * * * * * * * * * * * 启动温度转换* * * * * * * * * * * * * * * * * * * */
void testtemp(void)
{     Init_18B20();                 //初始化18B20
      if(flag)
      {     WriteOneChar(0xCC); // 跳过读序号列号的操作
            WriteOneChar(0x44); // 启动温度转换
      }
}
/* * * * * * * * * * * * 读取温度函数 * * * * * * * * * * * * * * * */
uint wd(void)
{     unsigned int a = 0, b = 0, t = 0;
```

```
    Init_18B20();
    WriteOneChar(0xCC);          //跳过读序号列号的操作
    WriteOneChar(0xBE);          //读取温度寄存器
    a = ReadOneChar();           //读取字节
    b = ReadOneChar();
    t = b;
    t <<= 8;
    t = t | a;
    return (t);
}
/*    DS18B20 复位函数   */
void Init_18B20(void)//初始化 18B20
{   DQ = 1;                 //DQ 复位
    Delay(10);
    DQ = 0;                 //单片机将 DQ 拉低
    Delay(80);              //480us
    DQ = 1;                 //拉高总线
    Delay(10);              //稍做延时后 如果 x = 0 则初始化成功 x = 1 则初始化失败
    if(DQ) flag = 0;
    else    flag = 1;
    Delay(20);
}
/* * * * * * * * * * * * * *读取一个字节* * * * * * * * * * * * * * * * * */
uchar ReadOneChar(void)
{   uchar i = 0;
    uchar dat = 0;
        for (i = 8; i > 0; i--)
    {   DQ = 0;                 // 给脉冲信号
        dat >>= 1;
        DQ = 1;                 // 给脉冲信号
        if(DQ) dat |= 0x80;    //拼装
        Delay(15);
    }
    return (dat);
}
/* * * * * * * * * * * * * *写入一个字节* * * * * * * * * * * * * * * * * */
void WriteOneChar(unsigned char dat)
{   unsigned char i = 0;
    for (i = 8; i > 0; i--)
    {   DQ = 0;
```

```
            DQ = dat&0x01;
            Delay(5);
            DQ = 1;
            dat>> = 1;
        }
}
void bm(void) /*        对温度的转换,得到原码   */
{    temp = ~temp;
     temp + = 1;
}
void display(void) /*    显示函数    */
{    uchar a,b,d;
     Init_LCD();
     Write_Comm(0x01);              //清显示
     Write_Comm(0x80);              //写首地址
     for(a = 0;a<16;a ++ )
     {    d = dispbuf[a];
          if((a>11)&&(a<14))     //如果是结果位到 num[]里面读取
          {    d = numcode[num[a]];   }
          if(14 =   = a)            //显示
          {    d = 0xdf;    }
          Write_Data(d);
          }
          Write_Comm(0xc0);
          for(b = 16;b<33;b ++ )
             {    d = dispbuf[b];
                  if((b>24)&&(b<29))
                  {    d = numcode[num[b]];   }
                  Write_Data(d);
             }
     }
}
void Read_Busy(void)//读忙信号判断
{    do {    Lcd_Data = 0xff;
            RS = 0;
            RW = 1;
            E = 0;
            delay();
            E = 1;
        }while(Busy);  //如果忙则等待
```

```
}
/* * * * * * * * * * * * * *写指令函数* * * * * * * * * * * * * * * * * */
void Write_Comm(uchar lcdcomm)
{    Lcd_Data = lcdcomm;
     RS = 0;
     RW = 0;
     E = 0;
     Read_Busy();
     E = 1;
}
/* * * * * * * * * * * * * *写数据函数* * * * * * * * * * * * * * * * * */
void Write_Data(uchar lcddata)    //写数据函数
{    Lcd_Data = lcddata;
     RS = 1;
     RW = 0;
     E = 0;
     Read_Busy();                 //判断是否忙状态
     E = 1;
}
/* * * * * * * * * * * * * *初始化 LCD* * * * * * * * * * * * * * * * * */
void Init_LCD(void)
{    delay();    //稍微延时,等待 LCD 进入工作状态
     Write_Comm(0x01);//清显示
//   Write_Comm(0x02);//光标归位
     Write_Comm(0x38);//8 位 2 行 5 * 8
     Write_Comm(0x06);//文字不动,光标右移
     Write_Comm(0x0c);//显示开/关,光标开闪烁开
//   Write_Comm(0x18);//左移
}
void delay15(uchar us) /*     延时 n * 15uS 函数 */
{    do
     {    _nop_(); _nop_(); _nop_(); _nop_(); _nop_();_nop_();
          _nop_(); _nop_(); _nop_(); _nop_(); _nop_();_nop_();_nop_();
          us -- ;
     } while(us);
}
void Delay(uint time) /*   18b20 延时函数 */
{    while( time -- );
}
void delay1ms(void) /*    延时 1ms   */
```

```
{       uchar i,j;
        for(i = 0;i<2;i++)
            for(j = 0;j<255;j++);
}
void delay()/*    显示延时函数*/
{       uchar y;
        for(y = 0;y<0xff;y++);
}
```

【项目总结】

对项目八的学习评价可参考表 8-9。专业能力以两个任务实施为单位进行评分,每个任务实施可以参照表 8-10 进行评分。

表 8-9   项目八评价成绩表

学号	姓名	专业能力60%		职业核心能力及职业素养40%								项目总评
		简易测量（50）	精确测量（50）	自我学习（20）	信息处理（10）	数字应用（10）	与人合作（15）	与人交流（15）	解决问题（10）	创新革新（10）	6S执行力（10）	
001												
002												

表 8-10   项目八任务实施评分表

评价项目	要求	评分标准	配分	自查分	得分
方案设计	1.收集相关资料; 2.制定初步设计方案。	1.资料不全扣1~2分; 2.没有初步方案扣1~3分。	5		
电路设计	1.电路设计合理、正确; 2.用电路板等装接电路;	1.电路设计不正确扣1~5分; 2.电路装接不规范扣1~5分。	10		
程序设计	1.流程图设计规范、正确; 2.源程序编写正确。	1.流程图设计不正确扣1~5分; 2.程序编写不正确扣1~15分;	20		
调试运行	1.用 KEIL 软件编译调试; 2.用下载软件烧录程序; 3.及时解决调试中的问题。	1.不会用 KEIL 软件扣1分; 2.不会下载程序扣1分; 3.调试结果不正确扣1~8分。	10		
项目总结	1.按时完成设计总结报告; 2.写出设计过程、学习经验。	1.未按时完成报告扣1~3分; 2.没有体现个人特色扣1~2分。	5		
总分合计			50		

本次超声波测距仪的学习项目是一个由单片机、传感器等组成的应用系统,本项目的知识点较多,主要包括了单片机控制技术、超声波传感器检测技术、DS18B20 控制技术等。为了降低学习的难度,将超声波测距仪分成了两个基本任务,每一个任务层层递进,由简单到复杂,要能顺利完成本学习项目主要在于多思考、多练习。特别是测量距离较远、精度较高

的测量时,需要硬件电路与软件同时配合才能实现。

【思考练习】

　　1.超声波在空气中的传播速度与哪些因素有关?

　　2.用超声波设计一个测距告警仪,当距离大于 3m 时,不报警,只显示距离;当距离为 2m 时,发出嘟嘟的报警声;当距离为 1m 时,发出滴滴的报警声音。

电子秤

【引言】

电子秤由称重传感检测系统、信号调理系统、单片机控制系统及显示等几部分组成,它是一个集传感器、信号处理与控制为一体的综合性的应用项目。本项目从电子秤电路的组成、数据采集与重量换算等方面进行了详细的介绍。通过简单的例子,通俗地讲解了电子秤的原理和控制方式。

开卷有益

一、称重传感器

关键字

称重传感器,实际上是一种将质量信号转变为可测量的电信号输出的装置,称重传感器如图 9-1 所示。称重传感器按转换方法分为光电式、液压式、电磁力式、电容式、磁极变形式、振动式、陀螺仪式、电阻应变式等八类,以电阻应变式使用最广。

电阻应变式,利用电阻应变片变形时其电阻也随之改变的原理工作。主要由弹性元件、电阻应变片、测量电路和传输电缆四部分组成(图 9-2)。

图 9-1　称重传感器　　　　图 9-2　电阻应变式称重传感器

二、电子秤电路分析

1.电子秤电路原理图

电子秤电路原理图如图 9-3 所示。

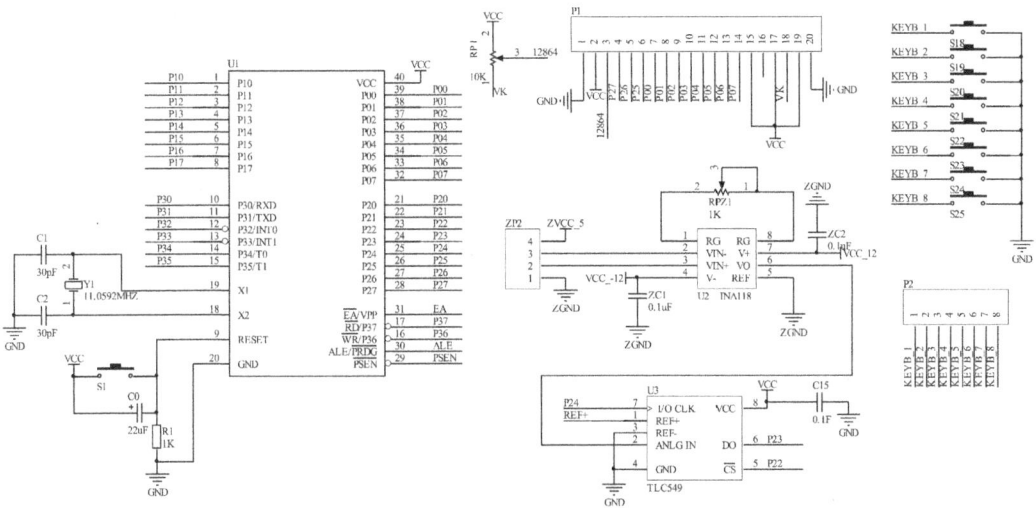

图 9-3　电子秤电路原理图

2.电子秤电路工作原理介绍

电子秤电路由单片机 STC89C52(AT89S52)、称重传感器、信号处理 INA118、模数转换芯片 TLC549 和液晶显示屏等主要器件组成。称重传感器选用满量程为 5kg 的电阻应变片式传感器,称重传感器内部连接成全桥式等臂电桥并接入 ZP2 接口中。集成电路 INA118 为差分放大的仪用放大器,对称重传感器输出的微弱信号进行放大。TLC549 为 8 位的串口 A/D 转换芯片,TLC549 的输入端与仪用放大器的输出信号相连接,控制信号端分别与单片机的 P2.2、P2.3、P2.4 相连接,在单片机的控制下,对称重模拟信号进行数字采样。单片机对采集到的数字信号进行运算与处理,将物体质量等信息送到液晶屏进行显示。

【学习任务】

【任务描述】
用单片机采集称重传感器的输出信号,编写电子秤的应用程序。

【任务目标】
(1)任务目标:用单片机采集称重传感器的输出信号,编写电子秤的应用程序。

(2)总体目标:掌握 KEIL 的编程方法;掌握单片机程序下载方法;掌握数据采集方法;掌握应用程序的编方法。

【知识准备】
(1)称重传感器。

(2)电子秤电路分析。

(3)认识串行 A/D 转换器——TLC549。

【器材准备】
计算机一台,并安装 KEIL 软件;电阻应变片式称重传感器;仪用放大器 INA118;数模转换 TLC549;砝码;编程下载工具。

【任务实施】编写电子秤应用程序

一、任务分析

电子秤由称重传感器、信号处理、A/D 变换、控制与显示等部分组成。称重传感器的信号采集与信号处理由硬件电路实现,因此,需要编写的应用程序主要为,A/D 变换程序、电压值与重量的换算程序、单价设置和显示程序等。

二、任务实施步骤

(1)根据电路原理图将电阻应变片式称重传感器、数据采集、单片机小系统和液晶显示屏用杜邦线连接好。

(2)利用 KEIL 软件编写控制程序。

(3)编译程序,生成 HEX 文件。

(4)将 HEX 文件通过串口下载到单片机 STC89C52 中。

(5)调试并运行。

三、程序设计

1. A/D 变换程序设计

本任务的 A/D 变换芯片由 TLC549 完成,因此只需要完成 TLC549 的控制程序即可,TLC549 的工作原理和控制程序在前面的章节中有过专门的讨论,本任务中只给出控制程序,其程序代码如下:

```
sbit TLC549_CLK = P2^4;          //串行时钟信号
sbit TLC549_DAT = P2^3;          //串行数据信号
sbit TLC549_CS = P2^2;           //串行片选信号
uchar    bdata  ADCdata;
sbit ADbit = ADCdata^0;
/ * * * * * * * * * * * * * * * * * * * * * * * * * * * * * * * * * * *
 * * 函数名称:TLC549_adc
 * * 函数功能:TLC549 AD 转换程序
 * * 入口参数:
 * * 输出参数:ADCdata
 * * 备注:
 * * * * * * * * * * * * * * * * * * * * * * * * * * * * * * * * * * * */
uchar    TLC549_adc(void)
{    uchar    i;
    TLC549_CLK = 0;
    TLC549_DAT = 1;
    TLC549_CS = 0;
    for(i = 0;i<8;i ++ )
    {    TLC549_CLK = 1;
        _nop_();
        _nop_();
        ADCdata<< = 1;
        ADbit = TLC549_DAT;
        TLC549_CLK = 0;
        _nop_();
    }
    return (ADCdata);
}
```

2.电压值与重量的换算程序设计

电压值与重量的换算程序设计需要考虑称重传感器的两个重要参数,一个是灵敏度(单位为:mV/V),一个是激励电压。那么称重传感器在额定载荷时的输出信号电压为:激励电压乘以灵敏度。设该电子秤的灵敏度为 2mV/V,激励电压为 5V,满量程为 5 公斤,信号放大电路的放大倍数为 500,则变换系数为 5000g/(2mV/V × 5V × 500)=5000g/5000mV=1g/mV,即每一毫伏电压为 1 克。因此,只需要将 TLC549 采集到的数字量换算成电压(单位为毫伏),再乘以变换系数就实现了电压值与重量的换算。程序代码如下:

```
TLC549_temp_adc = TLC549_adc();     / * 读取当前电压值 A/D 转换数据 * /
adc_val_pressure = (uint)((TLC549_temp_adc * 1.0/256) * 5000);//当前电压值转换为毫伏
adc_val_pressure = (adc_val_pressure - init_dat) * 1;//电压值与重量换算
```

3.应用程序设计

电子秤的应用程序主要由 A/D 变换程序、电压值与重量的换算程序、单价设置和显示程序等组成,其程序框图如图 9-4 所示。

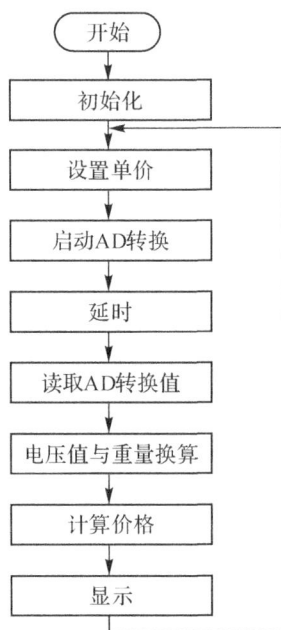

图 9-4 电子秤应用程序框图

【项目总结】

对项目九的学习评价可参考表 9-1。

表 9-1 项目九评价成绩表

学号	姓名	专业能力 60%				职业核心能力及职业素养 40%								项目总评
		硬件电路分析(20)	程序流程图(20)	程序代码编写(30)	调试运行(30)	自我学习(20)	信息处理(10)	数字应用(10)	与人合作(15)	与人交流(15)	解决问题(10)	创新革新(10)	6S执行力(10)	
001														
002														

本次电子秤的学习项目是一个由单片机、称重传感器、键盘和显示等组成的应用系统,本项目的知识点包括了单片机控制技术、称重传感器检测与应用技术、数据采集和人机接口等。本项目主要是对前面所讲的章节的内容进行了综合应用,新的知识点少,要能顺利完成本学习项目主要在于多思考、多练习。当然,由于篇幅的关系,本项目只讲解了电子秤的基本控制技术,仅仅起到一个抛砖引玉的作用,当读者掌握了电子秤的基本控制技术之后,可

以编写更多实用性的程序,实现多种功能。

【思考练习】

1.如何提高电子秤的测量精度?
2.如何提高电子秤的稳压性?

电子万年历

【引言】

　　电子万年历由单片机控制器、实时时钟/日历集成芯片 PCF8563、集成语音录放芯片 ISD4004、键盘及液晶显示等几部分组成，它是一个综合性的应用项目。本项目从电子万年历的电路的组成、实时时钟/日历集成芯片 PCF8563 的原理及应用、集成语音录放芯片 ISD4004 的原理及应用等方面进行了详细的介绍。通过简单的例子，通俗地讲解了电子万年历的原理和控制方式。

开卷有益

一、实时时钟/日历集成芯片 PCF8563

　　1. 概述

　　PCF8563 是低功耗的 CMOS 实时时钟/日历芯片，它提供一个可编程时钟输出，一个中断输出和掉电检测器，所有的地址和数据通过 I^2C 总线接口串行传递。最大总线速度为 400kbps，每次读写数据后，内嵌的字地址寄存器会自动产生增量。

　　2. 特性

　　低工作电流：典型值为 $0.25\mu A$（$V_{DD}=3.0V$，$T_{amb}=25℃$ 时）；世纪标志；大工作电压范围：$1.0\sim5.5$；低休眠电流；典型值为 $0.25\mu A$（$V_{DD}=3.0V$，$T_{amb}=25℃$）；400kHz 的 I^2C 总线接口（$V_{DD}=1.8\sim5.5V$ 时）；可编程时钟输出频率为：32.768kHz，1024Hz，32Hz，1Hz；报警和定时器；掉电检测器；内部集成的振荡器电容；片内电源复位功能；I^2C 总线从地址：读，0A3H；写，0A2H。

　　3. PCF8563 的引脚配置介绍

　　PCF8563 的引脚配置如图 10-1 所示，引脚功能如表 10-1 所示。

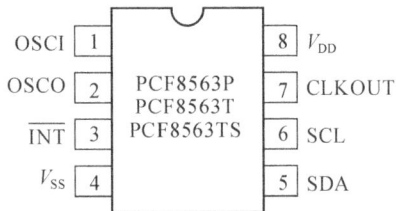

图 10-1　PCF8563 的引脚配置

表 10-1　PCF8563 引脚功能表

管脚序号	符号	功能描述	管脚序号	符号	功能描述
1	OSCI	振荡器输入	5	SDA	串行数据 I/O
2	OSCO	振荡器输出	6	SCL	串行时钟输入
3	$\overline{\text{INT}}$	中断输出（开漏）	7	CLKOUT	时钟输出（开漏）
4	Vss	地	8	V_{DD}	正电源

4.功能描述

PCF8563 有 16 个 8 位寄存器，一个可自动增量的地址寄存器，一个内置 32.768kHz 振荡器（带有一个内部集成的电容），一个分频器（用于给实时时钟 RTC 提供时钟源），一个可编程时钟输出，一个定时器，一个报警器，一个掉电检测器和一个 400kHz 的 I²C 总线接口。如图 10-2 所示。

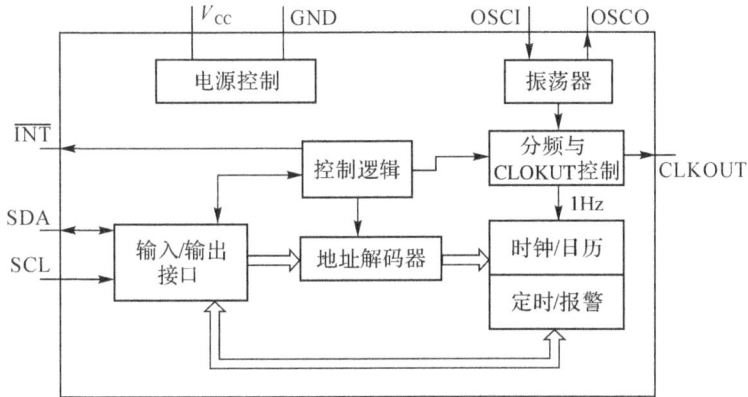

图 10-2　PCF8563 内部组成框图

所有的 16 个寄存器设计成可寻址的 8 位并行寄存器，但不是所有位都有用。前两个寄存器（内部地址 00H，01H）用作控制寄存器和状态寄存器，地址 02H～08H 用于时钟计数器（秒到年计数器），地址 09H～0CH 用于报警寄存器（定义报警条件），地址 0DH 用于控制 CLKOUT 管脚的输出频率，地址 0EH 和 0FH 分别用作定时器控制寄存器和定时器寄存器。秒、分钟、小时、日、月、年、分钟报警、小时报警、日报警寄存器的编码格式为 BCD 码，星期和星期报警寄存器不以 BCD 格式编码。

(1)报警功能模式。一个或多个报警寄存器 MSB（AE＝Alarm Enable 报警使能位）清零时，相应的报警条件有效，这样一个报警将在每分钟至每星期范围内产生一次。设置报警标志位 AF（控制/状态寄存器 2 的位 3）用于产生中断，AF 只能用软件清除。

(2)定时器。8 位的倒计数器（地址 0FH）由定时器控制寄存器控制，定时器控制寄存器用于设定定时器的频率（4096Hz，64Hz，1Hz 或 1/60Hz），以及设定定时器有效或无效。定时器从软件设置的 8 位二进制数倒计数，每次倒计数结束时，定时器设置标志位 TF，TF 用于产生一个中断，每个倒计数周期产生一个脉冲作为中断信号，定时器标志位 TF 只能用软件清除。TI/TP 控制中断产生的条件。当读定时器时，返回当前倒计数的数值。

(3)CLKOUT 输出。管脚 CLKOUT 可以输出可编程的方波。CLKOUT 频率寄存器决定输出方波的频率,可以输出 32.768kHz(缺省值),1024Hz,32Hz 和 1Hz 的方波。CLK-OUT 为漏极开路输出管脚,通电时有效,无效时为高阻抗。

(4)复位。HYM8563 内置一个复位电路,当振荡器停止工作时,复位电路开始工作。在复位状态下,I²C 总线被初始化,所有寄存器(包括地址指针)除 TF、VL、TD1、TD0、TESTC、AE 位被置为逻辑 1 外,都将被清零。

5.寄存器结构

(1)寄存器概况。如表 10-2 所示。标明"—"的位无效,标明"0"的位应置为逻辑 0。

表 10-2　寄存器概况

地址	寄存器名称	bit7	bit6	bit5	bit4	bit3	bit2	bit1	bit0
00H	控制/状态寄存器 1	TEST	0	STOP	0	TESTC	0	0	0
01H	控制/状态寄存器 2	0	0	0	TI/TP	AF	TF	AIE	TIE
0DH	CLKOUT 频率寄存器	FE	—	—	—	—	—	FD1	FD0
0EH	定时器控制寄存器	TE	—	—	—	—	—	TD1	TD0
0FH	定时器倒计数寄存器	定时器倒计数数值							

(2)BCD 格式寄存器概况。如表 10-3 所示。

表 10-3　BCD 格式寄存器概况

地址	寄存器名称	bit7	bit6	bit5	bit4	bit3	bit2	bit1	bit0
02H	秒	VL	00~59 BCD 码格式数						
03H	分钟	—	00~59 BCD 码格式数						
04H	小时	—	—	00~23 BCD 码格式数					
05H	日	—	—	01~31 BCD 码格式数					
06H	星期	—	—	—	—	—	0~6		
07H	月/世纪	C	—	—	01~12 BCD 码格式数				
08H	年	00~99 BCD 码格式数							
09H	分钟报警	AE	00~59 BCD 码格式数						
0AH	小时报警	AE	—	00~23 BCD 码格式数					
0BH	日报警	AE	—	—	01~31 BCD 码格式数				
0CH	星期报警	AE	—	—	—	—	0~6		

(3)控制/状态寄存器 1。地址 00H,位描述如表 10-4 所示。

表 10-4　控制/状态寄存器 1

位号	符号	描述
7	TEST1	TEST1＝0:普通模式 TEST1＝1:EXT_CLK 测试模式
5	STOP	STOP＝0:RTC 时钟运行 STOP＝1:所有 RTC 分频器异步置为逻辑 0,RTC 时钟停止运行(CLKOUT 在 32.768kHz 时依然可用)
3	TESTC	TESTC＝0:电源复位功能失效(普通模式时置为逻辑 0) TESTC＝1:电源复位功能有效
6,4,2,1,0		缺省值为逻辑 0

　　(4)控制/状态寄存器 2。位 TF 和 AF:当一个报警发生时,AF 被置为逻辑 1。类似的,在定时器的倒数计数结束时,TF 被置为逻辑 1。只能通过软件来修改这两位的值。如果在应用中同时需要用到定时器和报警中断,可以通过读这两个字节来确定中断源。在一个写周期中清除位时,为了防止重写标志位,需要执行一个逻辑与操作。

　　位 TIE 和 AIE:这两位用来激活中断的产生。当 AIE 和 TIE 被置位时,中断为这两位的逻辑或。控制/状态寄存器 2(地址 01H)的位描述如表 10-5、表 10-6 所示。

表 10-5　控制/状态寄存器 2(地址 01H)的位描述

位号	符号	描述
7,6,5		缺省值为逻辑 0
4	TI/TP	TI/TP＝0:当 TF 有效时,INT 有效(取决于 TIE 的状态) TI/TP＝1:INT,脉冲有效,见表 10-6(取决于 TIE 的状态) 注意:若 AF 和 AIE 都有效时,则 INT 一直有效
3	AF	AF＝0:读操作时,报警标志无效;写操作时,报警标志被清除 AF＝1:读操作时,报警标志有效;写操作时,报警标志保持不变
2	TF	TF＝0:读操作时,定时器标志无效;写操作时,定时器标志被清除 TF＝1:读操作时,定时器标志有效;写操作时,定时器标志保持不变
1	AIE	AIE＝0:报警中断被禁止;AIE＝1:报警中断被使能
0	TIE	TIE＝0:定时器中断被禁止;TIE＝1:定时器中断被使能

表 10-6　TI/IP＝1 时的状态描述

时钟源(Hz)		4096	64	1	1/60
INT周期	n＝1	1/8192	1/128	1/64	1/64
	n＞1	1/4096	1/64	1/64	1/64

　　(5)报警控制寄存器。当一个或多个报警寄存器写入合法的分钟、小时、日或星期数值并且它们相应的 AE(Alarm Enable)位为逻辑 0,以及这些数值与当前的分钟、小时、日或星期数值相等,标志位 AF(Alarm Flag)被设置,AF 保存设置值直到被软件消除为止,AF 被

清除后,只有在时间增量与报警条件再次相匹配时才可再被设置。报警寄存器在它们相应位 AE 置为逻辑 1 时将被忽略。

(6)CLKOUT 频率寄存器。地址 0DH,位描述如表 10-7,表 10-8 所示。

表 10-7   CLKOUT 频率寄存器位描述

位号	符号	描述
7	FE	FE＝0:CLKOUT 输出被禁止并设成高阻抗 FE＝1:CLKOUT 输出有效
6～2	—	无效
1	FD1	用于控制 CLKOUT 的频率输出管脚
0	FD0	用于控制 CLKOUT 的频率输出管脚

表 10-8   CLKOUT 频率选择表

FD1	FD0	时钟输出频率
0	0	32.768kHz
0	1	1024Hz
1	0	32Hz
1	1	1Hz

(7)倒计数定时器寄存器。定时器寄存器是一个 8 位字节的倒计数定时器,它由定时器控制器中的位 TE 决定有效或无效,定时器的时钟也可以由定时器控制器选择,其他定时器功能,如中断产生,由控制/状态寄存器 2 控制。为了能精确读回倒计数的数值,I^2C 总线时钟 SCL 的频率应至少为所选定定时器时钟频率的两倍。

6.I^2C 总线协议

(1)起动(START)和停止(STOP)条件。总线不忙时,数据线和时钟线保持高电平,数据线在下降沿、时钟线为高电平时为起动条件(S),数据线在上升沿、时钟线为高电平时为停止条件(P)。

(2)位传送。每个时钟脉冲传送一个数据位,SDA 线上的数据在时钟脉冲高电平时应保持稳定,否则 SDA 线上的数据将成为上面提到的控制信号。

(3)应答位。在起动条件和停止条件之间发送器发给接收器的数据数量没有限制。每个 8 位字节后加一个应答标志位,发送器产生高电平的应答标志位,这时主器件产生一个附加应答标志时钟脉冲。从接收器必须在接收到每个字节后产生一个应答标志位,主接收器也必须在接收从发送器发送的每个字节后产生一个应答标志位。在应答标志位时钟脉冲出现时,SDA 线应保持低电平(应考虑起动和保持时间)。发送器应在送器应在从器件接收最后一个字节时变为低电平,使接收器产生应答标志位,这时主器件可产生停止条件。

(4)从地址。注意:用 I^2C 总线传递数据前,接收器件应先标明地址,在 I^2C 总线起动后,这个地址与第一个传送字节一起被传送。PCF8563 可以作为一个从接收器或从发送器,这时,时钟信号线 SCL 只能是输入信号线,数据信号线 SDA 是一条双向信号线。

PCF8563 的从地址参见图 10-3。

（5）时钟/日历的读/写周期。PCF8563 的串行 I^2C 总线读/写周期有三种配置，参见图 10-4、图 10-5、图 10-6，图中字地址是 4 个位的数，用于指出下一个要访问的寄存器，字地址的高四位无用。

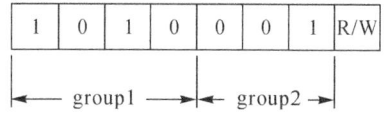

| 1 | 0 | 1 | 0 | 0 | 0 | 1 | R/W |

图 10-3　PCF8563 的从地址

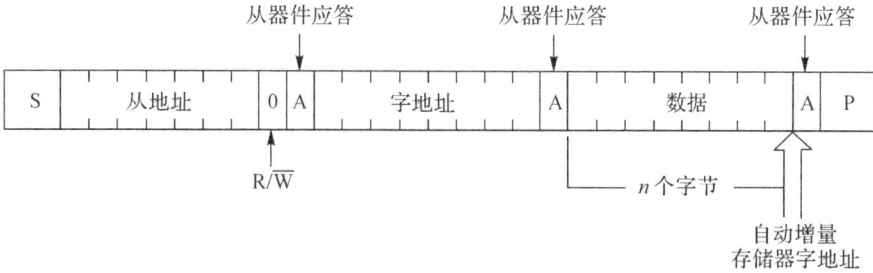

图 10-4　主发送器到从发送器（写模式）

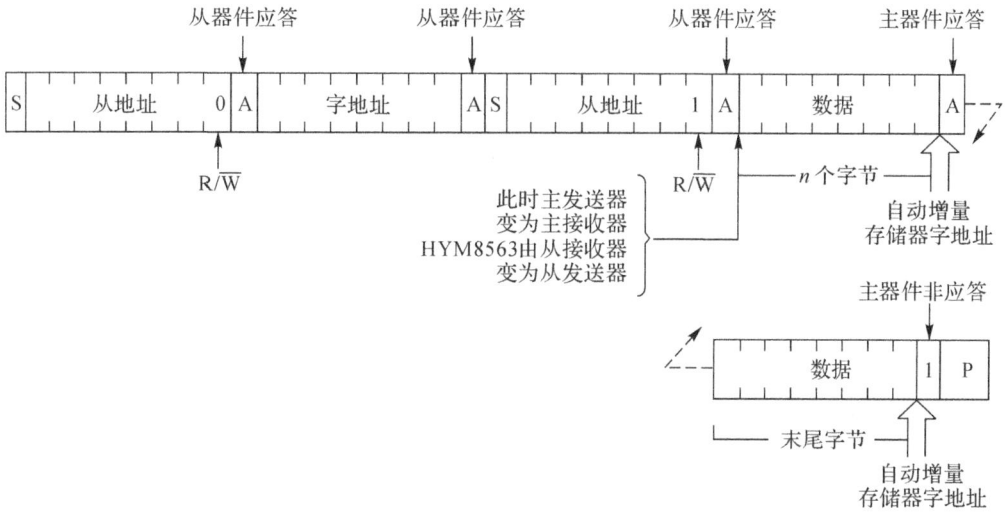

图 10-5　设置字地址后主器件读数据（写地址，读数据）

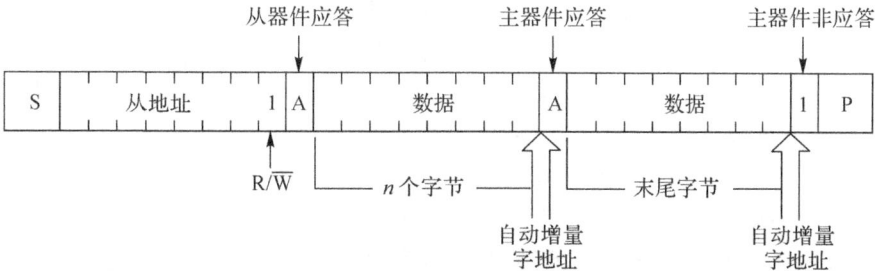

图 10-6　主器件读从器件第一个字节数据后的数据（读模式）

7. 典型应用电路

典型应用电路如图 10-7 所示。

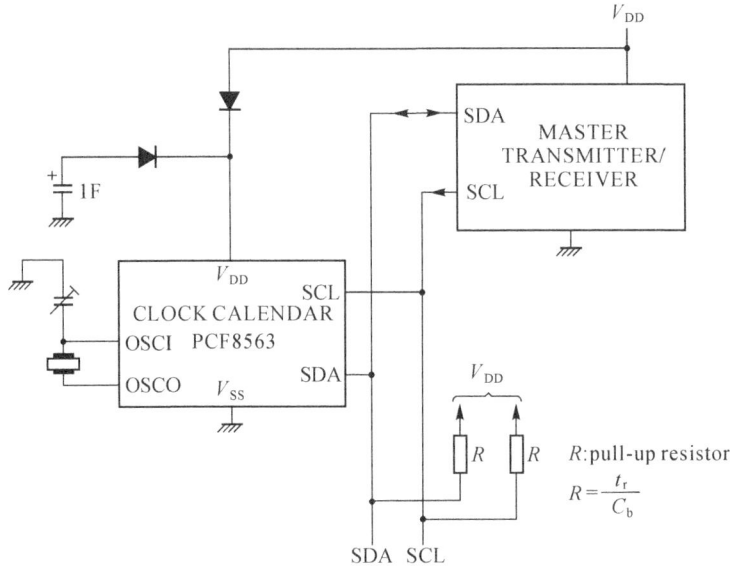

图 10-7　典型应用电路

二、语音录放芯片 ISD4004

1. ISD4004 介绍

ISD4004 系列工作电压 3V，单片录放时间 8 至 16 分钟，音质好，适用于移动电话及其他便携式电子产品中。芯片采用 CMOS 技术，内含振荡器、防混淆滤波器、平滑滤波器、音频放大器、自动静噪及高密度多电平闪烁存贮陈列。芯片设计是基于所有操作必须由微控制器控制，操作命令可通过串行通信接口（SPI 或 Microwire）送入。芯片采用多电平直接模拟量存储技术，每个采样值直接存贮在片内闪烁存储器中，因此能够非常真实、自然地再现语音、音乐、音调和效果声，避免了一般固体录音电路因量化和压缩造成的量化噪声和"金属声"。采样频率可为 4.0kHz、5.3kHz、6.4kHz、8.0kHz，频率越低，录放时间越长，而音质则有所下降，片内信息存于闪烁存储器中，可在断电情况下保存 100 年（典型值），反复录音 10 万次。

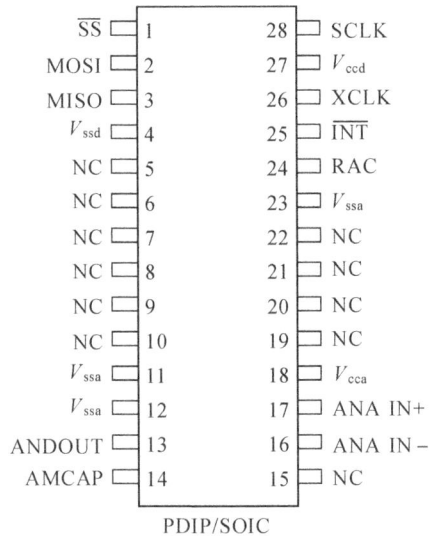

图 10-8　ISD4004 引脚图

2. 引脚描述

ISD4004 的引脚分布如图 10-8 所示。

(1)电源（V_{cca}，V_{ccd}）：为使噪声最小，芯片的模拟和数字电路使用不同的电源总线，并且分别引到外封装的不同管脚上，模拟和数字电源端最好分别走线，尽可能在靠近供电端处相连，而去耦电容应尽量靠近器件。

(2)地线（V_{ssa}，V_{ssd}）：芯片内部的模拟和数字电路也使用不同的地线。

同相模拟输入（ANA IN+）：这是录音信号的同相输入端。输入放大器可用单端或差分驱动。单端输入时，信号由耦合电容输入，最大幅度为峰峰值 32mV，耦合电容和本端的 3kΩ 电阻输入阻抗决定了芯片频带的低端截止频率。差分驱动时，信号最大幅度为峰峰值 16mV，为 ISD33000 系列相同。

(3)反相模拟输入（ANA IN−）：差分驱动时，这是录音信号的反相输入端。信号通过耦合电容输入，最大幅度为峰峰值 16mV。

(4)音频输出（AUD OUT）：提供音频输出，可驱动 5kΩ 的负载。

(5)片选（$\overline{SS}$）：此端为低，即向该 ISD4004 芯片发送指令，两条指令之间为高电平。

(6)串行输入（MOSI）：此端为串行输入端，主控制器应在串行时钟上升沿之前半个周期将数据放到本端，供 ISD 输入。

(7)串行输出（MISO）：ISD 的串行输出端。ISD 未选中时，本端呈高阻态。

(8)串行时钟（SCLK）：ISD 的时钟输入端，由主控制器产生，用于同步 MOSI 和 MISO 的数据传输。数据在 SCLK 上升沿锁存到 ISD，在下降沿移出 ISD。

(9)中断（$\overline{INT}$）：本端为漏极开路输出。ISD 在任何操作（包括快进）中检测到 EOM 或 OVF 时，本端变低并保持。中断状态在下一个 SPI 周期开始时清除。中断状态也可用 RINT 指令读取。OVF 标志——指示 ISD 的录、放操作已到达存储器的末尾。EOM 标志——只在放音中检测到内部的 EOM 标志时，此状态位才置 1。

(10)行地址时钟（RAC）：漏极开路输出。每个 RAC 周期表示 ISD 存储器的操作进行了一行（ISD4004 系列中的存储器共 2400 行）。该信号 175ms 保持高电平，低电平为 25ms。快进模式下，RAC 的 218.75μs 是高电平，31.25μs 为低电平。该端可用于存储管理技术。

(11)外部时钟（XCLK）：本端内部有下拉元件。芯片内部的采样时钟在出厂前已调校，误差在 +1% 内。商业级芯片在整个温度和电压范围内，频率变化在 +2.25% 内。工业级芯片在整个温度和电压范围内，频率变化在 −6%~+4%，此时建议使用稳压电源。若要求更高精度，可从本端输入外部时钟（如前表所列）。由于内部的防混淆及平滑滤波器已设定，故上述推荐的时钟频率不应改变。输入时钟的占空比无关紧要，因内部首先进行了分频。在不外接地时钟时，此端必须接地。

(12)自动静噪（AMCAP）：当录音信号电平下降到内部设定的某一阈值以下时，自动静噪功能使信号衰弱，这样有助于养活无信号（静音）时的噪声。通常本端对地接 1mF 的电容，构成内部信号电平峰值检测电路的一部分。检出的峰值电平与内部设定的阈值作比较，决定自动静噪功能的翻转点。大信号时，自动静噪电路不衰减，静音时衰减 6dB。1mF 的电容也影响自动静噪电路对信号幅度的响应速度。本端接 V_{cca} 则禁止自动静噪。

3.SPI（串行外设接口）

ISD4004 工作于 SPI 串行接口。SPI 协议是一个同步串行数据传输协议，协议假定微控制器的 SPI 移位寄存器在 SCLK 的下降沿动作，因此对 ISD400 而言，在时钟止升沿锁存 MOSI 引脚的数据，在下降沿将数据送至 MISO 引脚。协议的具体内容为：

(1)所有串行数据传输开始于 $\overline{SS}$ 下降沿。

(2) $\overline{SS}$ 在传输期间必须保持为低电平,在两条指令之间则保持为高电平。

(3)数据在时钟上升沿移入,在下降沿移出。

(4) $\overline{SS}$ 变低,输入指令和地址后,ISD 才能开始录放操作。

(5)指令格式是(8 位控制码)加(16 位地址码)。

(6)ISD 的任何操作(含快进)如果遇到 EOM 或 OVF,则产生一个中断,该中断状态在下一个 SPI 周期开始时被清除。

(7)使用"读"指令使中断状态位移出 ISD 的 MISO 引脚时,控制及地址数据也应同步从 MOSI 端移入。因此要注意移入的数据是否与器件当前进行的操作兼容。当然,也允许在一个 SPI 周期里,同时执行读状态和开始新的操作(即新移入的数据与器件当前的操作可以不兼容)。

(8)所有操作在运行位(RUN)置 1 时开始,置 0 时结束。

(9)所有指令都在 $\overline{SS}$ 端上升沿开始执行。

信息快进。用户不必知道信息的确切地址,就能快进跳过一条信息。信息快进只用于放音模式。放音速度是正常的 1600 倍,遇到 EOM 后停止,然后内部地址计数器加 1,指向下条信息的开始处。

上电顺序。器件延时 TPUD(8kHz 采样时,约为 25ms)后才能开始操作。因此,用户发完上电指令后,必须等待 TPUD,才能发出一条操作指令。例如,从 00 从处发音,应遵循如下时序:

(1)发 POWERUP 命令;

(2)等待 TPUD(上电延时);

(3)发地址值为 00 的 SETPLAY 命令;

(4)发 PLAY 命令。

器件会从此 00 地址开始放音,当出现 EOM 时,立即中断,停止放音。如果从 00 处录音,则按以下时序:

(1)发 POWER UP 命令;

(2)等待 TPUD(上电延时);

(3)发 POWER UP 命令;

(4)等待 2 倍 TPUD;

(5)发地址值为 00 的 SETREC 命令;

(6)发 REC 命令。

器件便从 00 地址开始录音,一直到出现 OVF(存储器末尾)时,录音停止。操作指令如表 10-9 所示。

表 10-9   ISD4004 操作指令表

指令	8 位控制码<16 位地址>	操作摘要
POWERUP	0010 0xxx <xxxx xxxx xxxx xxxx>	上电:等待 TPUD 后器件可以工作
SET PLAY	1110 0xxx <A14－A0>	从指定地址开始放音。后跟 PLAY 指令可使放音继续下去

指令	8 位控制码<16 位地址>	操作摘要
PLAY	1111 0xxx <xxxx xxxx xxxx xxxx>	从当前地址开始放音(直到 EOM 或 OVF)
SET REC	1010 0xxx <A14-A0>	从指定地址开始录音。后跟 REC 指令可使录音继续下去
REC	10110xxx <xxxx xxxx xxxx xxxx>	从当前地址开始录音(直到 OVF 或停止)
SET MC	1110 1xxx <A14-A0>	从指定地址开始快进。后跟 MC 指令可使快进继续下去
MC	1111 1xxx <xxxx xxxx xxxx xxxx>	执行快进,直到 EOM。若再无信息,则进入 OVF 状态
STOP	0x11 0xxx <xxxx xxxx xxxx xxxx>	停止当前操作
STOP WREN	0x01 0 xxxx <xxxx xxxx xxxx xxxx>	停止当前操作并掉电
RINT	0x11 0xxx <xxxx xxxx xxxx xxxx>	读状态:OVF 和 EOM

SPI 端口的控制位。SPI 端口的控制位如图 10-9 所示。

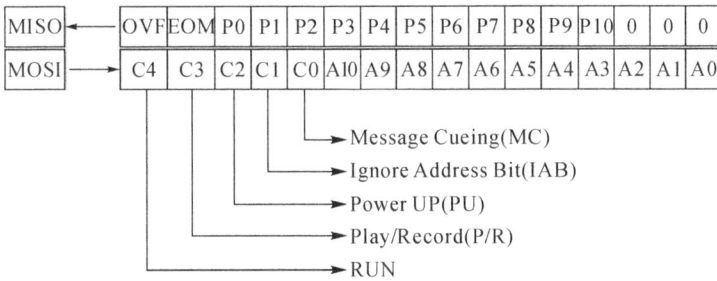

图 10-9 SPI 端口的控制位

SPI 控制寄存器。SPI 控制寄存器控制器件的每个功能,如录放、录音、信息检索(快进)、上电/掉电、开始和停止操作、忽略地址指针等。详见表 10-10。

表 10-10 SPI 控制寄存器

位	功能	=1	=0
RUN	允许/禁止操作	开始	停止
P/$\overline{R}$	录/放功能	放音	录音
MC	快进模式	允许快进	禁止
PU	电压控制	上电	掉电
I AB	操作是否使用指令地址	忽略输入地址寄存的内容	使用输入地址寄存的内容
P14-P0	行指针寄存器输出		
A14-A0	输入地址寄存器		

> ⚠ **注意** 国内用户多习惯使用 8031 系列芯片,与 ISD33000、4000 系列均可以方便地连接,ISD 芯片需要 3V 稳压电源,信号线可直接使用 5V 电平。

三、电子万年历电路分析

1.电子万年历电路原理图

电子万年历电路原理图如图 10-10 所示。

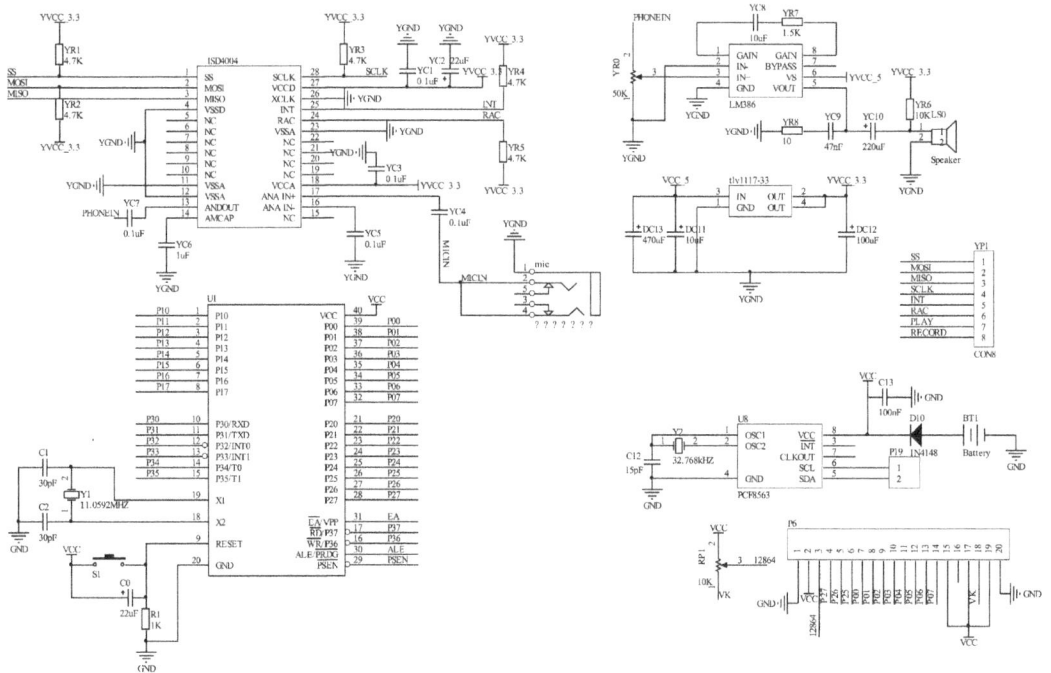

图 10-10   电子万年历电路原理图

2.电子万年历电路工作原理介绍

电子万年历电路由单片机 STC89C52(AT89S52)、语音录放集成电路 ISD4004、实时时钟/日历集成电路 PCF8563 和液晶显示屏等主要器件组成。语音录放集成电路 ISD4004 预先录入年、月、日、星期、点、时、分、秒以及数字 0 至 9 等语音音频信息。在单片机的控制下,首先从实时时钟/日历集成电路 PCF8563 中读取日历数据(年、月、日、星期)和实时时钟数据(时、分、秒),单片机读取的日历和时钟数据一方面送到液晶显示屏进行显示,另一方面控制 ISD4004 按要求输出音频信号,经过 LM386 进行功率放大,扬声器报出万年历的数据。

【学习任务】

【任务描述】

用单片机控制 PCF8563 和 ISD4004,编写电子万年历的应用程序。

【任务目标】

(1)任务目标:用单片机控制 PCF8563 和 ISD4004,编写电子万年历的应用程序。

(2)总体目标:掌握 KEIL 的编程方法;掌握单片机程序下载方法;掌握实时时钟芯片的使用方法;掌握语音集成芯片的使用方法;掌握应用程序的编方法。

【知识准备】

(1)实时时钟/日历集成芯片 PCF8563。

(2)语音录放芯片 ISD4004。

(3)电子万年历电路分析。

【器材准备】

计算机一台,并安装 KEIL 软件;ISD4004 语音模块;PCF8563 时历模块;LM386 功率放大模块;单片机系统板;编程下载工具。

【任务实施】编写电子万年历应用程序

一、任务分析

电子万年历由单片机、语音模块、日历模块等部分组成。时钟与日历由 PCF8563 产生,语音报时由 ISD4004 产生,因此,需要编写的应用程序主要为:语音控制程序、时钟与日历控制程序、信息显示程序等。

二、任务实施步骤

(1)根据电路原理图将单片机系统板、语音录放模块、时钟与日历模块、功率放大模块和液晶显示屏用杜邦线连接好。

(2)利用 KEIL 软件编写控制程序。

(3)编译程序,生成 HEX 文件。

(4)将 HEX 文件通过串口下载到单片机 STC89C52 中。

(5)调试并运行。

三、程序设计

1. 实时时钟/日历程序

实时时钟/日历程序的设计其实质就是完成 PCF8563 的控制程序,PCF8563 是 I²C 的器件,控制 I²C 器件必须严格按照 I²C 的总线协议进行编程,主要包括初始化 PCF8563、发送数据、从 PCF8563 读取数据的全过程,其程序代码如下:

```
#define  uchar unsigned char /*宏定义*/
#define  uint   unsigned int
#define  _Nop()  _nop_()        /*定义空指令*/
#define  PCF8563   0xA2         //定义器件地址
#define  WRADDR   0x00          //定义写单元首地址
```

```
#define   RDADDR    0x02            //定义读单元首地址
/*端口位定义*/
sbit SDA = P2^1;                          /*模拟I2C数据传送位*/
sbit SCL = P2^0;                          /*模拟I2C时钟控制位*/
sbit DAT = P3^7;
bit ack;                                  /*应答标志位*/
code unsigned int g[7]={0xd2bb,0xb6fe,0xc8fd,0xcbc4,0xcee5,0xc1f9,0xccec};
//                    秒    分    时    日    星期    月    年
code uchar   td[9]={0x00,0x12,0x30,0x20,0x11,0x11,0x03,0x11,0x11};
//定义初始化字
code uchar   month[7]={0x01,0x03,0x05,0x07,0x08,0x10,0x12};//一年中大月的月份
/**********存储区************************
******/
uchar Time_storage[2]={0x30,0x30};    //储存输入值
uchar Time_storage1[2]={0x30,0x30};
uchar Time_storage2[2]={0x30,0x30};
uchar Time_storage3[2]={0x30,0x30};
uchar Time_storage4[2]={0x30,0x30};
uchar Time_storage5[2]={0x30,0x30};
uchar save_time[7];                  //输入时间实际值的存储区
uchar disp_buf[4];                   //显示缓存,日期和时间共用一个缓存
uchar rd[7];                         //定义接收缓冲区
void Start_I2c()                     //起动总线函数
{    SDA = 1;                        /*发送起始条件的数据信号*/
     _nop();
     SCL = 1;
     _nop();                         /*起始条件建立时间大于4.7μs,延时*/
     _nop(); _nop(); _nop(); _nop();
     SDA = 0;                        /*发送起始信号*/
     _nop();                         /*起始条件锁定时间大于4μs*/
     _nop(); _nop(); _nop(); _nop();
     SCL = 0;                        /*钳住I2C总线,准备发送或接收数据*/
     _nop(); _nop();
}
void Stop_I2c()//结束总线函数
{    SDA = 0;   /*发送结束条件的数据信号*/
     _nop();    /*发送结束条件的时钟信号*/
     SCL = 1;   /*结束条件建立时间大于4μs*/
     _nop(); _nop(); _nop(); _nop(); _nop();
     SDA = 1;   /*发送I2C总线结束信号*/
```

```
    _nop(); _nop(); _nop(); _nop();
}
void SendByte(uchar c)// 字节数据传送函数
{    uchar BitCnt;
    for(BitCnt = 0;BitCnt<8;BitCnt ++ )    /* 要传送的数据长度为 8 位 */
    {    if((c<<BitCnt)&0x80)SDA = 1;    /* 判断发送位 */
            else   SDA = 0;
        _nop();
        SCL = 1;                /* 置时钟线为高,通知被控器开始接收数据位 */
        _nop(); _nop();_nop();_nop();_nop();    /* 保证时钟高电平周期大于 4μs */
        SCL = 0;
    }
    _nop(); _nop();
    SDA = 1;                /* 8 位发送完后释放数据线,准备接收应答位 */
    _nop(); _nop();
    SCL = 1;
    _nop(); _nop(); _nop();
    if(SDA == 1)ack = 0;
        else ack = 1;            /* 判断是否接收到应答信号 */
    SCL = 0;
    _nop(); _nop();
}
uchar   RcvByte()//字节数据传送函数
{    uchar retc;
    uchar BitCnt;
    retc = 0;
    SDA = 1;                    /* 置数据线为输入方式 */
    for(BitCnt = 0;BitCnt<8;BitCnt ++ )
    {    _nop();
        SCL = 0;                /* 置时钟线为低,准备接收数据位 */
        _nop();_nop();_nop();_nop();_nop();/* 时钟低电平周期大于 4.7μs */
        SCL = 1;                /* 置时钟线为高使数据线上数据有效 */
        _nop(); _nop();
        retc = retc<<1;
        if(SDA =  = 1)retc = retc + 1; /* 读数据位,接收的数据位放入 retc 中  */
        _nop();_nop();
    }
    SCL = 0;
    _nop(); _nop();
    return(retc);
```

```
    }
void Ack_I2c(bit a)// 应答子函数
{    if(a == 0)SDA = 0;                  /* 在此发出应答或非应答信号 */
        else SDA = 1;
    _nop(); _nop(); _nop();
    SCL = 1;
     _nop();_nop();_nop();_nop();_nop();/* 时钟低电平周期大于 4μs */
    SCL = 0;                          /* 清时钟线,钳住 I2C 总线以便继续接收 */
    _nop(); _nop();
}
bit ISendByte(uchar sla,uchar c)// 向无子地址器件发送字节数据函数
{    Start_I2c();                     /* 启动总线 */
    SendByte(sla);                   /* 发送器件地址 */
        if(ack == 0)return(0);
    SendByte(c);                     /* 发送数据 */
        if(ack == 0)return(0);
    Stop_I2c();                      /* 结束总线 */
    return(1);
}
bit ISendStr(uchar sla,uchar suba,uchar * s,uchar no)
    //向有子地址器件发送多字节数据函数
{    uchar i;
    Start_I2c();                     /* 启动总线 */
    SendByte(sla);                   /* 发送器件地址 */
        if(ack == 0)return(0);
    SendByte(suba);                  /* 发送器件子地址 */
        if(ack == 0)return(0);
    for(i = 0;i<no;i ++ )
    {    SendByte( * s);             /* 发送数据 */
        f(ack == 0)return(0);
        s ++ ;
    }
    Stop_I2c();                      /* 结束总线 */
    return(1);
}
bit IRcvByte(uchar sla,uchar * c)// 向无子地址器件读字节数据函数
{    Start_I2c();                    /* 启动总线 */
    SendByte(sla + 1);              /* 发送器件地址 */
        if(ack == 0)return(0);
     * c = RcvByte();                /* 读取数据 */
```

```
            Ack_I2c(1);                /* 发送非就答位 */
        Stop_I2c();                    /* 结束总线 */
        return(1);
    }
    bit IRcvStr(uchar sla,uchar suba,uchar * s,uchar no)
        //向有子地址器件读取多字节数据函数
    {   uchar i;
        Start_I2c();                   /* 启动总线 */
        SendByte(sla);                 /* 发送器件地址 */
            if(ack == 0)return(0);
        SendByte(suba);                /* 发送器件子地址 */
            if(ack == 0)return(0);
        Start_I2c();
        SendByte(sla + 1);
            if(ack == 0)return(0);
        for(i = 0;i<no - 1;i ++ )
        {   * s = RcvByte();           /* 发送数据 */
            Ack_I2c(0);                /* 发送就答位 */
            s ++ ;
        }
            * s = RcvByte();
            Ack_I2c(1);                /* 发送非应位 */
        Stop_I2c();                    /* 结束总线 */
        return(1);
    }
    uchar dispose_time(uchar * sd)     //处理时间子程序
    {   sd[0] = sd[0]&0x7f;            //秒屏蔽保留位
        sd[1] = sd[1]&0x7f;            //分屏蔽保留位
        sd[2] = sd[2]&0x3f;            //时屏蔽保留位
        disp_buf[1] = (sd[0] % 16) + 0x30;
        //此处显示秒……disp_buf[0] = (sd[0]/16) + 0x30;
        Display_Array_LCD12864(2,5,disp_buf,2);
            disp_buf[1] = (sd[1] % 16) + 0x30; //此处显示分
            disp_buf[0] = (sd[1]/16) + 0x30;
            Display_Array_LCD12864(2,3,disp_buf,2);
                disp_buf[1] = (sd[2] % 16) + 0x30; //此处显示时
                disp_buf[0] = (sd[2]/16) + 0x30;
                /* 上面几句把 BCD 码转换为 ASCII 码 */
                Display_Array_LCD12864(2,1,disp_buf,2);
            return 0;
```

```
}
uchar dispose_date(uchar   * sd)      /* 处理日期子程序 */
{    sd[0] = sd[0]&0x3f;                    /* 日屏蔽保留位 */
     sd[2] = sd[2]&0x1f;                    /* 月屏蔽保留位 */
     sd[1] = sd[1] - 0x01;
     disp_buf[1] = (sd[0] % 16) + 0x30;    /* 此处显示日 */
     disp_buf[0] = (sd[0]/16) + 0x30;
     Display_Array_LCD12864(1,6,disp_buf,2);
     Display_Array_Chinese_LCD12864(4,8,g,sd[1],1);    /* 此处显示星期 */
     disp_buf[1] = (sd[2] % 16) + 0x30;  /* 此处显示月 */
     disp_buf[0] = (sd[2]/16) + 0x30;
     Display_Array_LCD12864(1,4,disp_buf,2);
     disp_buf[3] = (sd[3] % 16) + 0x30;  /* 此处显示年 */
     disp_buf[2] = (sd[3]/16) + 0x30;
     disp_buf[1] = 0 + 0x30;
     disp_buf[0] = 2 + 0x30;               /* 添加年份的前两位 20 */
     /* 上面几句把 BCD 码转换为 ASCII 码 */
     Display_Array_LCD12864(1,1,disp_buf,4);
     return 0;
}
void main()
{    P1 = 0xff;
     P2 = 0xff;
     change = 1;
     delay_50ms(2);
     ISendStr(PCF8563,WRADDR,td,0x5);   /* 初始化 PCF8563 */
     delay_50us(200);
     ISendStr(PCF8563,WRADDR + 5,&td[5],0x4);   /* 初始化 PCF8563 */
     Init_LCD12864();
     Initial_interface();
     init();
     while(1)
     {   if(change)
         {   if(change)
             {   delay_50ms(4);
                 IRcvStr(PCF8563,RDADDR,rd,0x7);    /* 读 PCF8563 的数据 */
                 delay_50ms(2);
                 dispose_date(rd + 3);    /* 处理时间子程序 */
                 dispose_time(rd);         /* 处理时间子程序 */
                 delay_50us(20);
```

```
                    }
                }
            }
        }
    }
}
```

2.语音播报程序

语音播报程序的设计其实质就是完成 ISD4004 的控制程序,ISD4004 的控制方式在前面的内容中进行了介绍,其程序如下所示。

```
/*操作说明,按一下 K2 键,开始放音,等该段放音结束,继续等待;再按下 K2 键,放第二段,
以此类推*/
#include <reg52.h>
#include <intrins.h>
#include"asf.h"
//=======分段录音首地址定义================
#define ISD_ADDS1 0x0000 //录音存放地址 1
#define ISD_ADDS2 0x0100 //录音存放地址 2
#define ISD_ADDS3 0x0200 //录音存放地址 3
#define ISD_ADDS4 0x0300 //录音存放地址 4
#define ISD_ADDS5 0x0400 //录音存放地址 5
//========ISD4004 指令定义==================
#define POWER_UP 0x20 //上电指令
#define SET_PLAY 0xE0 //指定放音指令
#define PLAY    0xF0 //当前放音指令
#define SET_REC  0xA0 //指定录音指令
#define REC    0xB0 //当前录音指令
#define SET_MC  0xE1 //指定快进指令
#define MC   0xF1 //快进执行指令
#define STOP  0x30 //停止当前操作
#define STOP_WRDN 0xF1 //停止当前操作并掉电
#define RINT   0x30 //读状态:OVF 和 EOM
//==========ISD4003--c51 接口定义===============
sbit ISD_SS  = P0^0; //片选
sbit ISD_MOSI = P0^1; //数据输入
sbit ISD_SCLK = P0^3; //ISD4004 时钟
sbit ISD_INT = P0^4; //溢出中断
sbit ISD_RAC = P0^5; //行地址时钟
sbit ISD_MISO = P0^2; //数据输出
//=========按键定义=================
sbit K1 = P3^6 ; //录音键
sbit K2 = P3^7;  //放音键
```

```
// = = = = = = = = = BEEP 开关定义 = = = = = = = = = = = = = = = = = = = =
# define Beep_ON    (P0& = 0x7f)   //蜂鸣器开
# define Beep_OFF   (P0| = 0x80)   //蜂鸣器关
// = = = = = = = = = ISD4004 函数定义 = = = = = = = = = = = = = = = = = = =
void ISD_SPI_Send8( uchar isdx8 );   //spi 串行发送子程序,8 位数据,从低到高
void ISD_SPI_Send16( uint isdx16 );  //spi 串行发送子程序,16 位数据,从低到高
uint ISD_SPI_Radd(void);    //读取标行地址
void ISD_Stop(void);      //发送 stop 指令
void ISD_PowerUp(void);      //发送上电指令,并延迟 50ms
void ISD_PowerDown(void);     //发送掉电指令,并延迟 50ms
void ISD_Play(void);      //发送放音指令,并延迟 50ms
void ISD_SetPlay(uint add);    //发送指定放音指令,并延迟 50ms
void ISD_Rec(void);      //发送录音指令,并延迟 50ms
void ISD_SetRec(uint add);    //发送指定录音指令,并延迟 50ms
uchar ISD_Chk_Isdovf(void);
void PLAY_now(uchar add_sect);   //按指定地址开始放音
void REC_now(uchar add_sect);   //按指定地址开始录音
// = = = = = = = = = 延时函数 = = = = = = = = = = = = = = = = = = = = = = =
void Delay1Ms(uchar t);     //延时 t * 1 毫秒
void Delay();
/ * * * * * * * * * * * * * * * 放音主程序 * * * * * * * * * * * * * * * * * /
main ()
{    uchar i,j;
     while (1)
     {     if(K2 == 0)
           {     PLAY_now(j ++); //放第一段
                 if(j>5) j = 0;
                 while(ISD_INT == 1); //等待一段放音完毕的 EOM 中断信号
                 ISD_Stop(); //放音完毕,发送 stop 指令
                 ISD_PowerDown();
           }
     }
}
/ * * * * * * * * * * * * * * * * * * * * * * * * * * * * * * * * * *
名称:PLAY_now(uchar add_sect)
功能:按指定地址段开始播放
指令:
调用:无
返回:无
   * * * * * * * * * * * * * * * * * * * * * * * * * * * * * * * * * * /
```

```
void PLAY_now(uchar add_sect)
{    ISD_PowerUp(); //ISD 上电
     Delay1Ms(50);
     switch (add_sect) //发送 setplay 指令,从 0x0000 地址开始放
     {    case 1：ISD_SetPlay(ISD_ADDS1);break; //发送地址的 SetRec 指令
          case 2：ISD_SetPlay(ISD_ADDS2);break; //发送地址的 SetRec 指令
          case 3：ISD_SetPlay(ISD_ADDS3);break; //发送地址的 SetRec 指令
          case 4：ISD_SetPlay(ISD_ADDS4);break; //发送地址的 SetRec 指令
          case 5：ISD_SetPlay(ISD_ADDS5);break; //发送地址的 SetRec 指令
     }
     ISD_Play(); //发送放音指令
}
/ * * * * * * * * * * * * * * * * * * * * * * * * * * * * *
名称:REC_now(uchar add_sect)
功能:按指定地址段开始录音
指令:
调用:无
返回:无
    * * * * * * * * * * * * * * * * * * * * * * * * * * * * * * * * * /
void REC_now(uchar add_sect)
{    ISD_PowerUp(); //ISD 上电
     Delay1Ms(50); //延迟录音
     ISD_PowerUp(); //ISD 上电
     Delay1Ms(100); //延迟录音
     switch (add_sect)
     {    case 1：ISD_SetRec(ISD_ADDS1);break; //发送地址的 SetRec 指令
          case 2：ISD_SetRec(ISD_ADDS2);break; //发送地址的 SetRec 指令
          case 3：ISD_SetRec(ISD_ADDS3);break; //发送地址的 SetRec 指令
          case 4：ISD_SetRec(ISD_ADDS4);break; //发送地址的 SetRec 指令
          case 5：ISD_SetRec(ISD_ADDS5);break; //发送地址的 SetRec 指令
          //case 6：……
     }
     ISD_Rec(); //发送 rec 指令
}
/ * * * * * * * * * * * * * * * * * * * * * * * * * * * * * * * * * * * *
名称:ISD_SPI_Send8(uchar isdx)
功能:spi 串行发送子程序,8 位数据
指令:
调用:无
返回:无
```

```
* * * * * * * * * * * * * * * * * * * * * * * * * * * * * * * * * * * */
void ISD_SPI_Send8( uchar isdx8 )
{    uchar i;
     ISD_SS = 0;    //选中 ISD4004
     ISD_SCLK = 0;
     for(i = 0;i<8;i++)    //先发低位再发高位,依次发送。
     {    if ((isdx8 & 0x01) == 1) //发送最低位
          ISD_MOSI = 1;
               else
               ISD_MOSI = 0;
          isdx8 >>= 1;    //右移一位
          ISD_SCLK = 1;    //时钟下降沿发送
          ISD_SCLK = 0;
     }
}
/* * * * * * * * * * * * * * * * * * * * * * * * * * * * * * * * * * * *
名称:ISD_SPI_Send16(uint isdx16)
功能:spi 串行发送子程序,16 位数据
指令:
调用:无
返回:无
* * * * * * * * * * * * * * * * * * * * * * * * * * * * * * * * * * * */
void ISD_SPI_Send16( uint isdx16 )
{    uchar i;
     ISD_SS = 0;    //选中 ISD4004
     ISD_SCLK = 0;
     for(i = 0;i<16;i++) //先发低位再发高位,依次发送。
          {    if ((isdx16&0x0001) == 1) //发送最低位
               ISD_MOSI = 1;
               else
                    ISD_MOSI = 0;
               isdx16 = isdx16 >> 1;    //右移一位
               ISD_SCLK = 1;    //时钟下降沿发送
               ISD_SCLK = 0;
          }
}
/* * * * * * * * * * * * * * * * * * * * * * * * * * * * * * * * * * * *
名称:ISD_SPI_Radd(void)
功能:读取 16 位行地址
指令:
```

调用:无

返回:无

```
* * * * * * * * * * * * * * * * * * * * * * * * * * * * * * * * * */
uint ISD_SPI_Radd(void)
{    uchar i;
     uint addsig;
     ISD_SS = 0;    //选中 ISD4004
     ISD_SCLK = 0;
     //= = = = = = = = = = = = = = 读16位地址 = = = = = = = = = = = = = = = = =
         for(i = 0;i<16;i ++)    //读行地址
     {     ISD_SCLK = 1;   //时钟下降沿数据移出 ISD
           ISD_SCLK = 0;
           if (ISD_MISO == 1)
                 addsig | = 0x8000;
           if (i<15) addsig >> = 1;
     /* 最先读出的是地址的低位,所以要左移,最后一次地址不用左移,否则地址溢出 */
     }
     ISD_Stop(); //发送 stop 指令
     ISD_SS = 1; //关闭 spi 通信端
     return addsig; //返回地址值
}
/* * * * * * * * * * * * * * * * * * * * * * * * * * * * * * * * *
名称:ISD_Stop(void)
功能:发送 stop 指令
指令:ISD_SPI_Send8(uchar isdx8);
调用:无
返回:无
* * * * * * * * * * * * * * * * * * * * * * * * * * * * * * * * * */
void ISD_Stop(void)
{    //ISD_SS = 0;
     ISD_SPI_Send8(STOP);
     ISD_SS = 1;       //关闭片选
}
/* * * * * * * * * * * * * * * * * * * * * * * * * * * * * * * * *
名称:ISD_PowerUp(void)
功能:发送上电指令,并延迟 50ms
指令:ISD_SPI_Send8(uchar isdx8);
调用:无
返回:无
* * * * * * * * * * * * * * * * * * * * * * * * * * * * * * * * * */
```

```
void ISD_PowerUp(void)
{       ISD_SS = 0;          //选中 ISD4004
        ISD_SPI_Send8(POWER_UP);
        ISD_SS = 1;
}
/* * * * * * * * * * * * * * * * * * * * * * * * * * * * * * * * * * *
名称:ISD_PowerDown(void)
功能:发送掉电指令,并延迟 50ms
指令:ISD_SPI_Send8(uchar isdx8);
调用:无
返回:无
 * * * * * * * * * * * * * * * * * * * * * * * * * * * * * * * * * * */
void ISD_PowerDown(void)
{       ISD_SS = 0;
        ISD_SPI_Send8(STOP_WRDN);
        ISD_SS = 1;
}
/* * * * * * * * * * * * * * * * * * * * * * * * * * * * * * * * * * *
名称:ISD_Play(void)
功能:发送 play 指令,并延迟 50ms
指令:ISD_SPI_Send8(uchar isdx8);
调用:无
返回:无
 * * * * * * * * * * * * * * * * * * * * * * * * * * * * * * * * * * */
void ISD_Play(void)
{       ISD_SS = 0;
        ISD_SPI_Send8(PLAY);
        ISD_SS = 1;
}
/* * * * * * * * * * * * * * * * * * * * * * * * * * * * * * * * * * *
名称:ISD_Rec(void)
功能:发送 rec 录音指令,并延迟 50ms
指令:ISD_SPI_Send8(uchar isdx8);
调用:无
返回:无
 * * * * * * * * * * * * * * * * * * * * * * * * * * * * * * * * * * */
void ISD_Rec(void)
{       ISD_SS = 0;
        ISD_SPI_Send8(REC);
        ISD_SS = 1;
```

}
/* *
名称：ISD_SetPlay(uint add)
功能：发送 setplay 指令，并延迟 50ms
指令：ISD_SPI_Send8(uchar isdx8);
ISD_SPI_Send16(uint isdx16);
调用：无
返回：无
* */
void ISD_SetPlay(uint add)
{   Delay1Ms(1);
      ISD_SPI_Send16(add); //发送放音起始地址
      ISD_SPI_Send8(SET_PLAY); //发送 setplay 指令字节
      ISD_SS = 1;
}
/* *
名称：ISD_SetRec(uint add)
功能：发送 setrec 指令，并延迟 50ms
指令：ISD_SPI_Send8(uchar isdx8);
ISD_SPI_Send16(uint isdx16);
调用：无
返回：无
* */
void ISD_SetRec(uint add)
{   Delay1Ms(1);
      ISD_SPI_Send16(add); //发送录音起始地址
      ISD_SPI_Send8(SET_REC); //发送 setrec 指令字节
      ISD_SS = 1;
}
/* =
名称：void Delay1Ms(uchar t);
功能：延时 0.1ms
参数：t，最大 255
调用：无
返回：无
= */
void Delay1Ms(uchar t)
{   uchar i;
      for (;t>0;t--)
          {   for (i = 0;i<150;i++)

```
            {       _nop_();_nop_();_nop_();_nop_();_nop_();
                    _nop_();_nop_();_nop_();_nop_();_nop_();
            }
        }
}
// = = = = = = = = = = = = = = = = = = = =
void Delay()
{       uchar i;
        uint d = 5000;
        while (d -- )
        {       i = 255;
                while (i -- );
        }
}
```

3. 应用程序设计

电子万年历的应用程序主要由实时时钟/日历程序、语音录放程序、按键和显示程序等组成,其程序框图如图 10-11 所示。

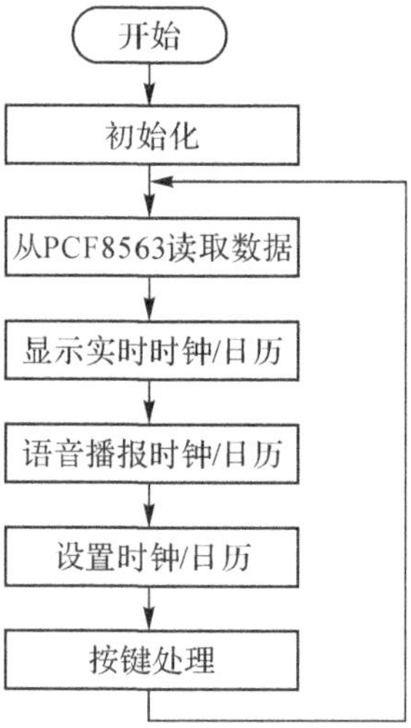

图 10-11   电子万年历应用程序框图

【项目总结】

对项目十的学习评价可参考表 10-11。

表 10-11   项目十评价成绩表

学号	姓名	专业能力 60%				职业核心能力及职业素养 40%								项目总评
		硬件电路分析(20)	程序流程图(20)	程序代码编写(30)	调试运行(30)	自我学习(20)	信息处理(10)	数字应用(10)	与人合作(15)	与人交流(15)	解决问题(10)	创新革新(10)	6S执行力(10)	
001														
002														

本次电子万年历的学习项目是一个由单片机、实时时钟/日历模块、语音录放模块、键盘和显示等组成的应用系统,本项目的知识点包括了单片机控制技术、I²C 总线控制与应用技术、语音播报和人机接口等。本项目的难点主要是对 PCF8563 和 ISD4004 的控制,顺利完成本学习项目主要在于多思考、多练习。当然,由于篇幅的关系,本项目只讲解了电子万年历的基本控制技术,仅仅起到一个抛砖引玉的作用,当读者掌握了电子万年历的基本控制技术之后,可以编写更多实用性的程序,实现多种功能。

【思考练习】

1.编写一个用按键控制录音的程序。
2.编写出调整或设置时间的应用程序。

参考文献

[1] 杨欣,张延强,张铠麟.实例解读 51 单片机完全学习与应用[M].北京:电子工业出版社,2011.

[2] 刘焕成.工程背景下的单片机原理及系统设计[M].北京:清华大学出版社,2008.

[3] 王静霞.单片机应用技术(C 语言版)[M].北京:电子工业出版社,2012.

[4] 姚晓平.单片机应用技术项目化教程[M].北京:电子工业出版社,2012.

[5] 宋国富.单片机技能与实训[M].北京:电子工业出版社,2010.

[6] 杜洋.爱上单片机[M].北京:人民邮电出版社,2012.

[7] 宋彩利,孙友仓,吴宏岐.单片机原理与 C51 编程[M].西安:西安交通大学出版社,2012.

[8] 马忠梅.单片机的 C 语言应用程序设计(第 5 版)[M].北京:北京航空航天大学出版社,2013.

[9] 张靖武,周灵彬,方曙光.单片机原理、应用与 PROTEUS 仿真(第 2 版)[M].北京:电子工业出版社,2012.